教育部人文社会科学研究“面向自然语言处理的汉日同义句式对比研究”
（编号：18YJC740044）项目成果

# 面向语言信息处理的汉日对比及应用研究

李哲　著

**图书在版编目(CIP)数据**

面向语言信息处理的汉日对比及应用研究/李哲著.—武汉：武汉大学出版社,2021.8(2022.4 重印)
ISBN 978-7-307-22358-5

Ⅰ.面…　Ⅱ.李…　Ⅲ.语言信息处理学—对比研究—汉语、日语
Ⅳ.TP391

中国版本图书馆 CIP 数据核字(2021)第 099035 号

责任编辑:李　琼　　　责任校对:汪欣怡　　　版式设计:马　佳

出版发行:**武汉大学出版社**　(430072　武昌　珞珈山)
(电子邮箱:cbs22@ whu.edu.cn　网址: www.wdp. com.cn)
印刷:武汉邮科印务有限公司
开本:720×1000　1/16　印张:13.5　字数:280 千字　插页:1
版次:2021 年 8 月第 1 版　　2022 年 4 月第 2 次印刷
ISBN 978-7-307-22358-5　　定价:48.00 元

# 前　　言

语言信息处理是语言学与计算机科学交叉形成的一门新型学科，是应用语言学的重要组成部分。随着网络的普及和全球化趋势的发展，语言信息处理领域的应用范围大大延伸，特别是机器翻译的应用形式更加多样化，云计算和移动终端的普及等使机器翻译、口语翻译、文字扫描翻译、图形翻译等都开始实际应用。然而语言信息处理过程中不同语种之间的信息处理问题越来越突出。为解决这一难题而进行的语言信息处理及机器翻译研究无论在国内还是国际上都是竞争激烈的研究领域之一，也是人工智能和信息处理领域中的实用技术之一。

本书从计算语言学领域语言信息处理的理论出发，首先揭示了语言学与信息科学之间的密切联系。这种关联既表现在信息科学对语言信息所进行的各种操作，包含处理、计算、加工、检索等，又表现在语言学对信息科学技术的应用，比如各种语料库的建设及在语言研究中的应用、基于数据的不同语种之间的比较和机器翻译、面向语言信息处理的语言规则梳理等。计算机在处理语言信息时，会面临分词困难、语义歧义、语义指向不明、专有名词判定不清等问题。因此，本书第二章在阐明语言信息处理的理论基础之后，以汉日语言信息处理为中心，尝试了词汇的碎片化处理、基于模型的统计机器翻译等方法，特别针对汉日机器翻译的现实问题，提出了同义句式比对、基于同义表达分类的汉日固定表达同义性判定方法和策略。

在汉日语言信息处理中，当前迫切需要解决的问题还包括语义分析和歧义分化等。要让计算机正确处理、理解自然语言中词语的意义，生成符合自然语言规则的句子，必须解决好词本身的意义以及词与词之间的关系义。作为解决这一问题的有效方法，词语的语义指向研究发挥着重要作用。本书第三章以计算机对汉语副词“也”的识别为例，借助语料库穷尽式分析了汉语“也”字句中“也”所有可能的语义指向，并将其与对应的日语词“も”的语义指向进行对比分析，指出两者在语义指向上异同的同时，进行歧义分化分析，为此句式的机器翻译提供了语言学参考和铺垫性的基础工作。

本书第四章基于语料库语言学的研究方法进行汉日对比研究。语料库的应用领域包含词典编纂、语言教学、传统语言研究、自然语言处理中基于统计或实例的研究等。基于大量实例和统计数据的语料库可以对研究问题进行定量和定性分析，从而在功能上对所研究的问题进行一些语言学解释。利用计算机和语料库，可以对语言各个层面的特征进行分析和研究。所以语料库语言学在语言研究上具有很大的优势。随着跨学科意识的增强，基于语料库的语言研究、教学研究、跨语言研究等语言学方法越来越多地被采纳并取得一定的研究成果。本书正是基于这样的基础，利用汉语和日语以及汉日对译语料库等，从语法研究的三个平面和共现关系角度，对比考察了汉语和日语中的部分语言现象，阐明了这些语言现象的不同特征。

最后，综合语言信息化研究的特点和成果，本书第五章解析了信息技术在语言教学中的应用问题。从基于数据统计分析的日语学习动机研究入手，结合多资源混合协作学习模式的应用，考察了日语学习 APP 等 ICT 资源在日语学习中的效果，并分析了语料库在语言测试中的应用。

陆俭明先生(2021)在《语言研究的未来走向》一文中指出，语言最本质的功能是传递信息，目前有关语言信息结构的研究大多还停留在固有的几个层面，亟须进行多模态信息分析方面的研究。语言学要走上交叉融合之路，很重要的一个方面是语言研究要逐步走上数字化之路，与信息化研究方法结合起来。本书正是采用了这样的研究方法，基于语言信息化的要求，面向语言应用展开一系列研究。本书的研究将语言学理论和计算机理论结合起来，将汉语和日语结合起来，将理论和应用结合起来，在研究的内容和方法上都取得了创新性的成果。

著者

2021 年 3 月

# 目　　录


第一章　语言信息处理概论……1
　第一节　计算语言学……1
　第二节　语言与信息科学……2
　第三节　语言信息处理的内容和意义……8
　第四节　信息碎片化处理方法……10

第二章　汉日语言信息处理研究……17
　第一节　机器翻译与汉日语言信息处理……17
　第二节　汉日同义句式对比研究策略……21
　第三节　基于模型的统计机器翻译……24
　第四节　基于同义表达分类的汉日固定表达同义性判定……26

第三章　汉日语义指向问题分析……33
　第一节　语义指向……33
　第二节　“也”的语义指向研究……35
　第三节　不同句式下副词“也”的语义指向考察……40
　第四节　语义指向与歧义分化……51
　第五节　语义指向结构图及应用价值……64
　第六节　“也”与“も”的语义指向对比分析……70

第四章　基于语料库的汉日对比研究……89
　第一节　语料库语言学……89
　第二节　“只”与“だけ”的句法、语义和语用对比……93
　第三节　基于语料库的汉日范围副词共现关系对比研究……98

第四节　汉日拟亲属称谓对比分析……………………………………………… 107
第五节　汉日色彩词对比研究………………………………………………… 110

**第五章　信息技术的语言教学应用**……………………………………………… 115
第一节　基于数据统计分析的日语学习动机研究…………………………… 115
第二节　多资源混合协作学习模式…………………………………………… 121
第三节　协作学习模式下 APP 等日语网络平台的使用 ……………………… 126
第四节　中日对译语料库的活用……………………………………………… 132
第五节　基于 ICT 资源的日语学习效果……………………………………… 134
第六节　语料库在语言测试中的应用………………………………………… 138

**参考文献**………………………………………………………………………… 142

**附录　语料库数据**……………………………………………………………… 149

# 第一章　语言信息处理概论

## 第一节　计算语言学

### 一、计算语言学与传统语言学

语言学是研究语言现象及其规律的科学，计算语言学是语言学的一个下位分支，是指应用计算机的手段和方法研究语言现象并对其进行处理的一门学科。传统的语言学是基于经验的学科，而计算语言学既是一门理论学科又是一门实验学科。区别于传统语言学，计算语言学更为注重计量的研究方法。冯志伟(1996)认为传统语言学是描述性的，而计算语言学要求的语言学理论必须具有可操作性。在操作时，一种方法是要把一个句子中所有的信息，包括词法的、句法的、语义的都形式化，变成计算机可以识别的规则，这样才能一步步操作，最后达到理解这个句子的目的，另一种方法是根据大规模语料库中语言单位出现的概率来计算所需要处理问题的概率。

相较于传统语言学常常深入研究某一特殊的语言现象、更加重视研究语言中的某个特殊问题，计算语言学要面对整个自然语言现象，因此它必须研究语言的带有普遍性和总体性的一般问题。

### 二、计算语言学的发展历程

冯志伟(2001)将计算语言学的发展分为萌芽期、发展期和繁荣期三个阶段。

计算语言学的研究发源于机器翻译，世界上第一台计算机于 1946 年在美国的宾夕法尼亚大学诞生，同年即开始了机器翻译的研究。1954 年美国乔治敦大学在国际商用机器公司 IBM 的协助下，进行了世界上的第 1 次机器翻译实验，首次用计算机把俄语译成了英语，这是计算机最早使用语言信息处理手段进行的机器翻译。从此，计算语言学开始萌芽，开启了计算机在语言学上的应用领域。

计算语言学在发展期逐渐转向了计算机对自然语言信息的理解。这个理解过程主要分为两个阶段，第一阶段使用统计方法建立对词类和词序进行分析的程序，第二阶段引进了语义、语用和语境等因素，对技术统计的要求不再那么高。在这一阶段，机器翻译从萧条走向复苏，研究者们认识到，源语言和译语两种语言的差异不仅表现在词汇上，而且表现在句法结构的不同上，因此这一时期的语言信息处理几乎都把句法分析放在第一位。语义分析在机器翻译中越来越重要。

这一时期日本富士公司针对日英机器翻译问题开发了以句法分析为中心的APLAS-1和以语义分析为中心的APLAS-2。在语义自动分析方面，20世纪50年代，美国人类语言学家提出了义素分析法、格语法，建立了句法和语义之间的联系。这些基础理论的研究为计算语言学的发展奠定了坚实的理论基础。这些理论基础有利于机器翻译技术的进步，它们在信息检索的信息处理领域，有着广泛的应用前景。

随着基于大规模真实文本处理的语料库语言学的兴起，计算语言学进入了繁荣期，特别是大规模、带有词性标注或语法分析的语料库的出现为语言信息处理带来了极大的便利。比如，国家语言文字工作委员会每年都会发布中国语言生活状况绿皮书。绿皮书的内容全部进入语料库，已经达到了非常大的质量级，这些语料能够统计字频词频、新词和流行语等，这些成果对社会生活产生了积极的影响。俞士汶(2009)指出，面对海量的文本数据使用系统，主要借助高性能的计算机系统、统计数学模型乃至专用性极强的统计处理技巧。然而，对文本内容实现理解的语言深层分析技术，还未发挥应有的作用。

## 第二节　语言与信息科学

信息科学的本质是表现并处理信息，对信息所进行的各种操作包含处理、计算、加工、检索等。信息表现是通过具有一定语法规范的语言来进行的。区别于人类所使用的自然语言，面向计算机的语言被设计成语法规范、不含歧义、能够描述句子的语法构造和意义的语言。而自然语言遵从一定的语法规则，但是又常常具有计算机无法判断和识别的多义性，计算机处理起来有一定难度。各个行业为了表达各自不同的信息，都有它们各自行业的语言。自然语言在每个行业发生着，表现为不同的语言状态。各行各业大量的信息通过自然语言的形式得以表现。

文字列一致性检索是计算机最擅长的领域。但是用户在使用计算机进行信息检索时，常常感到问题重重。如，通过同义词和近义词扩大检索对象等技术手段已经实现，但是在语义推测、用自然语言进行问答，以及说话人意图处理上，计算机信息处理的程度还有待提高。如果能让计算机解释自然语言、协助解答问题或者实现精度极高的语种间翻译，那么信息处理在接收、加工和输出语言等方面都要达到很高的精度。本节从语义理论及语义分析、大规模语言数据的使用以及共现关系调查研究来阐述信息科学处理语言过程中的问题。

## 一、语义理论与语义分析

冯志伟(1995)指出，如果不考虑单词所具有的语义，就不能进行语言的翻译。句法结构相同的句子语义往往有很大的不同，如果不进行语义分析，整个句法分析工作就难以进行。比如在英语中仅仅依靠单词的类别和句法，是不能充分理解句子含义的，还必须分析单词与单词之间的关联，以及它们关联的紧密程度等信息。要想了解这些信息，根据单词具有的语义特征，以及单词在句子结构中出现的位置，就有可能发现问题所在。

进行语义分析所依赖的理论基础是语义学理论。语义分析的主要任务是找出语言文本的词汇语义单元之间的依赖关系。在现有的语言信息处理系统中，对于语义采用了不同的处理方法。有的系统先处理句法信息，然后处理语义信息，有的系统将句法和语义组合起来进行处理，而有的系统只进行语义分析。即便如此，语义分析技术中依然有很多问题没有解决，它不像语法分析的技术已经达到了比较成熟的阶段。

董振东(1988)指出，究竟如何处理语法和语义的关系，应该是有分有合。就此点而言，在为每一个词条给定属性时，应尽可能做到语法与语义相互独立，而就文法而言，不论是算法还是规则，应做到语法和语义的有机结合。很多学者认为语义和语法分析一体化的方法是一种行之有效的方法。其中格语法、语义网络分析、语义学和蒙塔格语法等在机器翻译系统中应用较多。比如机器词典，如果运用义素来存储语义，一方面可以判断近义词在语义上的细微差别，另一方面可以节省存储空间。蒙格塔语法是美国数理逻辑家蒙格塔提出的，是一种用数理逻辑来研究自然语言的句法结构和语义关系的语法。该研究为语言信息处理中的语义分析开辟了一条新的途径。

### 1. 格语法

菲尔摩指出，主语、宾语等语法关系实际上都是表层结构上的概念，在语言的底层所需要的不是这些表层的语法关系，而是用施事、受事、工具、受益等概念所表示的句法语义关系。这些句法语义关系经过各种变换之后，才在表层结构中成为主语或宾语。乔姆斯基在标准理论中把语义引进了语法机制，但是他对语义的思考仍然不够深入，而菲尔摩的语义分析方法成为乔姆斯基标准理论对语义解释的延伸。

格，是指某些曲折语中，用于表示词间语法关系的名词和代词的形态变化，有显性的形态标记，也就是说以表层的词形变化为依据，如主格、宾格等。因为汉语的名词和代词没有形态变化，所以汉语没有格。

格语法中的格是三层格，它指句子中体词和谓词之间的及物性关系，如动作和施事者的关系、动作和受事者的关系、动作和当事者的关系等。这些关系是语义关系，是一切语言中普遍存在的现象。格语法是指在底层结构中名词与动词之间的距离，这种关系一经确定就固定不变，不管它们经过什么转换操作，在表层结构中处于什么位置与动词形成什么语法关系，底层上的格与任何具体语言中的表层结构上的语法概念，如主语、宾语等都没有对应关系。而格语法主要由三部分组成：基本规则、词汇部分和转换部分。

最基本的规则主要有三条：

$S \rightarrow M+P$

$P \rightarrow V+C_1+C_2 \cdots\cdots +Cn$

$C \rightarrow K+NP$

其中 S 可以解构成情态 M 和命题 P。情态是指否定时、式、体以及可以被理解为情态的状语等。命题 P 是由动词 V 和名词短语、动词和小句之间的关系构成。动词是句子的中心。词或名词短语按照一定的格关系依附于动词之上。任何命题 P 都可以解构成动词 V 和无固定个数的格 C。这里的动词是广义上的动词，相当于日语中的用言，包含狭义的动词、形容词，甚至包括动作性名词、副词等。K 是格的标记，如介词、接头词、接尾词、词缀等。NP 是指名词性短语。

菲尔摩把命题中的格分为以下 10 种：

①施事格：表示动作的发出者，它由动词所确定，动作能被观察，具有典型的生命动作性。如“他笑了”的“他”。

②工具格：是没有生命的力量或客体，表示对由动词所确定的动作和状态而言，作为某种因素而牵涉到动作结果的存在。如“他用小刀割断了绳子”的“小刀”。

③承受格：表示由动词确定的动作或状态所影响的对象，该对象为有生物。

④使成格：表示由动词确定的动作或状态所形成的客体或有生物，或者理解为动词作用下形成的一部分的客体或有生物。

⑤方位格：表示动词发生的动作或状态的处所或空间方位。

⑥客体格：表示动词的动作或状态所影响的事物。

⑦受益格：表示动词的动作或状态所服务的对象，该对象为有生物。

⑧源点格：表示动词的动作或状态所作用到的事物的来源以及事物发生位置变化时，位置变化过程中的起始位置。

⑨终点格：表示动词的动作或状态所作用到的事物发生位置变化时，位置变化过程中的终点位置。

⑩伴随格：表示动词的动作或状态所确定的、与施事共同完成动作的伴随者。

以上是菲尔摩对格的命名和解释，本书觉得这个分类比较周全，可以作为语义分析的参考之一。但是在实际语义分析中，不同学者对格的命名和解释各不相同，即使菲尔摩本人关于格的分类和数目的阐述也会出现些许变动，因此，单纯依靠格语法对语言信息处理中的语义进行分析，显然存在很多不足。

### 2. 其他语义分析法

除格语法外，用于语义分析的方法还有义素分析法、优选语义法、语义网络文法等。义素，顾名思义指的是意义的基本要素。词的一系列语义特征的总和构成词的理性意义，义素就是词的理性意义的区别特征。丹麦语言学家叶姆斯列夫首先提出了义素分析的想法，后来美国人类语言学家在分析亲属词时，提出了义素分析法，卡兹和福尔多提出了解释语义学，为转化生成文法提供语义特征。这种对义素的标记又被称为语义标记。义素分析法可以用于判断同义词近义词之间的区别，因为通过对各个因素的比较，可以找出不同词语之间在词义上的差别。在以句法分析为主的语言信息处理中，语义标记可以用来排除语义不合理的句子，对于解决语言信息处理中的歧义问题有非常明显的效果，但是义素分析法不能解决语义分析的全部问题，需要配合其他方法一起使用。

优选语义法主张用语义公式表示词的意义，这种方法突破了以句为语言信息处理单位的局限性，扩大到以段落和篇章为处理单位，即在段落和篇章的基础上，优选最佳语义解决语言内部的语义内容和结构问题。美国斯坦福大学的威尔斯克将优选语义分析法具体划分为语义元素、语义公示和语义模式三项内容。

语义元素是语义的基本单位，主要包含实体、动作、性状、种类、格等。每个单位大致包含的内容如下：

实体：分为人类、物质、物体、行为、状态等。

动作：分为迫使、引起、选取、存在等。

性状：分为性质、方式等。

种类：分为容器、善良、穿透等。

格：分为方向、来源、目标、放置、施事、受事、领事等。

若干个语义元素组成语义公式，用来表示词的意义。一个语义公式表示词的一个义项。多义词需要用多个语义公式来表示。而语义模式主要用来确定每一个切分语段中词与词的关系，如动作与及物动词和不及物动词的选择关系、介词与动词和名词的搭配关系等。使用优选语义法处理语言信息，进行不同语种之间的翻译时，大致过程为输入原文词典、切分、匹配、扩展、建立联系、生成目标语言这 6 个步骤。其中切分是把输入的内容根据结构词的出现，切分为若干片段。匹配是指按照规定的语义模式查找切分段的语义，匹配时要注意把每一切分段可能的语义模式全都找出来，如果在匹配中得到的语义模式不只一个，那么在建立匹配关系时，则需要对语义模式进行扩展，然后建立切分段与切分段之间的联系，解决可能存在的歧义问题。

冯志伟(1996)、侯敏(1999)指出，语义网络通过由概念及语义关系组成的有向图来表达知识描述语义，一个语义网络是由一些以有向图表示的三元组连接而成的，其中节点表示概念图是有方向的，指明所连接节点的语义关系。每个节点还可带有若干属性，可以用语义标记或语义框架来表示。

刘东立等人提出了汉语分析中的语义关系这一概念，也就是运用语义网络的理论和方法分析汉语，将这种方法形成的语义网络作为一种中间语言，用来处理汉语与外语语种之间的机器翻译问题。他们的研究表明，语义网络分析法对处理汉语语言信息是有效的。

鲁川(1995)提出了中枢角色的概念，汉语中的动词短语为中枢角色。在语义平面上构建句模，用以表示句子中动词短语和名词短语之间的配合关系。通过中枢角色和外围角色的搭配描述汉语。鲁川指出，汉语动词作为句子的谓语与其周围成分之间的关系应当是汉语语义网络分析的核心内容。

## 二、大规模语言数据的使用

以上方法都是通过设计各种类型或结构规则来处理语言信息，这些规则的设立，往往基于研究者的理论知识和相对较少数量的语言材料。但是，不管规则多么复杂，恐怕都难以涵盖语言事实的全貌，这样的研究往往忽略掉语言在实际应用中产生的各种具体问题。语言具有多样性和不断变化性，因此对大规模真实语料进行调查的研究逐渐兴起。

大规模语言数据的使用最基本的操作是建设语料库并从语料库中抽取语言知识，即主要分为两步：

第一步，建立合适的语料库。

第二步，从建立的语料库中抽取需要的语言知识。

其中建立语料库的过程，包括语料的搜集、整理和加工，对语料库进行加工和标注后能应对各种不同的语料库应用需求。基于大规模语言数据的语料库的使用不仅对语言信息处理，而且对语言研究带来的便利也是显而易见的。

首先，将语料库用于语料收集非常方便。可以借助语料观察语言的应用实态。

其次，可以使用已经公开的语料库进行语料调查和语言应用频度调查。

最后，利用语料库所进行的研究，更有利于把握语言的整体性特征。

语料库对机器翻译、语音合成等方面的研究也有很大的促进作用，随着语料库建设程度的提高和语料库功能的不断完善，语料库的应用范围会越来越广泛。

## 三、共现关系调查研究

语言为了传递信息，需要将一系列文字排列在一起构成文本。文本是由文字链、经形态素解析工具解析出来的形态素、词典标题等各种各样要素构成的。这些构成要素根据它们在文本中出现的位置与其他要素互相产生关联。那么，这些要素彼此之间是依靠什么样的关系构成文本的呢？在文本的统计处理中，要素与要素之间通过意义形成紧密连接，而且在空间距离上比较近的要素之间，它们的意义关联性也比较密切。以此为前提，形成了要素之间的共现关系和相似性关系。

对文本中的共现关系进行定义，我们可以认为共现关系是在某个文本区间内，区间和要素或者区间中的要素之间同时出现的关系。这里的区间是指按照某个标准切分出来的文本领域，要素是指在这个领域内包含的文本的构成要素。对区间和要素的定义因研究目的不同而各有不同。比如，有些学者将区间定义为文本，将要素定义为文本中的词语，将互相关联度比较深的文本定为一个语群。另外，在不同语种的对译中，有的学者将区间定义为对译文本，将要素定义为文本中出现的不同语言的单词，比如汉语和日语的对译单词，并由此形成合适的对译配对。

### 1. 共现行列

文本是如何表现共现行列的呢？在一个共现行列上如何计算词语的相似度呢？这两点对于共现关系的研究非常重要。

将共现要素以行列的形式表现出来，就构成了共现行列。共现行列的构成方法主要有：

第一，共现要素和区间因素的共现。

第二，不同的两种要素如何共现。

第三，相同要素之间的共现关系。

实际操作中，首先要从大规模的语料库中使用关键词搜索不同语体的语料进行信息检索。例如，为了调查研究对象和文本中其他要素的共现关系，把该研究对象的共现偏差值作为一项重要的参考指标。或者使用文本查找，将在特定模式下频繁共现的词语词作为组合抽取出来。

在要素抽取时，一般会将连续出现的词语作为考察对象。还有一种抽取方式，是以在一定范围内共现频度较高的词汇为对象，它们的共现未必是连续的但是共现的频度却很高。这种共现关系为“搭配关系”。关于词语的搭配关系，在不同研究中定义各不相同，比如中文的“打车”和日语的“タクシーを拾う”里的“打”与“车”、“タクシ”与“拾う”都属于搭配关系。因此，本书将搭配关系定义为：习惯共现的两个或两个以上词语的连接。其中，有些词语的连接已经固定化下来，成为固定表达，如专有名词、复合词、前后呼应关系等。

### 2. 对译共现关系

在共现关系的研究中，还包含不同语种的对译共现关系。即，从用于表达相同内容的不同语种的语料库中，抽取具有对译关系的词语对。比如，从中日对译语料库中抽取表示相同语义范围的词语，并将这两个词语构成对译组。在抽取信息时，要以句为单位，将两种语言进行句对齐。先使两句呈现对应关系，然后根据相似性原则抽取表示相同语义的词语，构成对译组。通过这样的操作，可以根据需要翻译的语言，推测出它的译语。近年来也出现了不必推测明确的对译关系，使用多种语言的语料库对同一领域的文本进行处理的方法，也就是基于小规模对译词典的对译方法。

在文本中，词语共现的前提是存在语义关联，信息抽取时，还可以将同时出现并且有较强语义关联度的词语抽取出来，比如，使用了某种特定的构式，或者根据搜索引擎搜索结果的数量考察词语的相关度等都属于相关词抽取。

以语言现象的解析为目的的语言信息处理中，常常利用语料库基础统计数据的计算结果得出词语的共现度。但是，在以多语种对译为目的的信息抽取中，仅仅依靠共现度计算很难得到理想的结果并解决实际问题。因此，需要在句法和语义上加以补充，比如在词语抽取方面，要注重词语的独立性，词语和其他词语的组合紧密度、与其他领域对比得出的相对频度差等。在对译语抽取时，要利用已有的对译词典等语言资源进行歧义消除。在使用网络检索工具时，要注意网络检索工具本身对检索结果的制约，这样才能提高研究的精度和准确性。

## 第三节 语言信息处理的内容和意义

按照语言学研究的普遍范畴，语言可以分为语音、词汇、语法、语义、语篇和语用等层面。计算机在语言学上各个层次的应用，便形成了计算语言学、计算词汇学、计算语法学、计算语义学、计算语用学等，这些是计算语言学的分支科学。计算语言学的理论必须通过计算机实践来检验，从实验结果中检验计算语言学的理论是否可行。计算语言学在研究问题时必须先分析和处理，然后理解分析和处理的结果(冯志伟，2001)。因此，语言信息处理对计算语言学的研究过程和研究方法都具有非常重要的意义。

Bill Manaris(1999)将语言信息处理定义为研究在人与人交际中以及在人与计算机交际中的语言问题的一门学科。语言信息处理首先要研制表示语言能力和语言应用的模型，并建立计算框架来实现这样的语言模型，其次提出相应的方法，不断地加以完善，最后根据语言模型设计各种实用系统，并测评这些实用系统的技术。语言信息处理包括自然语言处理、信息自动检索、信息自动抽取和分类、语音自动识别和自动生成等诸多方面。

### 一、自然语言处理

自然语言处理，包括自然语言理解和自然语言生成两个方面，自然语言理解又叫人机对话，它研究如何让计算机理解和运用人类的自然语言。要想使计算机懂得人类的自然语言，需要让计算机懂得人类自然语言的含义。要通过对话的方式，给计算机提出问题，让计算机用自然语言进行回答。自然语言理解系统可以用作信息检索、办公室自动化等诸多方面，有很多实用价值。日本研制第 5 代计算机的主要目标之一，就是使计算机具有理解和运用自然语言的功能，既让计算机能够理解人类的自然语言，也能主动完成自然语言的生成，而且这种生成是符合自然语言规则的。

## 二、信息自动检索

信息自动检索又称信息检索，是从大规模文本语料库中找出满足用户需求的文本的过程(王斌，2010)。随着网络信息的日益爆炸化，面对巨大数量的网络信息，用户往往不知如何着手找出自己所需的准确信息，针对这种情况，研究者开发出了用以查找网络信息的检索工具，即搜索引擎。搜索引擎能为互联网用户提供日常生活所需的各方面信息，广泛应用于日常生活的各个方面。搜索引擎分为综合性搜索引擎和专用搜索引擎等，例如国内常用的综合性搜索引擎主要有百度、新浪、搜狐、网易，其中百度是目前最具影响力的中文搜索引擎。日本较大的搜索引擎是谷歌和雅虎。

## 三、信息自动抽取和分类

信息的自动抽取和分类是指把文本中包含的信息进行结构化处理，根据用户的检索需求，从各种各样的文档中抽取出相关的信息，再自动进行分类以方便用户使用的技术。信息自动抽取，主要针对同一主题的信息，因为随着互联网信息数量的巨大化，同一主题的信息往往分散在不同的地方，表现出来的形式也各不相同。当互联网用户需要将这些信息收集到一起时，信息抽取便发挥了它的作用，信息抽取完成后会通过结构化的形式储存起来。之后，用计算机代替人工，根据信息的内容按照一定标准进行分类。分类的方法包含自动聚类和自动归类。不管哪种分类方式都需要给计算机制定一定的分类标准。

## 四、语音自动识别和自动生成

语音是语言的重要组成部分，因此语言信息处理也包含对语音的处理。用计算机将人的语音自动转换成文本被称为语音自动识别。目前世界上多种语言的语音自动识别都取得了很大的发展，比如英语、日语、中文的语音识别技术已经非常成熟。语音识别技术可以用在人机对话、旅游、铁路、宾馆预订、民用航空等生活领域，更可以用于机器翻译、口语翻译等方面。为了完成人机对话，除语音自动识别外，还需让机器自动生成语音，也就是使用计算机技术和数字信号处理技术，把文本转换成人类的语音。根据使用要求，还可以在不同语种之间进行切换。目前已经有很多商业公司开发出了支持多种语言的识别朗读以及自动语音翻译机器，比如微软公司开发的语音应用工具包等。在国内，讯飞科技的翻译器、鼠标等一些应用产品也具有非常好的语音识别和生成功能。

计算机语言学习的目的就是通过机器学习，自动地获取语言信息处理所需要的专门知识，并将这些知识形式化地表达出来。而计算机要处理哪些信息、解决哪些语言学问题并将哪些具体的语法、语言现象形式化，这些需要语言学家的专业知识。综上可见，计算语言学的发展需要语言研究人员基于语言信息处理的研究方法来研究语言学的普遍和个别问题。

## 第四节 信息碎片化处理方法

本节以语言教学词汇的语言信息处理为例，提出词汇碎片化处理的研究方法。选取这一主题是因为语言教学词汇电子信息资源涵盖范围广、文献量大、内容极其丰富。

对语言教学研究人员来说，电子信息资源是一个提供资源的宝库。因此有必要设计一个语言教学词汇碎片化电子信息资源整合的理论框架，并对词汇精确集成的关键技术进行梳理，分析信息资源整合和用户访问的过程，提出碎片化电子信息数字资源处理方法和信息数据管理方法。

### 一、资源整合和聚合

虚拟化方法为语言教学词汇电子信息资源的整合提供了可能，传统的资源整合主要有两个层次的内容：数字资源的聚合和整合。数字资源的聚合是在较低层次上，利用信息集成技术对异构资源系统进行集成；数据资源的聚合是在更高层次上运用知识组织技术，对信息资源进行语法和语义重组。

服务器虚拟化的核心思想是简化管理并提高效率，方法是对资源进行优先级排序，并将服务器资源分配给最需要它们的工作负载，从而减少为单个工作负载峰值预留的资源。虚拟化可以有效减少服务器数量，简化服务器管理，显著提高服务器利用率、网络灵活性和可靠性。通过使用虚拟化技术，用户能够将多个应用程序整合到少数企业级服务器上，同时仍然保持高可靠性和灵活性，从而增强信息系统适应业务变化的能力。虚拟化网络技术将企业网络划分为多个不同的子网，这些子网遵循不同的使用规则。

#### 1. 信息资源整合的最低点和最高点

信息资源整合的最低点，也就是整合的最低层次状态：结构化数据存储在数据库中。信息资源整合的最高层次，也就是说，最高层次的整合状态是：非结构化、半结构化、结构化这三类数据，利用专题数据库、学科导航库、知识门户等应用方式向用户提供知识。数据层集成是一种物理集成方法，是在数据集中思想指导下的信息资源集成方法，它是一个重组的过程，对现有的信息资源进行深度处理和知识服务，需要建立一个新的存储仓库，装载各种收集的资源，并将不同的信息资源组织成相同的数据格式。通过统一的检索平台，可以方便地检索到所有的信息资源，数据层集成的优势在于，该层集成后，便于对数据进行统一存储或迁移，方便对其进行数据挖掘、分析和决策。

### 2. 技术和标准

技术和标准是制约零散电子信息资源整合的重要瓶颈，要实现碎片化电子信息资源的整合，用户必须解决碎片化电子信息资源整合的技术问题。碎片化电子信息资源整合技术包括网络技术、通信技术、信息技术、多媒体技术等现代技术。在电子信息资源碎片化的过程中，新技术的应用是必不可少的，为了实现与不同技术的兼容，必须加强技术标准化。标准化是整合零散电子信息资源的前提。

零碎的电子信息资源的整合必须基于各种标准，如信息系统标准、数据内容标准、数据结构标准等。到目前为止，电子信息资源整合标准零散化的问题还没有得到足够的重视，没有统一的标准制定机构。信息资源数据库结构、信息存储和记录格式、软硬件配置、网络结构、信息处理接口等都没有统一的标准。语义网技术可以整合零碎的电子信息资源，语义网描述事物之间的关系，包含语义信息，便于机器的自动处理。

## 二、语料跨库检索

### 1. 跨库检索系统

跨库检索主要依靠跨库检索系统，对分布异构的多个数据库进行统一的信息采集，然后根据用户的请求进行数据处理，从相应的数据库中返回检索结果，并进行适当的排序。高校图书馆采用跨数据库检索技术，整合零散的阅读资源，实现大规模数据的统一处理，减少用户检索阅读资源的时间，提高信息利用效率。它的优势在于实现了一站式搜索，对零碎信息进行准确定位，操作简单，检索速度快，用户只需发送一个请求就可以得到想要的结果。然而，这种碎片化的阅读资源整合方法只能支持常规检索，不能采用先进的特征检索模式，这也影响了其信息的查全率和查准率。系统可以利用该技术，根据期刊、专业文献、电子书等的合理分类，将零散的阅读资源分成多个类别，建立相应的导航资源库，方便用户根据导航指南获取所需信息。

基于优化的平台结构，信息资源整合模型可以整合整个企业信息资源的搜索门户，并通过资源关键字和标识建立导航库获取信息资源。传统的信息资源整合模式过于依赖单一的整合功能，缺乏前沿性，更容易退化，信息收集不准确，搜索渠道单一，导致信息资源整合处于被动状态，降低了模型的实用价值。基于优化平台结构的信息资源集成模式，可以将企业信息资源的所有搜索和访问点集成在一起，建立导航库。

信息资源可以通过资源关键字和标识符获取，管理员可以通过报纸、电子出版物和资源库入口进行锁定，目标信息和改进模型具有多个搜索通道，大大提高了检索速度，实现了企业信息资源的高效整合。传统的信息资源整合模式作为一个虚拟的链接集，可以保存和下载信息，特别是对于已经建立的信息资源库，便于长期保存和数据上传。然而，传统模式所采用的系统过于依赖单一的集成功能，导致信息采集不准确，信息资源被动整合，降低了实用价值。

信息资源的优化整合可以提高信息资源的准确性和实用性，方便用户使用。对于数字图书馆来说，随着网络信息资源的迅速增加，与网络信息逐渐多样化、质量参差不齐的网络信息相比，传统的信息组织方式难以有效地进行分类和组合。虽然网络碎片化的电子信息资源已成为语言教学词汇未来发展的重要组成部分，但是与以往的信息资源相比，存在着显著的差异。资源数量多、变化复杂、传播范围大、开放性和互动性强，准确整合电子信息资源势在必行。

## 2. 语言教学词汇碎片化信息检索

对于语言教学来讲，在收集了大量零散的语言信息资源后，可以从知识树的整体构建中理解知识点，摒弃传统的教材和习惯的教学过程，尝试各种新的碎片化信息的应用。在信息技术环境下，教学资源与原有课程体系逐步整合，利用新技术的信息资源，构建新的、信息化的、优化的教学过程。系统使教师教与学生学突破了传统理论教学的禁锢，更加生动、直观、高效，充分发挥了信息化教学的优势和功能，将零碎的知识点运用到教学中。从知识点的应用入手，积极采用信息化教学，开展信息化教学竞赛和信息化教学设计讨论小组学习信息化整合。因此，可以在信息化的基础上进一步完成知识和教学的推广和学习，设计一个基于思维导图的知识型教学资源知识树系统，将零散的知识点从知识结构中分离出来，构建各种视频、以知识点为核心的图片等信息化教学资源。它利用知识地图形成结构化思维，遵循碎片化资源、结构化课程、系统设计与建设的要求，将碎片化知识与传统教育相结合，充分发挥信息技术的优势。

一些学者利用跨领域学习方法在两个领域之间建立关联，对跨领域文本进行分类；双学科主题发现探索了两个基础学科可能的联合研究，但没有考虑这两个基础学科之间的关系及其现有的跨学科文献资源，也不能指出现有跨学科合作的不足。

碎片化信息处理对获得的两个共同主题和独立主题进行分析，共同主题代表了两个学科的研究重点和研究方向；例如，语言教学与其他跨学科研究的共同主题表明，研究方向来源于跨学科的语言学和教育学；同时，出现在两个相关模型中的共同主题是基础学科关注的研究方向，也是其跨学科研究的重点研究方向。除共同主题外，本学科的独立主题之间也存在相似性，这些主题在主题分布上并不显著，因此不属于共同主题。但是，在未来的研发中，这些独立的主题很可能会出现，成为新的共同主题，因此也应该引起重视。

## 三、信息资源整合流程

信息检索需要从实际需求出发，在关联数据的基础上，对语言教学信息进行碎片化处理和整合，通过匹配用户需求实现信息的高效利用。语言教学信息碎片化集成研究分为数据获取与表示、碎片化处理、按需集成和知识发现四个过程。数据获取与表示主要包括异构数据库中数据的获取与知识表示。在此基础上，对知识库进行了整合，碎片化处理主要是根据碎片化处理规则，提取知识库中的数据和相关关系。按需集成主要包括用户需求分析、基于需求约束确定知识碎片化规则、按规则集成；知识发现主要包括集成结果可视化分析和分析报告生成。当用户访问系统时，输入需求关键字，系统通过分析用户需求得到需求约束集，查询历史集成规则库，是否已有该需求约束集的集成规则，如果有，直接从知识约束集中提取知识片段是在共享数据池中进行的。如果没有，则根据需求约束集确定集成规则并存储在集成规则库中；系统从知识片段共享池中提取的片段以可视化解析的形式呈现给用户，并选择内容分析报告。

### 1. 语言教学碎片化电子信息资源的精确集成

语言教学碎片化电子信息资源的精确集成涉及如下内容：零散的电子信息资源中有大量的语言教学相关资源，特别是一些国家精品课程网站和国外公开课网站，很多资源都是免费开放的，用户可以使用共享资料，向名师学习，向他人学习。教师可以通过在线跟踪最新的教育教学动态和科研成果，不断更新自我，提高教学能力和水平。大量的网络资源信息，为教师提供了丰富的教材，可以提高备课质量。网络资源多样，不仅可以使用文字和图片，而且可以使用动画、电影等多媒体资源，使抽象、难学、枯燥的知识变得生动、直观，从而提高学生学习的积极性和主动性，提高教学效果。此外，网络资源为学生利用网络提高自主性和研究性学习提供了条件。目前，基于网络自主学习的课程形式很多。学生可以在课前和课后随时访问相关网站进行自主学习，学习动机和自主性得到提高。网络教学方法开辟了一个新的领域，将传统的以教师为中心的教学模式提升为以学生为中心、个性化、人性化的现代教学模式，提高了教学效果和学生的自主学习能力和创新能力。

### 2. 数字图书馆与网络信息资源整合

信息资源的优化整合可以提高信息资源的准确性和实用性，方便用户使用。对于数字图书馆来说，随着网络信息资源的迅速增加，传统的信息组织方式与网络信息的逐渐多样化、质量参差不齐相比，难以有效地进行分类和组合。这就要求数字图书馆顺应形势，对网络信息进行重组和创新，实现网络信息资源的整合。此外，网络资源的整合是网络信息组织自动化的结果和要求。随着信息技术的发展，网络信息资源的保存和管理需要从手工技术向自动化技术发展。另外，网络信息资源整合可以进行不同层次、不同形式的分类重组，使网络信息使用更加方便，更好地满足用户需求。而且，网络资源整合可以大大提高网络信息的准确度，因为网络信息的信息量非常大，为了方便检索，需要提高准确度，这就需要对网络资源进行优化和整合。

## 四、网络碎片化信息资源的数据管理

信息资源管理是在社会信息化背景下，在信息经济和知识经济产生和发展过程中，在资源管理和信息管理相互融合的基础上发展起来的。更准确地说，信息资源管理就是利用现代信息技术，对知识和信息的生产、分配、收集、加工和传递进行计划、组织和指挥。它们协调着对活动的有效控制，在承认其价值的前提下对其进行开发和改造，其目的是将知识和信息资源转化为社会生产力，为社会创造物质和精神财富。网络电子信息资源具有动态性、分布性、多样性和无序性的特点，充分利用网络电子信息资源，依靠对这些信息资源的准确、规范的描述和组织，可以保证在开放环境下对这些资源的准确识别和选择，提高资源的利用率。因此，有必要对网络电子资源进行恰当的描述和有效的管理。

### 1. 基于优化平台结构

基于优化后的平台结构，信息资源整合模型可以整合整个企业信息资源搜索门户，建立导航库，通过资源关键词和标识获取信息资源。传统的信息资源整合模式过于依赖单一的整合功能，缺乏前沿性和可降解性，信息采集不准确，搜索渠道单一，促使信息资源整合处于被动状态，从而降低了模型的实用价值。基于优化平台结构的信息资源集成模式，可以将信息资源的所有搜索和访问点集成在一起，建立导航库。信息资源可以通过资源关键字和标识符获取，管理员可以通过报纸、电子出版物和资源库入口进行锁定，目标信息和改进模型有多个搜索渠道，大大提高了检索速度，实现了企业信息资源的高效集成。传统的信息资源整合模式作为一个虚拟的链接集，可以保存和下载信息，特别是对于已建立的信息资源库，更便于长期保存和数据上传。然而，传统模式所采用的系统过于依赖单一的集成功能，造成信息采集不准确和信息资源的被动整合，降低了实用价值。

在信息处理过程中，信息统计者应明确有效的信息来源和公共信息处理方式，使信息使用者在了解信息处理方法后，能够有效地选择和利用综合信息资源。同时，信息统计员还应保留原始信息数据，使特定的用户群体能够获得原始信息数据，并根据自身需要对原始信息进行适当的处理，以满足用户对信息资源的需求。加强信息资源整合的统筹规划是实现信息资源高效利用的重要途径，对信息统计和资源整合的发展具有十分重要的影响。一方面，在大数据时代背景下，信息统计管理者要有强烈的统筹意识，充分认识信息资源整合的重要性，科学规划信息资源整合，使信息资源整合在科学和规划上得到提高，引导、加强信息资源整合的规范化；另一方面，大数据时代下，网络信息丰富多样，信息用户对信息的需求更大。因此，信息处理者应在统筹规划后对各种信息进行有效处理，以满足不同人群对统计信息和综合资源的需求。

## 2. 信息标准化

标准化是信息资源整合与共享中的一个非常突出的问题，是信息资源整合与共享的前提和保障，其信息和知识涵盖了所有学科，数量极其庞大，类型极其多样。它还包括文本、图像、表格、音频和许多其他多媒体的数字内容和链接，组织极其复杂。如何协调和组织多方力量，从技术管理的角度实现网络互联、资源共享和有序管理，关键在于标准化。用户应在充分研究的基础上，逐步出台更为完备的标准，如信息资源的储存、描述和标志，检索、交换和使用的标准和规范，使之成为标准体系的重要依据。建构信息资源整合的标准体系可以从以下几个方面来考虑：数字信息采集标准、数字信息组织与存储标准、信息检索标准、网络与网络资源标准、信息权限管理与安全标准、信息文献工作应用软件评价与评价指标体系标准、文献信息系统质量管理与质量认证体系标准。

网络信息资源的优势是类型多样、及时性强、检索方便、超文本链接、多媒体、多语种、分布式存储、跨国边境传输、成本低、通信快捷；劣势是信息零散无序，内容准确性、可靠性不强、深入度和广度低，搜索精度低，相关排序功能差，搜索结果难以控制。信息资源的整合是以信息资源为基础的，信息资源本身是客观存在的，人类通过对客观世界的认识而形成的对客观世界和主观世界的认识属于信息资源的范畴。因此，信息资源整合应以科学的原则为指导，根据信息资源的特点进行有效的排序，充分体现信息资源内容与信息资源之间的内在联系，揭示了信息资源的变化规律和信息资源的整体性。无论是传统文献信息资源还是网络信息资源，都是信息资源系统的重要组成部分。用户为信息资源的开发利用注入了新的信息，因此，有必要从系统论的要求出发，客观、全面地分析信息资源的特点，采取切实可行的步骤和方法整合信息资源，使信息资源整合符合系统性原则，充分发挥信息资源整合的整体优势。

综上，本章内容从计算语言学理论出发，结合语言学与信息学的关系，具体分析了语言信息处理的主要内容，并阐明了其研究意义。在此基础上，以语言教学词汇为例，提出了碎片化信息资源的整合方法。本章的研究，为面向语言信息处理的汉日对比及应用研究奠定了坚实的理论基础，详细阐明了本书研究的对象和领域。

# 第二章　汉日语言信息处理研究

## 第一节　机器翻译与汉日语言信息处理

### 一、机器翻译

如前文所述，计算语言学的发展离不开机器翻译，机器翻译又称机器自动翻译(MT)，是指利用计算机将一种语言(源语言)转换为另一种语言(目标语言)的过程，机器翻译是人工智能的发展目标之一，具有非常重要的科学研究价值和实用价值。随着经济全球化及互联网的飞速发展，机器翻译技术在促进经济文化发展以及世界交流等各方面起着越来越重要的作用。

目前机器翻译主要有基于转化的方法、基于语言分析和理解的方法、统计方法、基于实例的方法，或者各种方法互相结合等。其中，1984 年日本机器翻译专家长尾真提出了基于实例的机器翻译方法。其基本思想是翻译一个简单句式，不必做深层的语言分析，而是首先将句子拆分为合适的片段，其次将这些片段翻译成目标语言片段，最后将目标语言片段组合为一个完整的句子。

早期的统计机器翻译都是以词为基本单位，按照词对齐的方式进行翻译。从研究方法上看，这个阶段的大多数模型采用较少结构化信息，不能解决语言中普遍存在的远距离依赖问题。基于统计方法的不断发展，谷歌推出了基于统计方法的在线翻译工具，达到了很高的技术水平，后来又推出采用机器统计翻译技术的跨语言搜索网站。

随着技术的发展，根据美国国家标准和技术研究所的测评，进入 21 世纪以后，统计机器翻译在诸多翻译方法中处于领先地位。由于欧洲语言之间，在语法和表意方式上的差别相对较小，因此统计机器翻译在欧洲语言的翻译上已经取得了较好的效果。

中国也逐渐开展了统计机器翻译研究。从目前的趋势来看，统计和语言知识的结合，已经逐步应用到统计机器翻译中，因为单纯的统计方法，无法利用语言的结构信息，而单纯的句法分析方法往往颗粒度过大，很难涵盖复杂多变的语言事实（刘颖，2014）。

## 二、研究现状

面向语言信息处理的汉日同义句对比研究，特别是机器翻译的研究在理论上和翻译系统的研发上都有了进展，其研究现状如下：国内汉日语言学界关于汉日同义句式对比的语言学基础研究比较常见，如李金莲(2010)《基于平行语料库的中日被动句对比研究》、付佳(2012)《汉日祈使句对比研究》以及张北林等(2013)《WH 疑问词转折句式汉日对比研究》等。这些研究尽管角度不一，有的从类型学模式切入，有的在认知模式下进行，但实质上都属于语言学的本体研究，面向语言信息处理的语言学应用研究非常少见。

目前我国汉日语言信息处理的研究主要集中在自然科学领域的研究者身上，如南京大学计算机软件国家新技术重点实验室的张鹏等(2002)在《从日语格语法表示生成汉语的难点分析》一文中分析了基于转换规则的日汉机器翻译中的汉语生成方法，重点分析了基于日语格语法表示的汉语生成所面临的难点，主要包括单词词义的选择、格短语处理、基于汉语语法语义链的语序调整和句子的归并生成，同时，还对句子的语气、时体态、标点符号和关联词的表层处理等进行了讨论。戴新宇等(2003)在《从汉语格关系表示生成日语 》一文中描述了一种基于格关系的汉语依存分析树，然后，针对日语的特征，分析了日语生成中的主要问题，包括译词选择、用言活用形确定、助词添加等，给出基于规则的日语生成系统的组织结构，重点介绍生成规则系统的设计和实现，最后，给出规则描述的实例以及翻译实例，提出进一步改进系统的初步想法。清华大学的杜伟、陈秀群等(2008)在《多策略汉日机器翻译系统中的核心技术研究》中论述了一个多策略的汉日机器翻译系统中各翻译核心子系统所使用的核心技术和算法，其中包含了使用词法分析、句法分析和语义角色标注的汉语分析子系统、利用双重索引技术的基于翻译记忆技术的机器翻译子系统、以句法树片段为模板的基于实例模式的机器翻译子系统以及综合了配价模式和断段分析的机器翻译子系统。另外还有黄金柱等(2012)在《依存语法在日汉自动句法转换中的应用》中分析了根据日汉语言的特点及差别，利用依存语法来处理在日汉机器翻译中遇到的一些问题。刘君等(2013)在《基于语义组合的日语多义动词的机器汉译考察》一文中，采用语义组合的翻译方法，基于转换规则对日语多义动词进行研究并制定机器翻译规则。刘颖(2014)《计算语言学》一书中提到了目前日本主流的开源自动词性赋码器，详细介绍了日语的分词、分词歧义、分词算法等。

在日本，汉日语言信息处理的研究主要启动于 2006 年，项目由日本科学技术振兴调整费支持，并由井左原均负责。日本筑波大学石原彻也以及岐阜大学的池田研究室都对汉日机器翻译有较深入的研究，并开发出了跨语言信息检索和中日机器翻译系统等。另外，日本的企业研究所在这方面实力也非常强，如东芝致力于解决汉日机器翻译时的歧义问题，开发了“基于统计的中文解析技术”。另外，面向中日语言信息处理的日语生成在日本起步较早，已有一些研究，IBM 日本研究院 Taijiro 等(1986)曾经对一些技术手册进行机器翻译，日语生成采用的是基于的转换方法。Sumumu (1994)等则提出了实例转换和规则相结合的日语生成方法。另外，前述的日本京都大学长尾真和佐藤研发的系统是比较有名的基于实例的机器翻译系统。

综上，在语言学领域，面向语言信息处理的汉日同义句式研究方面，汉日句式对比的语言学本体研究较多，应用研究较少，将语言学与计算机科学相结合的更是少之又少。在自然科学领域的日汉机器翻译研究相对丰富，但是，几乎所有此方面的研究人员都提出，高质量的中日翻译系统开发，需要精通汉日两种语言的语言学研究人员参与进来，以完善翻译系统的精度，解决其中由汉日语言结构不同所带来的诸多问题。

## 三、汉日语言信息处理难点解析

汉日语言信息处理的难点由汉语和日语各自的语言学特征来决定。汉语属于孤立语，而日语属于黏着语，两种语言各自具有不同的特征。这些特征区别决定了汉日语言信息的处理难点，主要表现在分词及词语的歧义消除、汉日同义性判定、日语主语的确定等方面。由于汉语和日语都是连续性句子形式，词与词之间没有空格，因此分词问题在汉语和日语中都显得尤为突出。

### 1. 汉语分词问题

汉语分词需要借助机器词典，我国第一部面向中文信息处理的通用型语法信息词典是《现代汉语语法信息词典》，它由北京大学计算语言学研究所和北京大学中文系联合开发而成。后来清华大学出版社又出版了两版《现代汉语语法信息词典详解》。该词典将现代汉语分为 26 类词语，包括名词 n、时间词 t、处所词 s、方位词 f、数词 m、量词 q、区别词 b、代词 r、动词 v、形容词 a，状态词 z，副词 d、介词 P、连词 c、助词 u、语气词 y、象声词 o 和叹词 e 18 个基本词类以及前接成分 h、后接成分 k、成语 i、简称略语 j、惯用语 l、语素 g、非语素字 x 和标点符号 w。词类分类的主要依据是词语的语法功能分布(俞士汶，1998)。

词典采用复杂特征集来详尽地描述词语的语法属性，其中包括词法与句法。将所有词的共同属性填写在总库中，提供 13 个属性，包括词语、字数、同字词、全拼音、同音调、拼音、同音、音节数、单合、词类、同形、虚实和体谓。各类词库的共同属性时段共有 6 个，包括词语、同形、意象、黏着、兼类和备注。各类词的特有属性填在各类词的分库中，其中名词库设立了 24 个专有名词属性，动词库设立了40个专有动词属性，形容词库设立了26个专有形容词属性，其他词库也各有不同于名词库、动词库和形容词库的专有属性(俞士汶，1998)。

现代汉语语法信息词典的应用范围非常广泛，它可以应用于汉语词性标注、词频统计、词语分布和词语的概率语法属性描述、句法分析以及句子生成、中文输入、文本校对、汉字识别后校正、汉外机器翻译和外汉机器翻译等各个领域。

有时候仅作词性标注，并不能完成汉语的正确分词，因此上海辞书出版社出版了《同义词词林》。《同义词词林》根据汉语的特点采用语义为主、兼顾词类的方法，将7万个汉语词语进行归纳分类，初步提出了一个汉语语义体系。这一体系的特点在于多义词与跨类词语包含的语义被分别收入到不同的词条中。这样可以减少同义词与多义词造成的歧义现象。

而分词歧义是汉语分词的主要困难之一。随着语言的不断发展，以及计算机词典收纳的有限性，许多词并未登录在机器翻译词典中，特别是对于汉语这种词与词之间没有空格分隔的语言来说，未登录词的识别造成了汉语分词的巨大困难。自然人在理解语言时，对于未知的词语通常采用比对的办法，如与目前自己脑海中知识库里的相似性词语进行比对，得出这个词语的近似意义。这样的认知过程用到了人类日常语言生活中的句法、语义甚至语境方面的判断。而在计算机自动分析中，未登录词的识别往往仅仅处于词法分析阶段，几乎还无法进行句法和语义分析，更谈不上语用环境的判断，因此在汉语分词问题上，未登录词的存在是一个巨大的障碍。

## 2. 日语分词问题

按语言类型来说，日语属于黏着语，书写方法和中文一样，书写外形上看来词与词之间也没有分隔符，也呈现出句内连续书写的特征。然而除此之外，日语还有很多与中文不同的语法特点，主要表现为实词的词语活用、助词的普遍使用、简体和敬体的语体区别等各个方面。

作为黏着语，日语主要依靠黏着在实词后面表达一定语法关系的助词或者助动词来表达该实词在句中的语法成分，因此日语的分词、词性标注和句法分析首先需要依赖对日语助词和助动词的分析。

从文字构成来讲，日语包含当用汉字、假名以及罗马字母等。假名又分为平假名和片假名。这就导致了日语词语的书写方法有很多，对于同一词语既有汉字式书写方法，又有平假名书写方法，还有片假名书写方法，另外还会出现汉字与假名组合的书写方法。要想达到这种词语的正确的语义识别和切分，首先要对其进行同义性判定。另外日语中还包含大量外来语。这些外来语与同时存在的由汉字和假名组成的词语语义有时相差无几。对于它们的同义性判定也是日语语义识别和词语切分的一项重要工作。

就词语活用而言，日语中能活用的词语主要是实词里的用言，包含动词、形容词和形容动词以及虚词里的助动词。这些词在活用时会根据不同的语法要求变成不同的语法形式。在变化过程中有些形态变化，呈现出一定的规则，而有些形态变化却是不规则的。比如动词的形态变化便呈现出一定的规律。它的6种形态变化分别为连体形、连用形、未然形、终止形、假定形和命令形。每一种形态变化，在阶序上呈现出不同的特征，比如连体形主要和名词连接，连用形主要和用言连接，未然形主要和表示否定的语法形式连接，而终止形主要出现在句末。在对日语进行词性标注和词语切分时，可以利用这种活用形的匹配和组合关系来确定一些重要信息。

## 第二节　汉日同义句式对比研究策略

### 一、研究背景

面向语言信息处理的汉日对比研究，首先要对汉日同义句式的句法结构和语义特征进行详细系统的分析考察，其次利用语料库抽取实例进行语义分类并提出相应的机器翻译规则，最后生成计算机识别流程图。该研究策略的有效性需通过海量真实语料进行验证，将信息处理的结果与人工翻译和现有的在线机器翻译对比，从而验证生成的同义句式识别流程图的效度。但是，目前在语言学领域，面向语言信息处理的汉日同义句式研究方面，由于缺乏语言信息处理的专业知识，相关研究甚为少见。在自然科学领域因为缺乏精通汉日两种语言的研究人员，所以高质量的中日翻译系统开发需要精通汉日两种语言的语言学研究人员参与进来，以完善翻译系统的精度，解决其中由汉日语言结构不同所带来的诸多问题。

语言信息处理特别是机器翻译中，最大的难题是句处理问题。面向语言信息处理中的难题，选取最为经典和常用的汉日同义句式进行句法结构和语义特征分析，对比汉日同义句式在结构上的异同，然后将其改写为计算机识别流程图。在理论上可以扩展汉日语言对比的研究视角，将普通的语言学本体研究与自然科学研究相结合，丰富语言学理论的使用范围和研究功能。

从应用价值看，对汉日同义句式进行结构分析和深层语义解析，并由此生成计算机识别流程图，可为自然科学领域的汉日机器翻译系统的进一步研发提供线索和指导，以达到开发出精度更高的汉日语言识别系统或机器翻译软件的目的。面向语言信息处理的语言对比研究可以促进机器翻译的发展，与此同时，机器翻译的研究也可以促进语言研究的发展。基于以上方面，面向语言信息处理的汉日同义句式对比研究极具学术和实际应用价值。

## 二、语言信息处理中的汉日同义句式研究

### 1. 汉日翻译软件中的语言信息处理问题

目前市场上比较成熟的在线翻译软件主要有网易有道在线翻译、百度在线翻译、Google在线翻译等。面向语言信息处理的汉日同义句式对比研究，首先要从汉日机器翻译着手，找到汉日同义句式在语言信息处理流程中亟待解决的主要问题，即，提出计算机要处理的语言学问题。以汉日比较句式"X比Y+形容词"句式为例解析：

句式："X比Y+形容词"

例句(1)我比他高。

有道在线翻译：私はボーグスよりもっと高い

百度在线翻译：私は彼より高い

Google在线翻译：私は彼より背が高いんだ

例句(2)今天下雨，比昨天冷多了。

有道在线翻译：今日は雨が降っても、は昨日より寒いですがありました

百度在线翻译：今日も雨、昨日より寒い

Google在线翻译：昨日より今日、雨、寒さかなり良く

以上译文中标记下划线的部分为各软件翻译不当之处。从翻译结果来看，三个翻译软件的日文生成各有正误。例句(1)结构简单，三个软件均表现出了较高的准确率，语言信息处理的词对词翻译显示出了较大的成熟度。对例句(2)的翻译识别三种软件均有不同程度的失误，究其原因在于目前的翻译软件难以准确完成高质量的句法结构处理和语义特征识别。

### 2. 句法结构描述和语义特征分析

针对上一步发现的具体问题，应对汉日比较句式进行详细的句法结构和语义特征分析。从信息处理的角度重新观察语言学，将汉日同义句式的句法和语义问题形式化，使之严谨规范并能对应计算机信息处理的规则方法。比如"X比Y+形容词"可拟做以下分析：

句式特点：汉日比较句式是两种语言中的经典句式，表示两种事物(包括人在内)之间在某种性质上的程度差别。这里的X、Y代表两种事物，形容词表示程度差别。X是比较主体，Y是比较客体，由介词或助词引导。而日语比较句式一般格式为"Aは Bより+形容词"。日语中的A和B分别对应了汉语中X和Y的主体和客体功能，但是，从句法结构上来描述，日语助词"は"的添加和比较助词"より"的位置是此类句式分析的要点。

语义特征及条件：X、Y往往是同类事物，形容词一般是表示性质的形容词，如：冷、高、聪明、能干、繁华、穷等。X、Y主要由名词或体词性短语充当，也可由动词、形容词或非体词性短语充当。日语中的A和B在语义范畴上大致等同于汉语比较句的X和Y，但是又存在细微差别。汉日比较句式的分析，要考虑到具体的语义范畴、句法形式甚至语用功能。

### 3. 汉日同义句式计算机识别流程图生成及有效性验证

基于前两个步骤的分析，设计计算机算法，生成汉日比较句式计算机识别流程图，按照共性规则穷尽式描述汉日语中比较句的句法构成，把具有相同语言现象的知识放入同一个流程步骤，比如格助词识别流程、用言识别流程、时体态识别流程等，特别注意对其中的一些特殊用法、特殊的语言现象进行识别流程描述，建立严谨的可计算的形式化模型或可统计的概率模型。

以比较句式为例，识别流程图如图2-1：

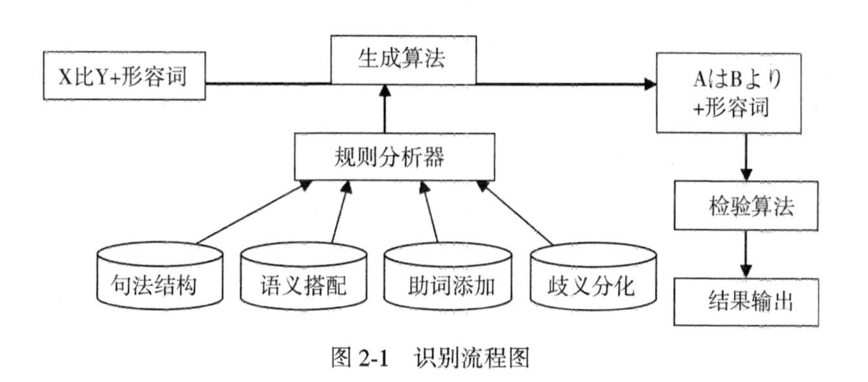


图2-1　识别流程图

将以上流程图变为翻译程序，用海量真实语料进行验证，与人工翻译和现有的在线机器翻译进行对比，可以验证同义句式识别流程图的效度。

## 三、研究策略及重点难点

### 1. 研究思路和研究方法

传统的汉日语言学研究主要专注于个别问题或语言中的某个特殊现象的研究，面向语言信息处理的汉日同义句式对比研究应从计算语言学的角度出发，研究语言处理的普遍性和总体性的一般问题，将汉日同义句式的句法结构和语义特征形式化，使其具有可操作性。

作为该问题的研究方法，应采用从计算语言学、生成语法和语义学的角度，利用定量和定性的方法来分析代表性汉日同义句式的句法结构和语义特征。认知语言学中的构式语法理论以及配价语法理论和语义指向分析也是可借鉴的主要方法。从实证分析的角度来看，研究策略可基于平行语料库，从《现代日语书面语均衡语料库》中抽取实例检验、评价检测计算机识别流程图的有效性并对其存在的问题进行分析。

### 2. 重点和难点

作为一种新视角的语言研究，面向语言信息处理的汉日同义句式对比研究应着力于以下几个方面：①计算机可识别的汉日同义句式的句法结构描述。在句法结构描述过程中，确定句子中每个词的词性，确定成分与成分之间的关系以便构成计算机能够识别的表示形式，即汉日同义句式句法结构形式化。②计算机可识别的汉日同义句式的语义特征分析。语义分析涉及的面较多，既缺乏统一的表示，也缺乏有效的处理机制。目前语义分析比较困难，有一些系统语义分析和句法分析同时进行，互相连接在一起。面向语言信息处理，将复杂的语义信息形式化成计算机能识别的语言。③汉日同义句式计算机识别流程图的生成。在流程图生成过程中，汉日两种语言的歧义消除问题极其复杂。面向基于句法的分析方式展开，辅以基于转换的分析方式生成汉日同义句式的计算机识别流程图。

以汉日语言信息处理，特别是汉日机器翻译中遇到的实际问题和需求为前提，深层对比汉日同义句式，对汉日同义句式的句法结构和语义特征进行分析，最终目标是生成行之有效的汉日常用句式的计算机识别流程图。基于以上策略的研究既能为汉日语言信息处理，特别是机器翻译提供高质量的语言学参考，又能解决部分汉日语言信息处理中同义句的处理问题。

## 第三节　基于模型的统计机器翻译

基于模型的翻译是一种行之有效的传统翻译方法，但是构建模型系统的成本很高。因此有的学者提出了一种利用统计翻译中使用的方法自动生成对译模式和对译句的方法，以此来提高翻译精度。

### 一、背景和意义

基于模型的翻译方式在20世纪50年代被提出，这个方式利用对译句模型将原语言转换成目的语言。这种方式的优点是，输入的句子如果能匹配到合适的对译模型，便能得到精度很高的对译句。另外，在日本第一个机器翻译系统使用了基于模型的机器翻译方式，但是有很多问题。其中一个问题是很难得到适当的对译句模型。对于输入句，很多情况下会对应多个对译句模型。为了得到正确的译文，需要对译句模型附加语言学条件进行制约。这种语言学制约因素有时会造成过多的限制，反而导致对输入句的覆盖率变低。因此对译句模型的对照率与翻译精度有互相制约的关系。而且，最大的问题是，如果采用人工方式制作对译句模型成本非常高。

从20世纪90年代开始，只使用对译句的统计翻译(SMT)开始盛行。通过使用大量的对译句，可以得到较高的翻译精度。另外，统计机器翻译包含基于单词的统计机械翻译和基于句子的统计机械翻译。一般来说，基于句子的统计机器翻译与基于单词的统计机器翻译相比，翻译精度较高。但是，因为把句子分割成短语再合成，完全不考虑语法，所以在语法上也会输出非常奇怪、意思不通的句子。为了解决这个问题，村上(2017)等提出了基于模型的统计机械翻译，该方法利用基于单词的统计机械翻译中使用的对译单词概率，自动地从对译句中选择对译词模式提取对译句，赋予其概率值，然后利用赋予概率值的对译句模型和对译句进行翻译。

## 二、翻译步骤

基于模型的统计机械翻译概要如下：

步骤1：根据对译学习句中的对译单词出现概率，制作对译单词词典。

步骤2：利用对译学习句和对译单词词典，制作单词层面的对译句词典。

步骤3：根据对译学习句和单词级别对译句模型词典，制作对译句词典。

步骤4：利用对译学习句和对译句辞典，制作句子层面对译句模型。

步骤5：利用句子级别对译句模型词典、对译句词典进行翻译。

由此可见，基于模型的统计机器翻译的关键在于，计算机自动构建包含大量正确的对译句的对译句模型词典。

## 三、单词层面对译句模型词典

利用对译单词词典和对译学习句制作单词层面对译句模型的制作方法如下所示：

步骤1：将对译学习句和对译单词词典进行比较。

步骤2：检索对译学习句中的日语和对译单词中的日语单词一致的项目，并且将对译学习句中的汉语和对译单词中的汉语单词一致的项目进行检索。

步骤3：将一致的项目设为变量，把作为变量的对译学习句变为单词层面的对译模型。

步骤4：复步骤1至步骤3，直到所有对译学习句中的日语和对译单词中的日语单词没有一致的地方，并且对译学习句中的汉语和对译单词中的汉语单词也没有一致之处，进而将一致的单词制作成单词层面对译句模式词典。

### 四、模型制约和相似度制约

以上步骤中提取的对译句常常数量非常庞大，因此需要加以语言学限制，比如模型制约和相似度制约。

在单词层面对译句模型输出的所有对译句组中，选择短语对译综合概率最高的对译句，这种选择制约称为模型制约。具体操作为，首先比较对译学习句和单词层面对译句模型。比对合适的情况下，抽取与单词层面句子模型所有变量相对应的对译句组合。然后，根据对译单词概率计算对译短语的概率。最后，逐一选出对译短语综合概率最高的对译句。

模型制约是一种单词层面的对译句模型制约方式，与没有模型制约的情况相比，可以大幅度削减生成的对译短语的数量。但是，单词层面的对译句模型有多个(通常对应学习句的数量)。即使在符合句子模型的情况下，对学习句不恰当的单词层面对译，会导致输出不恰当的对译句。

因此，在抽取对译句时，可以使用相似度制约的方法删除不恰当的对译句。本书将这种制约称为相似度制约。操作方法是，首先提取制作对译句时的对译学习句和原文，并计算相似度。其次，用同样的方法计算汉语的相似度，然后根据相似度情况删除部分不合适的对译句。将选出的相似度最高的对译句作为最终提取的对译句输出。其中，句子的相似度是指对译学习句和原文中相同单词的出现率。

相似度制约主要用于提高对译句的准确度。计算相似度可以通过汉日两个方向的计算，大幅减少对译句的错误，比单纯采用日语或汉语一个方向计算的精确度更高。

## 第四节　基于同义表达分类的汉日固定表达同义性判定

本节以汉日固定表达中的同义词为研究对象，以同义词分类为基础，提供了汉日固定表达同义性判定的几种技术方案。汉日固定表达中的同义词分为有标记同义词和派生性同义词两类，有标记同义词的同义判定可借助汉日同义词词典完成，派生性同义词的同义判定需要在识别和生成技术的基础上，辅以新的技术方案。本书针对汉日固定表达中不同类型的同义词尝试提出了文字列追加、标记变换、省略判定和组合判定四种辅助判定方案。

网络的发达带来了网络语言信息的迅速扩大，在数量巨大的语言信息中，对同一事物的称呼、信息描述、评判等日益趋向多样化。固定表达也在复杂语言环境的交流碰撞里产生了诸多语言变体。例如现代汉语里常用的“软件程序”一词本身就有“APP”“手机程序”“手机软件”等诸多称谓方式。其对应的日语翻译包含“アプ

リケーション”“アプリ”“スマホソフトウエア”等。自然语言处理的过程中，首先需要识别并区分这些固定表达的语言变体，对其进行同义性判定，然后，通过分别对汉日两种语言的同义性判定结果配对关联，实现精确翻译的目的。本研究首先对同义表达进行分类，然后尝试提供汉日固定表达同义性判定的技术方案，并对判定结果进行评价。

## 一、同义表达分类

以往处理汉日固定表达中的同义词，进行同义性判定时，多借助同义词词典对语言符号相似度高的同义词进行判定和配对，如“读书”和“読書”、“进行”和“進行”等常用词汇和固定程度较高的专用词汇判定起来比较容易。然而，对于符号相似度不高、具有任意性和随意性的网络新词等，则难以判定，因此，有必要对固定表达中的同义词进行分类，根据其同义类别各自采取相应的同义判定方式。

### 1. 有标记同义词

本书将汉日固定表达中的同义词分成两类。其中一类，有明显的同义符号标记，即，根据字形标记符号能判定为同义词，本书称其为有标记同义词。传统语法中的同形同义词就包含在其中。这一类词在汉日同义词中占据了不小的比例，语言信息处理的过程中很容易识别，同义判定时可借助汉日同义词词典迅速完成同义配对，因此此类词机器翻译的精确度很高，目前已达到了较为理想的翻译效果。

在语言的不断发展演变中，汉语和日语中有些字形一致的词汇，在语言环境的影响下语义不断变化，出现了语义的扩大缩小甚至转移，由此，看上去字形完全一致的词语，在语义范围上却不完全一致，甚至语义所指偏差较大。传统语法将这种词称为同形近义词。

例如，来源于日语流行词的“佛系”一词，其语源是“僧職系”和“草食系”，在日语语境下主要指对异性兴趣淡薄、爱独处、专注于自己的兴趣、不想花时间与异性交往的男人。该词在中文网络环境中流行后，语义范围扩大，泛指不争不抢、拥有淡定从容的处世态度的人，表达了一种按自己方式生活的人生态度。流行过程中随着应用语境的扩展，又产生了“佛系青年”“佛系女子”“佛系生活”“佛系恋爱”等一系列“佛系”衍生词。

这类同形近义词也属于有标记同义词。同形近义词的语言信息处理总体上与同形同义词一致。区别在于，借助同义词词典配对时，要对同义候选项里的词语进行语义单项标注，根据不同的语境选择合适的词语与其对应，从而达到翻译精准的目的。

### 2. 派生性同义词

除以上有标记的同义词外，汉日两种语言中还存在大量没有明确标记，需要其他辅助信息来判定同义性的词语。本书将这类词称为派生性同义词。派生性同义词不同于有标记同义词，本书将其解释为固定表达在某种特殊语境影响下生成的新表达方式。

以“打 call”为例，其构词为汉语加英语的汉英混合式。“打 call”一词也来源于日语，对应的日语词为“コール”。日语语境下的“コール”多适用并局限于宅文化或二次元文化中的粉丝应援文化，指 LIVE 时台下观众跟随音乐节奏，按节拍呼喊口号，挥动荧光棒，与台上的表演者互动的一种行为。此行为表达了对偶像的支持态度，且多指宅男对偶像的支持行为。在汉语流行语中，“打 call”的意义发生了巨大变化，用以表达一种赞成、支持的态度。使用者可以为任何人，可以在任意语境下使用，表达了对话语对象感情上和心理上的支持。“打 call”本意为打电话，在翻译软件中输入“打 call”，日语翻译结果为“電話する”或“コールをかける”。从打电话到应援和支持，不同语境下语义派生形成了不同的表达结果，对其进行同义性判定时，需要设计专门的方案，才能达到理想的判定效果。

## 二、同义判定方案

为解决以上汉日固定表达的同义性判定问题，首先要在网络上收集某个固定表达在汉日两种语言中所有可能的表达方式，并分别创立同义表达候补项集合。具体实施方式为，首先分别定位汉日固定表达的某个表达式，然后在网络上收集该固定表达的最大可能式，形成候选项。收集过程中，要注意做到，在没有遗漏的情况下创建和收集某固定表达的实体。

### 1. 识别和生成

传统的同义词判定方法主要包含识别方法和生成方法。识别方法主张在任意文本集合中抽取同义词候补项，配对后判断其是否同义。为了确保精度，在配对时，要参考文本的句式构造、特殊句式表达等信息，并根据汉语和日语的语言特点和语言习惯设计补充规则以提高配对精度。但是，此方法存在受候补项覆盖范围限制的问题，超出候补项范围的同义词配对则难以成功，而且这种判定方式对文本整体信息的依赖度较高。

生成方法主张围绕某固定表达，使用概率模型文字列生成该表达的所有可能的同义词，然后在网络上确认生成的表达是否准确。但是，生成的同义表达局限于特定的种类，而且还会生成大量无关的同义词候补项，从而需要耗费大量时间处理这些无关项，导致同义判定的效率降低。

## 2. 文字列追加和标记变换

为弥补识别和生成方式的不足，本书提出几个同义性判定的辅助方案。其中，文字列追加和标记变换对于判定上文提到的派生性同义词有显著效果。如前所述，派生性同义词是固定词组在特殊语境影响下生成的新表达方式。同义判定时要捕捉到派生性同义词的特征。在其原有固定表达的基础上，通过文字列追加或者标记变换的方式达到同义判定的目的。作为前提条件，需要扩充其派生出来的同义词候补项，确认派生性同义词属于哪种类型的派生，然后计算机按照确定条件将其从候补项中分离出来。

以网络词汇“粉丝”为例。粉丝本意为一种食物，后来借由英文单词“fans”的音译，发生了语义转移，指崇拜或喜爱某偶像、艺人、明星或者某种产品的群体，如，“果粉”等。粉丝本名“追星族”或“爱好者”。作为“追星族”这一语义的汉语“粉丝”对应的日语翻译词为“ファン”，这在各大机器翻译软件中都能得到精确的翻译结果。但是，本意为食物的“粉丝”，翻译结果却极不理想。另外，由具有“追星族”语义的“粉丝”衍生出来的“金粉”“黑粉”“路转粉”等词汇，各大机器翻译的翻译结果更是不尽如人意。这是因为，目前几乎没有软件能做到将“金粉”“黑粉”“路转粉”等词语中的“粉”与“粉丝”中的“粉”进行正确的同义判定。

根据本书提出的文字列追加和标记变换方式，可以为“粉丝”设立语义识别候补项集合，即利用语料库和网络检索的方式收集与“粉丝”相关的最大表达合集，对收集的所有候补项进行文字列和标记分析，按照语义解析结果标注其语义特征。此时，计算机可以自动标注所有收集到的与“粉丝”相关的前后语境信息，本书称其为“粉丝”的标准化前、后项集合，并且仅在特定表达式中发生的事件也被包含在集合规则之内。例如，对“路转粉”的判定，可通过文字列追加的方式，将“路转粉”追加为“路人转粉丝”，然后识别候补项合集中“粉丝”的语义特征，判定“路转粉”的“粉”与其为同义，从而完成“路转粉”的同义性判定，此时“粉”即可与日文中的“ファン”完成配对，达到精确翻译的目的。

标记变换判定处理流程主要表现为，首先利用语素解析器对固定表达的同义候补项进行解析，然后根据适用规则对需要判定的同义词进行配对，检测其语素意义是否一致。这个步骤常常依赖语音规则信息。特别是汉语使用谐音时，词汇语素意义发生变化，需要建立相似语音信息下的同义词候补项集合，如“抖森”这个昵称源于汤姆·希德勒斯顿(Tom Hiddleston)名字的连读谐音，日本演员瑛太，在中国一般被称为“A 太”，原因在于“瑛太”的日语“えいた”中“えい”读音类似于“A”，由此产生了“A 太”这一昵称。根据标记变换理论，通过一定语音规则下的标记变化方式可以完成“瑛太”和“A 太”这一对候补项的同义性判定。

### 3. 省略判定和组合判定

汉语和日语的固定表达中均出现了很多略缩词，作为固定表达的简称和略称，这些略缩词和原有词汇语义相同，是同义词，计算机需要进行省略判定来识别这些略缩词，判定其与原有词汇同义。

省略判定需要首先满足略缩词和原有固定表达属于包含关系这一条件。其次对需要判定的同义候选项进行是否为略缩词的判定。具体处理方法为，计算机先确定两词的包含关系，比较两个候选项的语素差异，确认是否省略前后标记，然后用固定表达抽取器抽取语料库和网络文本中的固定表达并与其略缩词形成候补项集合，再对符合包含关系且与省略判定条件一致的候补项进行条件分析。通过分析省略前后的固定表达的语素构成、删除的语素和文字，略缩词中留下的语素和文字得出略缩规则。

以“GW”为例，使用Google的翻译软件翻译日语句子“今年のGWは最大10連休”，得到的翻译结果为：“今年的GW连续10个假期。”且不论“10连休”错译成了“10个假期”，对于略缩词“GW”的翻译更是无能为力。“GW”一词，是日语固定表达“ゴールデンウィーク”的缩写，对应的汉语词是“黄金周”，指的是日本从4月末到5月，依次相邻的几个节日，昭和之日、宪法纪念日、绿之日和儿童节、端午节连在一起，形成的一周左右的连休假期，被称为黄金周。“GW”与“黄金周”的同义性判定，需要借助省略判定的方式完成。按照上文步骤，在语料库和网络文本中检索时，会出现下面的文本：

2019年のゴールデンウィーク(GW)は、最長でなんと10連休！ 毎年好評のゴールデンウィーク旅行は、宿泊予約も早めに計画して、最高の思い出を作ろう。

该文本在Google翻译出的译文如下：

2019年的黄金周(GW)连续10个假期最长！每年都会在热门的黄金周旅行中提前计划您的预订并留下最美好的回忆。

计算机抽取此文本中的ゴールデンウィーク(GW)，将其列入该固定表达的候补项集合中，分析规则，记录省略方式，从而完成从“ゴールデンウィーク”到“GW”的省略判定，并认定其为同义词，继而在相似语境下将“GW”识别为“ゴールデンウィーク”并翻译为“黄金周”，达到了精确翻译的目的。

在固定表达的同义性判定中，如果在单靠一种方法无法判定每个同义候补项是否同义的情况下，可用综合以上判定方式进行组合判定。如，日本著名演员“小栗旬”的昵称为“建国”，一般中国网友喜欢称他为“栗子”，栗子是一种坚果，而坚果的谐音可以写作“建国”，因此“小栗旬”、“栗子”和“建国”都指同一位男性演员，是同义词。但是，这三个词的同义判定，需要同时借助“栗”的文字列追加和“jianguo”这一语音的标记变换才能完成。此为组合判定在同义判定中的应用。

## 三、同义性判定结果评价

### 1. 评价方法

为了检测上文提案的判定手法是否有效，本书建议使用一定数量的同义词候选项进行同义性判定评价。评价用的数据可来源于语料库、社交平台以及新闻报道等。

首先从语料库、社交平台、新闻报道中选择文本，从文本中人工提取一定数量的固定表达。选择其中的派生性同义词作为评价的主体，提取的派生性同义词数量要占到提取的固定表达总数的九成以上。其次按照文字列追加、标记变换、省略判定、组合判定的顺序依次对这些同义词候补项进行同义判定。

将同义判定的结果一一进行人工比对，确认机器判定的结果是否准确。记录判定结果的数据，用判定成功的候补项个数除以评价用总数据，得出的数据即为每个提案手法的正确率评价结果。

### 2. 评价结果考察

实施以上评价方法时，需要对提案的判定方法和评价结果进行多方考察。文字列追加手法评价结果判断需要注意同一评价结果的再现率，因为在制定文字列追加判定的规则时，不需要针对一个实体进行特别处理，由此可能出现评价结果不一致的情况。在标记变换的判定方面，判定的精度和再现率均可能有波动。省略判定时，在略缩词的同义词候补项中，由于省略的位置不同，单词的意思也完全不同。如果省略的语素信息数量过大，则会导致难以判定。如电影名称“致我们即将逝去的青春”在社交平台信息中被省略成“致青春”后，两词的同义判定因信息的大量缺失难以自动完成，从而导致日文翻译失败。另外，组合判断也可能会出现由于语素解析失败导致的语素匹配错误等。

尽管本书提出的同义判定方式存在些许不足之处，但是总体看来，以上方案在汉日固定表达的同义判定方面可行性较高，也为汉日语言机器翻译提供了实用有效的翻译手段，同时对汉日固定表达语料库的建设也有借鉴意义。

综上，本书以汉日固定表达中的同义词分类为基础，尝试提供了汉日固定表达同义性判定的几种技术方案。根据同义词判定方式，将汉日固定表达中的同义词分成两类。其中一类，有明显的同义符号标记，称为有标记同义词，可借助汉日同义词词典进行同义信息配对后完成同义性识别；另一类为派生性同义词，本书将其定义为固定表达在某种特殊语境影响下生成的新表达方式。派生性同义词的同义性判定以识别和生成技术为基础，为弥补识别和生成技术的不足，本书提出了文字列追加、标记变换、省略判定和组合判定四种辅助判定方案。为了检测判定方案的有效性，提出了在语料库和网络社交平台上抽取汉日固定表达样本的评价方式。建议将计算机的同义判定结果和人工判定结果相比对，以确认判定方案的准确率。

根据考察，本书提出的同义性判定方案还存在判定精度波动等问题，在今后的研究中，要继续改进方案中存在的问题，提高汉日固定表达的同义性判定精度，并将判定为同义的汉日固定表达候补项汇集在一起，为新的汉日同义词词典的编写提供依据。

本书第二章以机器翻译与汉日语言信息处理的基本问题为出发点，在阐明语言信息处理的理论基础之后，以汉日语言信息处理为中心，尝试了基于模型的统计机器翻译等方法。特别针对汉日机器翻译的现实问题，提出了同义句式比对、基于同义表达分类的汉日固定表达同义性判定方法和策略。

# 第三章　汉日语义指向问题分析

## 第一节　语 义 指 向

### 一、定义

综观二十多年来的研究，语义指向研究可以说已经初具规模，涉及很多领域，但是各个方面的研究不太均衡，特别是关于某个专项的系统综合研究还比较缺乏，没有形成系统的理论框架，面向应用的语义指向研究也未充分展开。

关于语义指向，目前学术界有这样几种看法：范晓、胡裕树(1992)认为，“是词语在句子里在语义平面上支配或说明的方向”；卢英顺(1995)认为，“指的是句法结构的某一成分在语义上和其他成分(一个或几个)相匹配的可能性”；沈开木(1996)认为，“是一个词指向它的对象的能力或特性”；陆俭明(1997)认为，“指的是句中的某一成分在语义上跟哪一个成分相关”；王红旗(1997)认为，“处在句子的同样句法位置上具有同样的语法性质的词语却可以同句子的不同成分发生语义联系的现象，是句法成分的语义关系同语法关系不对应的现象”；周刚(1998)认为，“语义指向是句子中某一成分跟句中或句外的一个或几个成分在语义上有直接联系，其中包括一般认为的语义辖域”。以上各家说法虽稍有差异，但总的意思是语言单位中某一语法成分在语义上直接与哪一个语法成分相联系。因此，利用语义指向的理论来分析语言中的语法现象，并加以解释说明的方法就是语义指向分析。

基于这种认识，我们把语义指向定义为：所谓语义指向，就是句中某一个成分跟句中或句外的一个或几个成分在语义上的直接联系，简言之，语义指向是一种语义联系。运用语义指向来说明、解释语法现象，就被称为语义指向分析。其中“指”表示语义联系的方向，如前指、后指、多指、全指等。

### 二、研究历程

语义指向分析是20世纪80年代以来学术界讨论的一个热门话题，在汉语语法研究历程中，自《马氏文通》问世以来，随着语法分析方法的改进和理论的多元化，学术界对语义指向的认识经历了三个阶段①：朦胧阶段、萌芽阶段和探索阶段。朦胧阶段即从《马氏文通》问世到20世纪60年代初丁声树等《现代汉语语法讲话》(1961)的出版；萌芽阶段，即从20世纪60年代初文炼(1960)、李临定(1963)提出"说明"的概念，到80年代中期刘宁生(1984)提出完整的"语义指向"概念；探索阶段，即从刘宁生(1984)首次使用"语义指向"术语到现在。

语义指向分析目前基本上集中在状语和补语的研究上，包括一些表范围、程度或否定的副词，以及作状语的某些介词短语等。少数文章论及助动词以及复杂谓语或特殊句式的语义指向问题。随着研究的深入，语义指向研究的范围也有所拓展。如定语的语义指向问题、动词的语义指向问题。姚汉铭等(1992)对助动词的语义指向作了一些初步研究。汤建军(1990)、汤建军等(1996)把语义指向分析用于古汉语研究。邵敬敏(1990)结合语义指向分析探讨了"比"字句的结构规律。此外，邵敬敏(1987、1991)、卢英顺(1995)、陆俭明(1997)还讨论了运用语义指向分析方法分化歧义句式的问题。

## 三、理论意义和实践价值

从理论意义来说，首先，语义指向研究有其自身的理论价值，即有可能通过句法和语义关系以及人类认知方式的综合观察，一定程度上揭示人类认知世界在语言表述中的规律性，从而为普遍语言学理论的建设贡献力量。由于语义指向具有很强的解释力，它可以进一步帮助分析歧义句式，并对其进行歧义分化，为解释一些语法现象提供了一种新的角度和思路，并为其提供语义上的支持和依据。

从实践价值来说，首先，语义指向研究及其理论的建设对语言教学，尤其是对外汉语教学是大有裨益的。② 研究在不同句式下的语义指向规律，并以结构图的形式形象、直观地表现出来，在教学中可以根据不同的语义指向结构模式或语义指向类型安排教学内容，为语言教材、课程大纲的设计以及具体的教学过程提供语言学的理论依据。同时，语义指向分析还可以帮助解释语言教学中出现的一些问题。另外，目前人工智能研究面临的一大难题是如何让计算机准确识别成分与成分间的语义关系。语义指向研究的深入势必会给语言信息处理提供一定程度的启示。

① 税昌锡：《语义指向分析的发展历程与研究展望》，《语言教学与研究》2004年第1期。

② 税昌锡：《语义表达的多维性与语义指向分析》，《河南师范大学学报》(哲学社会科学版)2004年第1期。

# 第二节 “也”的语义指向研究

吕叔湘先生曾经说过：具体的、个别的副词研究，看上去好像繁琐，好像“无关宏旨”，实际上极其重要，这是一切认真的语法研究的基石。副词语义指向问题是语义指向研究的一大热点，副词作为虚词，一般来说是封闭类的词语，与开放类的词可以一类一类地去说明相区别，封闭类的词应该一个一个地描写。然而，自20世纪80年代语义指向研究兴起以来，其主要研究领域还是集中在方法论的突破上，这种一个一个地描写工作并未充分地展开。事实上，正如吕叔湘先生所言，这种具体的个别的研究极其重要，如果展开，已有的指向理论势必会在这种穷尽性的个别研究中得到印证、修正和丰富、发展，并进一步显示自己的理论价值，进而发挥它应有的应用指导作用。基于以上思路，本书抓住一个副词“也”，进行的就是这种“一个一个地描写”工作。

本书总的指导思想是以副词“也” 的相关语料为基础，以穷尽式研究为主导。首先从句法、语义和语用三个平面着手，分析制约副词“也”语义指向的因素。其次，采用归纳法，以“也”字句可能出现的所有句式为依托，穷尽式研究不同句式下“也”的语义指向，将“也” 的语义指向研究最大可能地精细化，并解决与“也”相关的歧义问题。最后，将以上研究成果以结构图的形式进行总结和提升，并加以应用，在应用过程中，又采用了演绎的方式，分析其在应用中的具体问题。

## 一、术语分析

在言语交际中，副词“也”的使用往往要涉及两个表述。① 这两个表述表现为两个句子或分句，副词“也”一般出现在后一个分句中。我们把前一个分句叫“先行句”，把后一个带副词“也”的分句叫做“后续句”，把这种由先行句和后续句构成、使用了副词“也”的句子叫做“也”字句。先行句和后续句两个分句总是把两件事或两种情况进行对比，在比较中必然会有同有异，所以沈开木先生认为“也”表示“异中有同”。②

“也” 字句在话语中出现时，并不是所有的句子都必须同现先行句和后续句，由于一些原因先行句经常不出现，根据先行句和后续句的出现情况，我们将“也”字句的句式分为以下两类：

第一，先行句和后续句一起出现，我们称这种句式为“带先行句的也字句”。

这种带先行句的句式又分为两类：一类是先行句中不带“也”，只有后续句中

---

① 张克定：《论提示中心副词“也”》，《 河南大学学报》1996 年第 6 期。

② 沈开木：《表示“异中有同”的“也”字独用的探索》，《中国语文》1983 年第 1 期。

带“也”的句子，我们称其为“不带‘也’先行句+后续句句式”；另一类是先行句和后续句都带“也”字的句子，我们称其为“带‘也’先行句+后续句”。

第二，形式上只出现后续句，我们称这种句式为“不带先行句的也字句”。这种不带先行句的“也”字句又分为三类：第一类是先行句隐含的“也”字句；第二类是无先行句的“也”字句；第三类是孤立的“也”字句。

和所有复句一样，构成“也”字句的先行句和后续句彼此并不是孤立的，两者之间存在着一种联系，这种联系就是构成“也”字句的语义基础，即沈开木先生所说的“异中有同”。先行句和后续句之间的联系有两种情况：一种是字面上既有相同的部分，也有不同的部分，另一种情况是：字面上没有相同的句法成分。

先行句和后续句一般说来字面上有相同项，即有相同的表层字面。有时，先行句与后续句字面上没有相同项，即没有相同的表层字面，但是此时，我们可以根据句中有关词语所提供的语义信息，把可以看做相同的意义附到句子的结构成分上去，或者说它们可以概括出相同的深层语义。因此，在句中没有相同项的时候，句中某些句法成分由于能够被附加上相同的意义或概括出相同的深层语义，我们仍然认为它们是相同的句法成分。①

基于以上情况，我们把先行句与后续句中相同的句法成分称为“同项”，反之，把不同的句法成分称为“异项”。吕叔湘先生指出：类同关系是异中见同，类同之感建立在相同部分之上。② 由此可见，“也”字句出现的语义基础是“异中有同”。因为有相同的项来表示相同的意思，所以两事才谈得上“同”，如果没有“同”，用“也”字句也就没有根据了。而有了不同的项来表示不同的意思，才能构成两事。“异中有同”是比较的结果，说话人正是注意到“同”的存在才使用了“也”字句，这时，“同”是说话人注意到的基本信息，“异”是说话人比较的对象。可以说，“异项”跟“同项”是“也”字句出现的根据，而先行句与后续句相互比较基础上的“异中有同”即是“也”字句的语义基础。

## 二、副词“也”语义指向的制约因素

副词“也”是现代汉语中使用频率非常高的一个词语，关于“也”的用法，语法学界曾作过许多研究。吕叔湘先生主编的《现代汉语八百词》中把“也”的用法归纳为四种：第一，表示两事相同，“也”用在前后两小句或只用在后一小句。第二，表示无论假设成立与否，后果都相同。第三，表示“甚至”加强语气，前面隐含“连”字，多用于否定句。第四，表示委婉语气，去掉“也”字语气就显得直率，

① 张克定：《论提示中心副词“也”》，《河南大学学报》1996年第6期。

② 吕叔湘：《中国文法要略》，商务印书馆1983年版，第353页。

甚至生硬。①《现代汉语词典》中对“也”字的解释也有六个义项。本书认为，“也”的基本语义是表示“类同”，即在两事比较的基础上的“异中有同”。“也”的其他用法都是在此基础上的引申。关于“也”的词性，语法学界也有争议，但本书与绝大多数语法著作保持一致，认为“也”是充当状语的副词。在本章中，我们将首先从句法、语义和语用三个方面考察制约副词“也”语义指向的因素。

### 1. 句法制约

“也”作为一个副词，一般说来，只能作状语修饰动词、形容词等，为谓词性成分，位置在主语之后、谓语之前。“也”虽然在谓词性成分前，但是它的语义可以关涉到名词、形容词等各种句子成分。这是“也”的一大特色。

(1)带先行句的“也”字句中“也”的句法分析。

一般说来，副词“也”在“也”字句中常位于主语之后、谓语之前，例如：

(1)你去北京参观访问，我们也去北京参观访问。(《现代汉语八百词》例句)

这句话中的“也”字用在主语“我们”之后，谓语“去北京参观访问”之前。即，“也”位于同项“去北京参观访问”之前、后续句中的异项“我们”之后。而这句话也可以说成：

(1a) 你去北京参观访问，我们也去。

(1b) 你去北京参观访问，我们也是。

这两例“也”字句中同项出现形式是体词省略。

例(1a)谓词“去”保留，而例(1b)则把“去”虚用为“是”。“也”字句中同项的出现形式还可以把同项用代词“这样”“那样”“如此”等来表示。例如：

(2)一个朋友说：“我们不是单靠吃米活着”，我自然也是如此。(巴金散文)

以上是“不带‘也’先行句+后续句”中“也”的位置及其句式特点。带先行句的“也”字句还有一类：带“也”先行句+后续句句式，例如：

① 吕叔湘主编：《现代汉语八百词》，商务印书馆1980年版，第595页。

(3)那旗人因为也会写字，也会吟诗，也会热爱古迹，所以便永远的留在这里。(《南行杂记》)。

这个例句中，“也”字句的后续句承前省略了“那个旗人”，“也”的位置依然居于主语之后、谓语之前，即同项之前、异项之后。另外，这种句式中经常出现多个后续句并列的情况。

(2)不带先行句的“也”字句中“也”的句法分析。

不带先行句的“也”字句分为三种，先行句隐含的“也”字句、无先行句的“也”字句和孤立的“也”字句。首先，先行句隐含的“也”字句可以通过补充的方法将先行句补充出来，它的句式特点同带先行句的“也”字句相同。而孤立的“也”字句是一种先行句的不合法缺失句式，它是“也”字句的歧义句式，“也”字句的歧义句式中，“也”的分布仍然遵循在主语之后、谓语之前的普遍原则。

无先行句的“也”字句句式比较特殊，在这类句式中“也”的分布一般出现在一些固定的格式中，例如：表示任指的“什么也……”“谁也不……”等；表强调的“连……也……”“哪怕……也……”等；表示语气的“也不VP”“也没有VP”“NP也承认……”等句式。另外，当“也”在句中表示委婉的语气时，“也”的位置比较灵活，可出现在句首，也可在句中。

总体说来，由于“也”与“也”字句其他句法成分的结合并不紧密，从而在句中可以有多个位置，“也”的语义指向也受其影响，不仅可以指向动词、形容词等谓词性成分，还可以指向其他成分。

## 2. 语义制约

(1)“也”的语义特征分析。

前面我们说过，“也”字句的语义基础是比较基础上的“异中有同”，基于这种语义特点，我们划分了“也”字句的同项和异项。“也”的语义指向后续句中与先行句相比所增加的新信息，即后续句中的异项。一般来讲，先行句同“也”字句中的各句子或分句是整齐对应的，即使出现省略，也可以补足。如果先行句和后续句包含的都是同项，句子将不能成立。副词“也”的语义指向研究正是在这个基础上得以展开。

另外“也”的语义除比较基础上的“异中有同”外，还延伸至表示任指、强调、语气等。这些语义的延伸也导致“也”的语义指向有所变化。

从语义范围来看，“也”字的语义范围往往从后续句句首成分开始，一直延伸到后续句句末。所谓语义范围，就是某一词语的词义能够在一定范围内对其他词语产生词义影响。[①] “也”的语义特征决定了它的语义范围比较大，从而也导致了“也”字句的歧义句式。

(2)语义关系分析。

副词“也”与“也”字句中其他词语的关系并不紧密，它一般作副词用来修饰谓语，但是并不指向被修饰的词语，相反，经常指向它前面的主体。“也”的这种语义特征经常导致“也”的语义指向具有多变性或不固定性。

我们认为，从句子的表层结构上来看，“也”字句的基本语义特点和句法成分密切相关，因此采用句法、语义相结合的方法，分析“也”的结构特点和语义成分，在此基础上探寻“也”的语义指向的规律是必要的、可行的。

### 3. 语用制约

(1)语用预设的制约。

“也”字句在语用的预设、蕴含方面有其独特的地方。“也”字所提示出的信息中心，实际上取决于“也”字所触发出的语用预设，如果语用预设发生变化，那么信息中心也随之变化。这表明，信息中心依赖于语用预设，是由语用预设决定的。语用预设虽然表示的是已知信息，但并不是可有可无的。在人们的言语交际活动中，如果没有新信息，那么交际就是无意义的。如果没有预设、没有双方共有的已知信息，那么交际就会失去依托，也就无法继续下去。[②]

以上研究指出了预设对“也”字句的重要性。“也”的语义指向信息在很大程度上依赖“也”的语用预设。我们说“也”一般情况下指向后续句中的异项。但是，当后续句中出现多个异项时，“也”的语义指向便难以判断了。这时，我们就要靠说话者的预设信息来判断“也”的语义指向。另外，先行句隐含时，我们对先行句的补充也要借助语用预设的信息来完成。

(2)语境因素的制约。

语境对于副词“也”的语义指向而言，非常重要。首先“也”的出现要有个“先行句”为前提，这个先行句构成的就是“也”出现的语境。也就是说，“也”必须依赖语境，才能强调“异中有同”。一旦进入语境，“也”的语义指向便会受之影响，发生很大变化。

### 4. 表达效果的制约

副词“也”的表达效果主要有：

(1)使句子更简洁，例如：

---

① 杨亦鸣：《“也”字语义初探》，《语文研究》1988 年第 3 期。

② 张克定：《论提示中心副词“也”》，《河南大学学报》(哲学社会科学版)1996 年第 6 期。

(4) 一个朋友说："我们不是单靠吃米活着"，我自然也是如此。(《巴金散文》)

用了"也"字就可以用"如此"来替代"不是单靠吃米活着"，从而使句子更简洁。

(2)"也"字有表达有潜台词的作用，例如：

(5) 刘四爷也有点看不上祥子，祥子的拼命，早出晚归当然是不利于他的车的。(老舍《骆驼祥子》)

这句话中用了"也"字，其潜台词为：其他拉车的人也看不上祥子。

(3)使表达的语气更委婉。

在某些作品中由于环境等原因不便说出的内容，也可以用"也"构成委婉曲折的表达。例如：

(6) 中国是弱国，所以中国人当然是低能儿，分数在六十分以上，便不是自己的能力了，也无怪他们疑惑。(《鲁迅选集》)

这句话中用了"也"表委婉语气，去掉就显得生硬。

以上表达效果都是靠"也"来完成的。为了完成这样的表达效果，"也"不再单向指向某个成分，而是具有多向性。所以说，表达效果也会制约"也"的语义指向。

综上所述，副词"也"的语义指向会受到多种因素的制约，其中，"也"的语义特点是制约其语义指向的基本条件，句法和语义一起使"也"在句中的位置不断发生变化。而语用的因素，对"也"的语义指向存在至关重要的影响，有时候，它直接决定"也"的语义指向。所以，在接下来的内容中，我们将以"也"字句的不同句式为依托，融合副词"也"句法、语义和语用的相关制约因素，对"也"的语义指向展开全面、细致的研究。

## 第三节　不同句式下副词"也"的语义指向考察

"也"字句的先行句和后续句在逻辑形式上应该是对称的，即异项与异项之间、同项与同项之间是相互对应的。但在具体的语用过程中，由于交谈者在话语中总是遵循着"经济原则"和"适量原则"，这就使得先行句和后续句之间的形式变化多样，有的省略了同项，有的省略了先行句等，有时为了表达的需要，也有出现两个异项的情况。① 接下来我们将从“也”字句的不同句法形式出发，探讨“也”字句中副词“也”的语义指向。

## 一、“不带‘也’先行句+后续句”中“也”的语义指向

由于“也”字句存在的语义基础是先行句与后续句之间存在的某种联系，即在两者的相互比较基础上的“异中有同”，因此，“也”字句的典型句式是先行句和后续句都出现的句式，即带先行句的“先行句+后续句”句式。带先行句的“也”字句又可以根据先行句中是否出现“也”，分为“不带‘也’先行句+后续句”和“带‘也’先行句+后续句”两类，其中，先行句不带“也”是“也”字句的一般常用句式。接下来，我们将根据后续句中异项的情况，分成两类对“不带‘也’先行句+后续句”句式中“也”的语义指向进行考察。

### 1. 后续句中只存在一个异项

此类表述中，后续句只有一个异项存在，异项在后续句中可充当各种句子成分。这种句式根据异项与“也”的位置不同，我们又可以分为两类：异项在“也”前和异项在“也”后。

(1)异项在“也”前。

异项在前的“也”字句，多数是以完整式形式出现的。完整式，即在先行句和后续句中无省略现象，同项和异项都存在。因为在后续句中，异项的出现，是在先行句的意义基础上叠加的，是与先行句中异项作对比而产生的，所以后续句中的异项是以作比较的新信息出现的，它在“也”字前面充当“也”字句的话题。对话题进行时，话题往往是不能省略的，所以异项在“也”字前面分布的表述多是以完整式出现的，例如：②

(7)我们昨天不上课，今天也不上课。
(8)掌柜觉得没趣，大家也觉得没意思。
(9)老张是数学家，他太太也很聪明。

“也”字句存在的基础，实际上是在先行句的句义基础上，增加了后续句中异项所具有的“同”，从而表明异项是“也”字所标示的信息中心。例(7)中的“我们不上课”是该句的同项，“昨天”与“今天”是异项。后续句中的异项“今天”是在与“昨

① 徐霞：《表“类同叠加”的副词“也”的语义指向考察》，《天中学刊》2003年第4期。

② 本书语料多数已标明来源，未标明语料均来自北京大学汉语语言学研究中心CCL语料库。

天”比较之下出现的新信息，因同样情况——“我们不上课”而成为“也”字所标示的信息中心。所以，例(7)的“也”指向后续句中的异项“今天”。例(8)中“没趣”和“没意思”虽然字面上不同，但是可以附加相同的语义条件或是概括出相同的深层语义“对某事不感兴趣”，所以“没趣”与“没意思”是这个“也”字句的同项。“掌柜”与“大家”是异项。“大家”是后续句中出现的新信息，与先行句中的“掌柜”具有同类行为，是比较的对象和后续句中出现的新信息，也是“也”字所标示的信息中心。因而，例(8)“也”的语义指向“大家”。同样，例(9)中，“数学家”和“很聪明”虽然字面上不同，但是从认知角度来讲，人们都认为数学家是很聪明的人，它们可以附加相同的语义条件或是概括出相同的深层语义“智商高”。所以，该句的同项是“数学家”和“很聪明”。异项是“老张”和“他太太”。后续句中的异项“他太太”是与“老张”相比较而出现的新信息，也因而成为“也”的强调对象，是“也”标示的信息中心。因而，例(9)句中的“也”指向后续句中的异项“他太太”。

(2)异项在“也”后。

异项在后的表述多以省略形式出现，最常见的是后续句中同项被省略的现象。这类句式的后续句中的异项既是与先行句作对比的新信息部分，又充当了句子的焦点信息，是句子的语义重心所在。而后续句中的同项一般是与先行句相同的内容，是旧信息，即话语者共同知道的部分，根据语用中的“经济原则”和“适量原则”，这部分往往成为省略的对象。所以异项在后的表述一般以省略形式居多。例如：

(10)我不愿使你痛苦，也不愿使他痛苦。

(11)这首诗是给你写的，也是给大家写的。

(12)有办公室的职员，也有来办公室办事的人。

例(10)和例(11)承前省略了后续句中的主语，即“也”字句的同项“我”“这首诗”。例(8)的先行句和后续句都省略了主语“办公室里”，在不影响“也”字句语义基础的情况下省略了同项。此类“也”字句中，因位于“也”前表已知信息的同项被省略，“也”后异项在句中的位置，既是比较的对象，又是句子的语义重心所在，所以此类“也”字句中对异项的强调更强，是“也”所标示的信息中心。“也”很明显地指向后面的异项，例(10)、例(11)、例(12)中的“也”分别指向“他”“大家”和“来办公室办事的人”。

从以上两种情况可以看出，当后续句中只有一个异项时，后续句中的异项往往是“也”的强调对象和标示的信息中心，因而是“也”字的语义指向所在。当异项在“也”前时，“也”字句在句式上多表现为完整句式，同项和异项都出现，“也”的语义指向为前指；当异项在“也”后时，“也”字句的句式通常表现为部分省略，被省略的一般为后续句的主语，有时同项全部省略，这时，“也”的语义指向为后指。综上所述，在“先行句+后续句”句式中，当后续句中只有一个异项时，“也”的语义始终指向后续句中的异项。异项在前时，“也”前指；异项在后时，“也”后指。

### 2. 后续句中存在两个异项

此类表述是“也”字句中不常用到的句式，后续句中有两个异项，同第一类表述。此类“也”字句也根据后续句中异项的位置分为两类：异项在“也”前和异项在“也”后。

(1)异项在“也”前。

这类表述的特点是：“也”字前面有两个异项，后面也有同项出现。例如：

(13)他的哥哥昨天来了，我的哥哥今天也来了。

(14)昨天我们不办公，今天他们也不办公。

遇到这类句子时，仅凭语感是很难确定“也”的语义指向的。在交际中，可以根据语言环境或逻辑重音来断定说话人用“也”侧重强调的是哪一个异项，但在书面语中，做静态分析时很难断定“也”是优先指向哪一个异项的。经考察，我们发现，此类表述遵循语言中的“邻近原则”，即关系紧密的语言在排列中位置也相近。根据“邻近原则”，我们认为在此类表述中，本句中邻近“也”字的异项是“也”字优先选择的语义指出所在。因此，在例(13)、例(14)中，“也”分别指向“今天”“他们”，即在例(13)中，“今天”得到凸显，是真正的异项，而“他的哥哥、我的哥哥”则可看成广义上的称呼相关成分；而例(14)中，“他们”离“也”最近，得到凸显，和“我们”构成一对真正的异项，“昨天、今天”可以看成广义上的“某一天”，而被看作同项。

(2)异项在“也”后。

这种表述的出现率较低。例如：

(15)他做完了给你的衣服，也写好了给你的信。

两个异项都位于“也”后时，“也”后的异项一般在谓语部分，宾语在话语中往往是句子的自然焦点所在，所负载的信息量最大，因而也最容易成为被“也”强调的对象，而谓语动词却容易被看作广义上的“情况变化”，如例(15)的“做完了”和“写好了”可以看成广义上的“完成体”而被附予相同的意义。因此，位于“也”后的两个异项中，“也”优先指向宾语，而不是谓语动词。

由以上两种情况可以看出，后续句中有两个异项的“也”字句，当两个异项在“也”前时，根据“邻近原则”，“也”指向邻近它的异项；当两个异项在“也”后时，

“也”优先指向宾语。

## 二、“带‘也’先行句+后续句”中“也”的语义指向

所谓带“也”先行句+后续句，是指先行句中也带有“也”字，即先行句和后续句都出现“也”字。该句式可以分为两类来讨论，第一，对举格式的“也”字句；第二，同类列举格式的“也”字句。

### 1. 对举格式的“也”字句

对举格式的“也”字句是指通过同一事实的正反两个说法形成对举格式的“也”字句，例如：

(16) 行也行，不行也行，我说了算。
(17) 成了家，你会挣钱也得去挣，不会挣钱也得去挣。

例(16)、例(17)的“行”与“不行”、“会挣钱”与“不会挣钱”分别是同一事实的正反两个方面，这种句式通过正反两个方面对举的格式表明不论条件如何，结果都是固定的，所以，在这类“也”字句中，先行句中也出现了“也”字。反过来说，正是两个“也”的出现，才帮助正反两方面形成了对举的格式。

对举格式的“也”字句，“带‘也’先行句+后续句”中同项、异项的情况与“不带‘也’先行句+后续句”句式中同项、异项的情况略有不同。这类句式的同项十分明显，它们在字面上也是相同的，同项的位置在“也”后。例(16)的同项为两个“也”后的“行”；例(17)的同项为两个“也”后的“得去挣”。形成对举的正反两个方面构成了这类句式的异项，异项的位置在“也”前。与“不带‘也’先行句+后续句”句式有所不同的是：对举格式下“也”字句的异项是同一事实的正反两个方面，这两个方面互为前提、相互比较，对于整个句子来说，提供的是平等的信息含量，所以两个异项的信息也不存在旧信息和新信息之分。据此我们可以认为，对于两句中的“也”来说，它们都是新信息。因此，先行句和后续句中的“也”都是指向它前面的异项。即：例(16)中第一个“也”指向它前面的异项“行”，第二个“也”指向它前面的异项“不行”；例(17)中的第一个“也”指向它前面的异项“会挣钱”，第二个“也”指向它前面的异项“不会挣钱”。

对举格式的“也”字句中，由于汉语固定的表达习惯，两个相互对立的异项都是出现在“也”前面的，所以此类句式中“也”的语义指向为前指。

### 2. 同类列举格式的“也”字句

同类列举格式的“也”字句是指列举一些同类的现象、相关的事实的“也”字句，

也分为异项在“也”前和异项在“也”后两类。

(1)异项在“也”前，例如：

(18)我一直骑车上下班，刮风也骑，下雨也骑。

(19)老头儿接过药丸，手也哆嗦，两眼也放亮了。

首先需要说明的一点，同类列举的“也”字句中，在“也”字句前大多会出现不带“也”的句子，或许有人认为是“也”字句的先行句，其实并非如此。前面讨论过，“也”字句存在的语义基础是比较基础上的“异中有同”，先行句和后续句之间存在同项和异项之间的相互联系时，才一起构成“也”字句。通过考察例句，我们可以看出，这类句式中前面出现的不带“也”的句子与后面带“也”的句子并不存在“异中有同”的比较关系，从句义上我们可以看出，前面多为事实陈述，而后面的“也”字句是对这个事实进行的同类列举。如(18)“刮风也骑，下雨也骑”，这个“也”字句是它对前面“我一直骑车上下班”所进行的同类列举，通过列举相关事实或现象，对其进行陈述，它们之间不是基于“异中有同”的比较关系。所以，“刮风也骑，下雨也骑”才是我们所说的“先行句带‘也’的也字句”。

异项在“也”前的同类列举“也”字句中，带“也”的先行句与后续句之间的关系和对举格式的“也”字句十分相似：同项在“也”后，异项在“也”前；不同的是，这类句式的同项字面有时不同，不过可以附加上相同的语义条件或是概括出相同的深层语义。如：例(19)“哆嗦”和“放亮”都表示“老头儿接过药丸”后的激动心情。

同对举格式的“也”字句一样，异项在前的同类列举格式的两个异项，提供的也是平等的信息含量，不存在旧信息和新信息之分，我们可以认为，它们都是新信息。因此，先行句和后续句中的“也”都是指向它前面的异项。例(18)第一个“也”指向“刮风”，第二个“也”指向“下雨”；例(19)第一个“也”指向“手”，第二个“也”指向“两眼”。此时，“也”的语义指向也是前指。

(2)异项在“也”后，例如：

(20)还有的人也甭看穿衣服，也甭说话，就可以知道他是干嘛的。

(21)半锅剩菜汤灌下去，好啦！也不饿了，也缓过气儿来啦。

异项在后的“也”字句，一般以省略形式居多，被省略的通常是“也”前表示已知的信息，同时是“也”字句的同项。在这类句式中也不例外，例(20)后续句中“也”前面承前省略了同项“还有的人”，例(21)中，在不影响认知的情况下，先行句和后续句都省略了“也”前的同项 “某人”。基于列举句式的基本语义特征，这类句式的异项提供的也是平等的信息含量，是两个“也”所标示的新信息，所以，先行句和后续句中的“也”都指向它后面的异项。即例(20)第一个“也”指向“甭看穿衣服”，第二个“也”指向“甭说话”；例(21)第一个“也”指向“不饿了”，第二个“也”指向“缓过气儿来啦”。此时，“也”的语义指向为后指。

综上所述，“带‘也’先行句+后续句”句式分为两类——列举格式的“也”字句和同类列举格式的“也”字句。对举格式的“也”字句句式一般异项在“也”前，同项在“也”后，先行句和后续句中的“也”分别指向它前面的异项，属于前指；同类列举格式的“也”字句分为异项在前和异项在后两类，异项在前时，“也”的语义指向和对举格式中“也”的语义指向相同，异项在后时，先行句和后续句分别指向它后面的异项，属于后指。

最后需要补充一点，同类列举格式的“也”字句，由于其具有列举同类事实或现象的功能，所以，“也”字句的句式构成可能是两个带“也”的小句，还有可能是出现更多带“也”的小句，如例(18)可以扩充为：我一直骑车上下班，刮风也骑，下雨也骑，下雪也骑……此时，“也”的语义指向分析仍然与原句相同，此类句式中后续句的数量不影响“也”的语义指向。

## 三、不带先行句的“也”字句中“也”的语义指向

不带先行句的“也”字句是指形式上没有先行句的“也”字句。形式上带先行句的句式是“也”字句的典型句式，但是在实际使用中我们发现，不带先行句的“也”字句在话语中出现的比率非常高，甚至超过典型句式的使用比率。北京语言文化大学的崔永华先生曾就此做过专门的调查研究，他在《发掘语言事实的一种思路——以“也”字句调查为例》一文中发表了这样的调查结果：在笔者的印象中，既然“也”字的本义是表示“同样”，那么带前提句的“也”字句应当是多数的。但是此调查的结果并非如此：带前提句的“也”字句是359个，不带前提句的是392个；如果把带零前提句的也计入不带前提句的“也”字句，其比例竟为338∶413。①

崔文中所说的“前提句”即本书中的“先行句”，但是，崔文所说的“不带前提句的‘也’字句”与本节标题“不带先行句的也字句”涵盖的范围并不相同。崔文所提“不带前提句的也字句”是把“零前提句”即先行句隐含的“也”字句排除在外的，而本书中的“不带先行句的也字句”包括三类：第一，先行句隐含的“也”字句；第二，无先行句的“也”字句；第三，孤立的“也”字句。

---

① 崔永华：《发掘语言事实的一种思路——以“也”字句调查为例》，《世界汉语教学》1997年第2期。

## 1. 先行句隐含的“也”字句

先行句隐含的“也”字句，是指在“也”字句中，当语境提供了先行句的相关信息，使先行句没有必要出现时，先行句可以隐含，或者当先行句所表示的是社会公共知识或世俗的集体意识时，先行句也可以隐含。刘焱《现代汉语比较范畴的语义认知基础》一书中①，将这两种情况分别命名为语境隐含和认知隐含。

(1)语境隐含。

当语境提供了先行句和后续句的类同信息时，先行句可以隐含。例如：

(22)我真的多少感到他与我有些相似之处。我想他也很勇敢，他的行为已经说明了这一点，而且也很仗义。(张炜《我的田园》)

(23)你甭去看，也能想象出他的模样来。(陈建功《皇城根》)

例(22)的后续句是“他也很勇敢……而且也很仗义”，而且上文提到“他与我有些相似之处”，根据语境，我们可以知道，隐含的先行句是：我很勇敢，我很仗义。例(23)的后续句是：你甭去看，也能想象出他的模样来。这个语境隐含的信息是“你去看，也能想象出他的模样来”。由此，我们可以把这两个“也”字句的先行句补充出来，补充后的完整句子是：

(22a)(我很勇敢，我很仗义。)我真的多少感到他与我有些相似之处。我想他也很勇敢，他的行为已经说明了这一点，而且也很仗义。

(23a)(你去看，能想象出他的模样来。)你甭去看，也能想象出他的模样来。

补充完整后两句话都成为“先行句+后续句”句式的“也”字句，例(22a)的同项是“很勇敢”“很仗义”，异项是“我”和“他”，“也”指向后续句中的异项“他”。例(23a)的同项是“能想象出他的模样来”，异项是“你去看”和“你甭去看”。“也”指向后续句中的异项“你甭去看”。

(2)认知隐含。

当先行句表示社会公共知识或世俗的集体意识时，先行句也可以隐含。例如：

(24)看见火亮儿，他想跟这个人借个火儿使使。您看，借火儿抽烟也有个规矩，比方说，我要跟对方借火儿，先不瞧对方这人……

① 刘焱：《现代汉语比较范畴的语义认知基础》，学林出版社2004年版，第194页。

(25)后来朱洪武真把元朝推翻了，他在南京城做起皇上来了。也是吃的山珍海味，穿的绫罗绸缎，娶的三宫六院……

例(24)的完整意思是：做什么事儿都有个规矩，跟做别的事一样，借火儿抽烟也有个规矩。“做什么事儿都有个规矩”，这是社会公共知识或世俗的集体意识，所以可以隐含。例(25)“做皇上吃山珍海味”也是社会共识、世俗集体意识，所以，这里隐含的先行句是“别的皇上吃的是山珍海味”。根据世俗常识，我们将这两个句子的先行句补充出来，补充后的句式变为：

(24a) 看见火亮儿，他想跟这个人借个火儿使使。您看，(做什么事儿都有个规矩)，借火儿抽烟也有个规矩，比方说，我要跟对方借火儿，先不瞧对方这人……

(25a)后来朱洪武真把元朝推翻了，他在南京城做起皇上来了。(别的皇上吃的是山珍海味)，(他)也是吃的山珍海味，穿的绫罗绸缎，娶的三宫六院……

补充后的例(24a)，“也”指向后续句中的“借火儿”；例(25a)中，“也”指向后续句中的异项，在该句中承前省略主语“他”或“朱洪武”。

综合上例可以看出，经过补充，先行句隐含的“也”字句变成了带先行句的“也”字句句式，这时“也”字句中副词“也”的语义指向也与“先行句+后续句”句式中“也”的语义指向完全一致，关键还是通过情境、上下文或生活常识补充先行句，从而确定同项和异项，继而确定“也”的语义指向。所以，我们可以得出结论，先行句的隐含并不影响副词“也”的语义指向。

### 2. 无先行句的“也”字句

所谓无先行句的“也”字句，是指并非先行句隐含，而是并不存在先行句的“也”字句。这类“也”字句只需出现后续句，而且后续句中多数会出现明显的标志词。崔永华先生将这类“也”字句分为五个类别,① 接下来，我们将分别论述这五类句式中“也”的语义指向。

(1)任指句。

任指类“也”字句中经常带有“什么、谁、哪儿、哪一样、怎么、多少不管、无论如何、反正”等标志性词语，表示全部、在什么情况下都一样。例如：

① 崔永华：《不带前提句的“也”字句》，《中国语文》1997年第1期。

(26)整天老关着门，谁也不让进来。(崔永华例)

(27)我在那个业务之前并没有把一切细节告诉梅子，她什么也不知道。(张炜《我的田园》)

(28)她的面貌、身材、服装，哪一样也不比别人新奇。(刘焱例)

这类句式都有表示任指的疑问代词或词组出现，而且都出现在“也”前。表示任指的词语+也，构成“A怎么样，B怎么样，C也怎么样”①的隐含内容，表示在什么情况下都一样。在语言交际中，“C也怎么样”隐含了“A怎么样，B怎么样”表达的内容。也就是说，后续句自身就隐含着先行句，所以，先行句就没有必要出现了。如例(26)，“谁也不让进来”，隐含的内容是“A不让进来，B不让进来”，例(27)“她什么也不知道”，隐含的内容是“她A也不知道，她B也不知道”。

表任指的“也”字句中，表任指的疑问词或词组与“也”一起，使整个“也”字句形成“什么情况下都一样”的语义结果。这种任指的语气不是就某个词而发，而是针对“也”字句中除“也”以外的整个表述的。② 所以，这类句式中“也”的语义指向除“也”以外的其他成分，是全指。

(2)强调句。

强调句，即通常所说的表示强调的“也”字句。这类强调句常带有“连、就是、哪怕、一、最多、少说”或表示时段或频率的词语，并且经常表现为否定句式，包括极端否定、多量否定、极小量否定等。例如：

(29)小孩子也知道欠债要还钱的。(刘焱例)

(30)中国是天字第一号的礼仪之邦。就是那不甚识字的文明中国人也会说一句：礼多人不怪。(老舍《老张的哲学》)

(31)我问了一百个人也没问出他的下落来。

(32)他站起来把我那皮鼓掂了掂，反过来倒过去看了三四遍，也没看出是什么玩意来。(崔永华例)

(33)今天，脑子却似枯黄的麦茎，只随着风的扇动，向左右的摆，半点主意也没有。(老舍《老张的哲学》)

(34)这五本都是我朋友的存折，一本也不是我自己的。(老舍《老张的哲学》)

例(29)、例(30)是极端的否定的“也”字句，都含有预设义：例(29)的预设义

① 刘焱：《现代汉语比较范畴的语义认知基础》，学林出版社2004年版，第196页。

② 汪卫权：《副词“也”的语义指向分析》，《池州师专学报》2000年第1期。

是：所有的人都知道欠债要还钱。例(30)的预设义是：所有的文明中国人都会说一句：礼多人不怪。“小孩子”“不识字的文明中国人”都是极端的例子，通过否定极端的方式达到否定一切的目的，否定极端预设了否定一切的意义，所以先行句不出现。例(31)、例(32)是多量否定的“也”字句，表示多量的数字在“也”前构成“多量数量词+也”格式。这个格式的蕴含义是：“$N_1$ 怎么样，$N_2$ 怎么样，$N_3$ 也怎么样”。如例(31)的蕴含义是：问了一个人没问出来，问了两个人没问出来，问了很多人都没问出来。例(32)的蕴含义是：看了一遍没看出来，看了两遍没看出来，看了好几遍也没看出来。“一百个人”、“三四遍”都是相对的多量，这种格式通过否定多量达到否定少量的目的。后续句是否定多量的句式，前发句是否定少量，因为后续句蕴含了前发句的内容，所以，前发句没必要出现。例(33)、例(34)是极小量否定的“也”字句，表示极小量的数量词与“也”前构成“一/半……也不……”句式，通过否定极小量而达到否定全部的目的。例(33)通过否定“半点”蕴含了“什么主意也没有”；例(34)通过否定“一本”蕴含“没有存折是我的”。也就是说，后续句为极小量否定时，先行句已蕴含其中，没必要出现。

综合以上各例，我们可以发现，表强调的“也”字句中，不管是否定极端，还是否定数量，都是要达到强调结果，或强调全部的目的，这种强调不是由某个词来表达，而是由整个“也”字句来完成的，所以，这类句式中的“也”不是指向某个词，而是指向整个“也”字句中除“也”之外的其他成分，这类句式中的“也”是全指。

(3)关联句、原因句和语气句。

崔永华先生关于无先行句的“也”字句分类中，除任指句和强调句外，剩下的就是关联句、原因句和语气句这三类。

关联句是与前后句有明确的逻辑关系的“也”字句，例如：

(35)财主这么想：将来我的孩子要跟他念书，那起码我甭交学钱啦！他也不想想，跟这主儿念书能念得好吗？(对立关系)

原因句是指表示追究原因的“也”字句，例如：

(36)他小小心心地端着茶进来，也不知怎么没留神，叭嚓一下，茶盘子掉地下了。

语气句是指使语气得到加强或减弱的“也”字句，例如：

(37)员外，也不是我跟你说大话，有字您就写，没有我不认得的字……(让步语气)

这三类句式跟以上两类句式的不同在于，这三类句式中的“也”已经不再表示比较基础上的“异中有同”或“类同”，它们是“也”的基本用法的延伸，不论关联、原因，还是语气，都是针对整个句子而发的。所以，这类句子中的“也”指向整个“也”字句中除“也”之外的其他成分，是全指。

综上所述，无先行句的“也”字句中，由于后续句本身预设或蕴含了先行句的信息，使得先行句没有必要出现，所以，这类句式是不出现先行句的合法句式。其中的副词“也”不论是表任指、强调还是关联、原因或语气时，从功能上来讲，它的语义都是针对整个句子而发的，并不是针对某个词而发。由此，在这类句式中，副词“也”的语义指向整个后续句中除“也”之外的其他成分，是全指。

### 3. 孤立的“也”字句——“也”字句的歧义句式

本书所讲的孤立的“也”字句是指不带先行句的“也”字句中，除前文所述先行句隐含的“也”字句和无先行句的“也”字句之外的“也”字句。“也”字句的语法基础是先行句和后续句之间相互比较而得出的“异中有同”，所以，一般情况下先行句和后续句是必须出现的，除非是先行句隐含和无先行句的句式。除此之外不带先行句的“也”字句都是歧义句，我们称这种句式为“孤立的‘也’字句”。例如：

(38)昨天，我也给妈妈买了一件红毛衣。

很明显这是一个歧义句式。之所以产生歧义，就是因为其中副词“也”的语义指向不明确，这就要求我们运用语义指向来分化歧义。关于语义指向与这类“也”字句的歧义分化，我们将在下一节中做专门论述。

## 第四节 语义指向与歧义分化

不管是对外汉语教学还是面向语言信息处理的现代汉语语法研究，都经常会遇到歧义句问题。语义指向是分化歧义句的一个非常重要的手段，在这一章中，我们将运用副词“也”语义指向的相关内容对孤立的“也”字句以及“也”字句的几个比较特殊的歧义句式进行歧义分化，以期对“也”字句的对外汉语教学和语言信息处理等有所帮助。

### 一、语义指向歧义分化的理论和实践背景

邵敬敏先生指出词的语义指向包含两个概念①：一是“指”的概念，二是“项”

① 邵敬敏：《歧义分化方法探讨》，《语言教学与研究》1991年第1期。

的概念。他认为“指”和“项”都是某一成分同另一个词项发生的关系，并根据上述两个概念进一步得出了关于歧义的语义指向的规则：能同两个以上词项发生语义联系的为“单指”，同时可以前指也可以后指的为“双指”，只能同一个词项发生语义联系的为“单项”，能同两个以上词项发生语义联系的为“多项”。单指、单项则没有歧义，单指多项或双指多项则可能产生歧义。另外，卢英顺对句法结构的语义指向歧义也作了定义①：在一个句法结构里，当某一成分可以同时与其他几个成分相匹配时，就产生了语义指向上的模糊现象，因而会造成歧义。

目前关于语义指向的歧义分化研究主要是以下几个方面②：

(1)状语语义指向的歧义现象。例如：

(39)他在火车上写字。
(40)他在黑板上写字。

例(39)中“在火车上”既可以指向“他”，又可以指向“字”，还可以同时指向“他”和“字”，这句话存在着指向上的模糊性，因而有歧义。“在火车上”指向“他”时，意思是“他坐在火车上写字”，字可能写在纸上或别处，但不是往火车上写，火车只表示处所而不是对象。指向“字”时，意思是“他站在地上往火车上写字”，这时“火车”就表示“字”指向的对象，同时指向“他”和“字”时，指的是“他在火车上往火车上写字”。例(40)则不同，一般情况下不大可能出现人站在黑板上往其他地方写字的情况，就是说“在黑板上”的语义一般不会指向“他”，而只指向“字”，这样就不存在语义指向的模糊性，因而没有歧义。

(2)定语语义指向的歧义现象，例如：

(41)三位学生家长。
(42)新老师宿舍。

例(41)“三位”在语义上既可指向“学生”也可指向“家长”，因为“三位”既可以修饰“学生”也可以修饰“家长”。当指向“学生”时，指有三个学生，家长几个并不明确。当指向“家长”时，指有三个家长，学生有几个不清楚。例(42)“新”在语义上既可指向“老师”，又可指向“宿舍”，因为它们都能和“新”匹配，因而有歧义；指向“老师”时，意思是：这宿舍是给新老师住的，宿舍本身是否新，不得而知。指向“宿舍”时，意思是：宿舍新，住在这宿舍里的老师未必是新来的。

---

① 卢英顺：《语义指向研究漫谈》，《世界汉语教学》1995第3期。
② 呼东东：《浅析语义指向歧义成分》，《语文学刊》2006年第1期。

(3)补语语义指向的歧义现象，例如：

(43)我吃完饭了。
(44)他看书看丢了。
(45)你别锯坏了。

例(43)中的“完”既可指向行为本身，又可指向“饭”。所以有两解：一是“我吃饭”的行为结束了，另一是“饭完了”。如果把“完”换成相近的其他说法，即可消除歧义：a. 我吃了饭了。b. 我吃光饭了。例(44)中的“丢”既可以指向他，又可以指向书。所以也有两解：他看书入迷把自己弄丢了，另一是由于粗心大意，他在看书时把书弄丢了。例(45)这个句子有歧义，既可以表示为a“你别把木头(或者其他被锯的东西)锯坏了”，也可以表示b“你别把锯锯坏了”。表示a的意义时“坏”指向“锯”的受事，如木头等。表示b的意义时，补语“坏”指向“锯”的工具，如锯。这样就分化了“你别锯坏了”这一歧义结构。

(4)谓语语义指向的歧义现象。例如：

(46)鸡不吃了。

例(46)“鸡不吃了”有两种解释的原因是“吃”的动作指向不明确。当“吃”这一动作指向句外的受事“食物”时，表示的意思是“鸡不吃食了”；当“吃”这一动作指向句内的受事“鸡”时，表示的意思是“人不吃鸡了”。①

## 二、孤立的“也”字句的歧义分化

上一章中我们提到，孤立的“也”字句是指不带先行句的“也”字句中，除先行句隐含和无先行句的“也”字句之外的句式。当我们静止地去看一个孤立的“也”字句时，由于其中“也”的语义指向不明确，“从某种意义上说，孤立的‘也’字句也是一种歧义句”②。例如：

(38)昨天，我也给妈妈买了一件红毛衣。

因为在“也”字句中，异项可以充当任何实质性的句子成分，如主语、状语、谓语、定语、宾语等，所以，在例(38)中，“昨天”“我”“妈妈”“买”“红”“毛衣”都可以充当异项而成为“也”的语义指向。例如：

---

① 赵元任：《赵元任语言学论文集》，商务印书馆2002年版，第120页。

② 张克定：《论提示中心副词“也”》，《河南大学学报》(哲学社会科学版)1996年第6期。

(38)昨天，我　也　给　妈妈　买了　一件　红　毛衣。

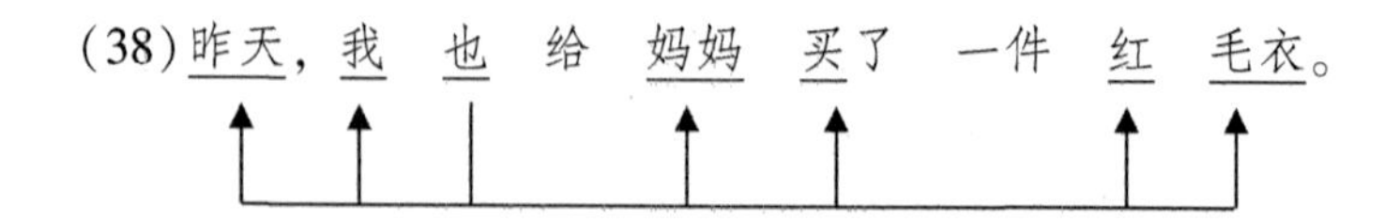

“也”的语义指向有几个，这个句子就有多少种歧义句式。我们可以根据“也”的不同语义指向将这个句子可能出现的先行句补充出来，从而分化这个歧义句式。例如：

(38a)今天，我给妈妈买了一件红毛衣，昨天，我也给妈妈买了一件红毛衣。

(38b)昨天，姐姐给妈妈买了一件红毛衣，(昨天,)我 也给妈妈买了一件红毛衣。

(38c)昨天，我给爸爸买了一件红毛衣，(昨天，我)也给妈妈买了一件红毛衣。

(38d)昨天，我给妈妈织了一件红毛衣，(昨天，我)也给妈妈买了一件红毛衣。

(38e)昨天，我给妈妈买了一件黑毛衣，(昨天，我)也给妈妈买了一件红毛衣。

(38f)昨天，我给妈妈买了一件红外套，(昨天我)也给妈妈买了一件红毛衣。

例(38a)“也”指向状语“昨天”，例(38b)“也”指向主语“我”，后续句中的状语“昨天”承前省略，以下各句同；例(38c)“也”指向直接宾语“妈妈”。例(38d)“也”指向谓语“买”；例(38e)“也”指向定语“红”；例(38f)“也”指向间接宾语“毛衣”。经过这样的语义指向分析，原先的歧义句变成了六个没有歧义的句子。

基于以上分析我们可以看出，孤立的“也”字句中，“也”语义具有多指性。因为异项可以充当任何实质性的句子成分，所以孤立的“也”字句中，几乎任何句法成分都可成为“也”指向的对象。如果将这些异项用 X 表示，那么孤立的“也”字句中，“也”语义指向=X。即孤立的“也”字句中有多少句法成分可以充当异项，该句中“也”的语义指向就有多少个。以上结论可以用图 3-1 表示：

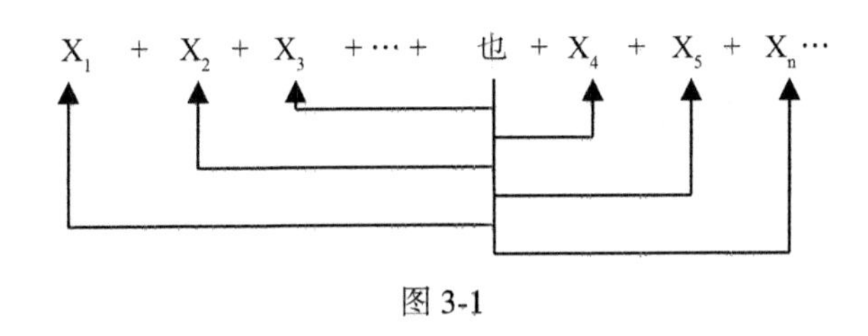


图 3-1

## 三、“也”字句几个特殊句式的歧义分化

在不带先行句的“也”字句中有些比较特殊的“也”字句句式，它们多以比较固定的格式出现，如：“也没有 VP”“也不 VP”“再也不 VP”“NP 也 VP 不好”“$NP_1$+连+$NP_2$+也+VP”等。在下面的内容中，我们将选择其中比较有代表性的两个句式来探讨语义指向与“也”字句特殊句式的歧义分化之间的关系。

### 1. “NP+也+V+不好”句式的歧义分化

“NP+也+V+不好”是一个可以构成多种歧义的句式，其中“NP”代表一个常出现的人称代词或名词性成分，如：你、我、他、孩子们等。V 是这个句式的谓语动词，“不好”是谓语后的形容词成分。这是一个很容易产生歧义的句式，在这个句式中，当 V 代表动词“说”时，产生的歧义句式种类最多。丁崇明先生曾就“我也 V 不好”句式的歧义从句法、语义等角度进行过专门的研究,① 在本节中，我们将换一个角度，运用语义指向的知识解决这类句式的歧义问题。

(1)“NP+也+V+不好”句式的歧义结构。

丁崇明先生将“我也 V 不好”句式的结构层次归纳为六种。当 V 是动词“说”时，产生的歧义最多且最有代表性，所以，我们以“我也说不好”为例，在丁先生所做研究的基础上，对这类句式歧义结构的句法、语义特征和语义指向进行研究。

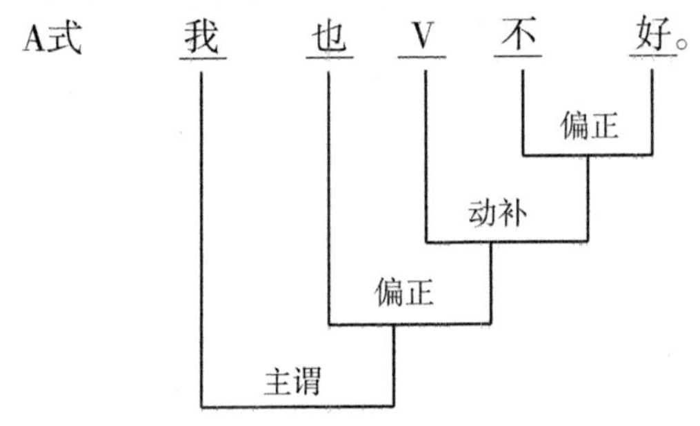


① 丁崇明：《歧义句式“我也 V 不好”》，《云南民族大学学报》(哲学社会科学版)2006 年第 5 期。

(47a)我也说不好英语。(丁崇明例，下同)
(47b)英语我也说不好。
(47c)羽毛球我也打不好。

A 式的格式意义是：NP 也 V 不好某事，即主体做不好某事。若对 A 式进行句式变换，多数 A 式中间都可以加进"得"变换为"NP 也 V 得不好"，其余歧义句式都不能进行这样的变换。例如：

(47b)可变为：英语我也说得不好。
(47c)可变为：羽毛球我也打得不好。

另外，A 式后边可以带上名词性宾语，也可以将这个名词性宾语移至句首使其成为整个句子的话题，其他句式没有这种宾语。例如：

例(47a)我也说不好英语。可变为：英语我也说不好。
B式

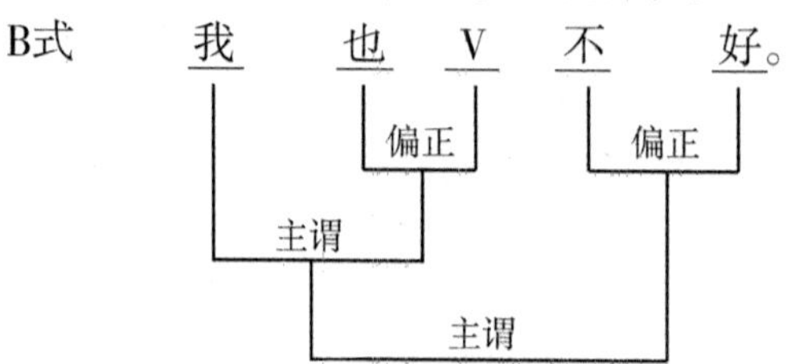


(48a)你说了他就行了，我也说不好。
(48b)我不是你们家的人，我也说不好。

B 式的格式意义是：NP V 某事不好，即主体也做某事不好。这个句式中的动词多为及物动词，当动词是及物动词时，它后面隐藏着宾语，可以通过变化把它显现出来。如：

例(48a)可变为：你说了他就行了，我也说(他)不好。
例(48b)可变为：我不是你们家的人，我也说(你的孩子)，不好。
C式

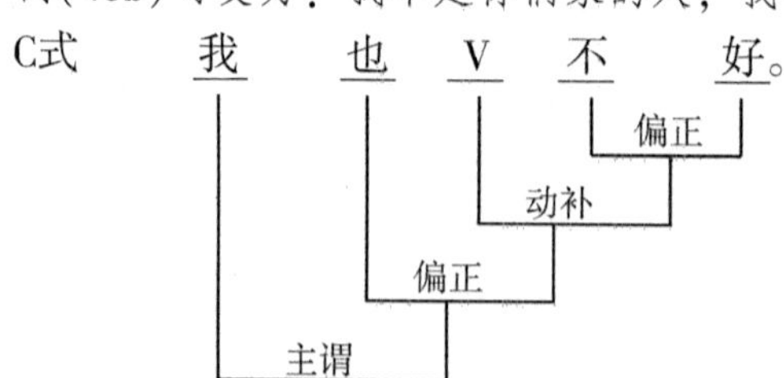

(49a)他们这样做，我也说不好，可他就是不听。

(49b)他那样做，不光你说不好，我也说不好。

C式的格式意义是：NP也认为（某事）不好。C式也有隐含成分"这样""那样"。补充隐含成分后A变为：NP也V(这样、那样)不好。如例(49a)可变为：他们这样做，我也说(这样)不好，可他就是不听。例(49b)可变为：他那样做，不光你说不好，我也说(那样做)不好。

D式：

D式的句法结构与A式相同，例如：

(50a)他们什么时候能回来？——我也说不好。

(50b)要花多少钱，我也说不好。

(50c)我也说不好什么时候能干完。

D式的格式意义是：NP对某事没有把握，所以可变换为"NP也V不准"。例(50a)可变换为：他们什么时候回来？——我也说不准。例(50b)、例(50c)与此句同。

E式：

E式是"我也V不好"句式的第五种歧义句式。只是，动词"说"不具备这种歧义。它的句法结构与A式相同，但是语义不同。例如：

(51a)老师布置的作业，今天我也做不好。

(51b)你的家具，下星期我也打不好。

通过上例我们可以看出，E式的格式意义是：NP V不完某事，即主体做不完某事。所以例(51a)可变换为：老师布置的作业，今天我也做不完。例(51b)可变换为：你的家具，下星期我也打不完。

F式：

F式句法结构与A式也相同。例如：

(52a)在这儿，你也生活不好，还不如回家去好了。

(52b)饭菜虽好，但他们在这儿吵吵嚷嚷的，我也吃不好。

F式的格式意义是：NP不能很好地V某事，即主体不能很好地做某事。即"V不好"可变换为"不能好好V"。如例(52a)可变换为：在这儿，你也不能好好生活，还不如回家去好了。例(52b)可变换为：饭菜虽好，但他们在这儿吵吵嚷嚷的，我也不能好好吃。

(2)“NP+也+V+不好”句式的语义指向。

多义是形成歧义的一个重要原因，句法结构关系的不同也是歧义形成的原因，语境也可以形成歧义。① “NP+也+V+不好”句式产生歧义的原因除和以上所述的句法结构有关外，还和“也”与“不好”在句中的语义指向有很大的关系。接下来我们将分别分析两者在该类句式中的语义指向，借以分化此类歧义句式。

①“也”的语义指向。

在这个句式中，副词“也”表现出来的语义包括比较基础上的“异中有同”的类同，和在此意义基础上的语义延伸，如强调、委婉、语气等。“也” 在“NP+也+V+不好”句式中不同的语义指向，导致了歧义的产生。在这个句式中，“也”可以指向“NP”“V”“不好”。如下所示：

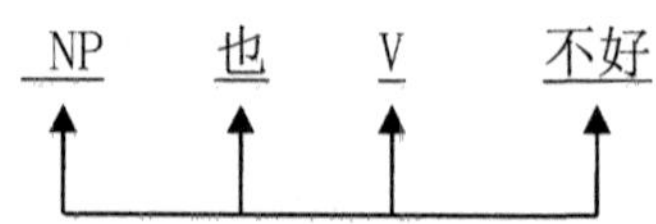


当“也”指向“NP”时，前发句中的异项必定为另一个主体，而其余各项是这个“也”字句的同项，此时这个句子省略的先行句是：$NP_1$ V 不好（某事）。根据“也”的语义指向补充这个主体，使歧义的“也”字句变为先行句和后续句都出现完整的“也”字句，便可以分化歧义。例如例(40a)，补充后的完整“也”字句为：你说不好英语，我也说不好英语。这就是“NP+也+V+不好”歧义句式的第一种——A式。

同样，当“也”指向“V”时，“V”是后续句中的异项，这时的前发句应为“NP也 $V_1$ 不好”。那么，“我也说不好”补足先行句后变为：我做不好，我也说不好。此时“我也说不好”蕴含的语义格式是：我说不准确。这就是“NP+也+V+不好”句式的歧义句式之一——D式。

当“也”指向“不好”时，“我也说不好”的先行句可补充为：“我也说好”，即“我说好，我也说不好”。此时，“我也说不好”蕴含的语义格式是“我也说(这样)不好”。这也是“NP+也+V+不好”句式的歧义句式之一——C式。

综合上述可见，“NP+也+V+不好”句式中“也”的三个不同的语义指向分别导致了它的歧义句式中的A式、D式和C式。

②“说”和“不好”的语义指向。

导致“NP+也+V+不好”句式歧义的词语除了“也”之外，还有两个很重要的词语：“说”和“不好”。这两个词语在句中的语义指向错综复杂，也导致了该句式的

① 徐思益：《在一定语境中产生的歧义现象》，《中国语文》1985年第5期。

歧义。接下来我们对六种歧义句式中“说”和“不好”的语义指向进行简单概括。

A 式，“说”指向宾语，如例(47a)，指向“英语”。“不好”的语义在 A 式中是双指的，它既指向动词“说”，又指向宾语“英语”。

我 也 说 不好 英语

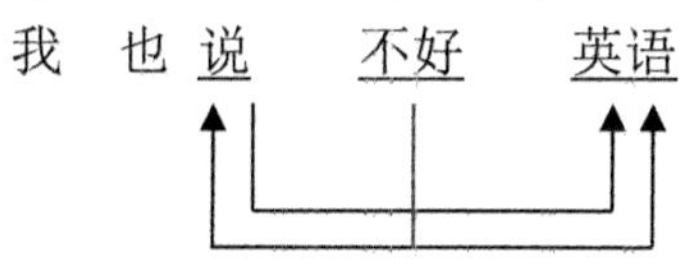

B 式，“说”指向“NP”，如例(48a)，指向“我”，“不好”指向“我也说”。

你 说 了他就行了，我也说 不好。

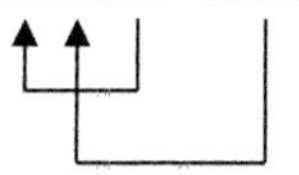

C 式，“说”仍然指向“NP”，如例(49a)，指向“我”。此时，“不好”指向的是句中的隐含成分“这样、那样”。

他们这样做，我也 说 (这样) 不好，可他就是不听。

D 式，“说”指向句子隐含的说的宾语，即说不好的对象，如例(50b)，指向“要花多少钱”，此时，“不好”指向它前面的动词“说”。

要花多少钱，我也 说 不好。

E 式，不能出现“说”，其中的“V”指向它的宾语，如例(51a)，指向“作业”。此时，“不好”也指向前面的动词“做”。

老师布置的作业，今天我也 做 不好。

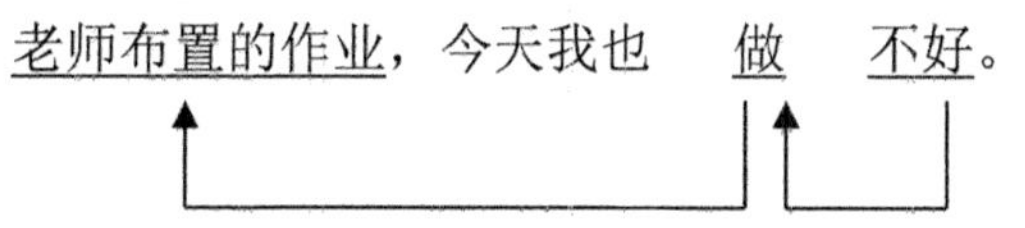

F 式中“V”和“不好”的语义指向同 E 式。

## 2. “$NP_1$+连+$NP_2$+也+VP”①句式的歧义分化

“$NP_1$+连+$NP_2$+也+VP”是抽象的语义结构歧义格式，其表层句法结构相同。用结构主义的方法，从形式上分析此格式的致歧原因是比较困难的，因为从形式上看不出结构关系和结构层次的差异，即其句法结构不可能从结构分析层面得到解释。这一格式的歧义是深层语义结构关系的不同所造成的，因此，我们只能从语义层面寻找解释。②

① 该句式中的“也”可以用“都”替换。

② 熊赛男：《论歧义格式“$NP_1$+连+$NP_2$+都/也+VP”》，《晋中学院学报》2007 年第 1 期。

(1)“$NP_1$+连+$NP_2$+也+VP”句式的歧义生成及其歧义句式。

从语言生成的角度来考察，“$NP_1$+连+$NP_2$+也+VP”格式具有歧义是由于两种不同的语义共用了一个格式。举例分析：

(53)他不认识我(熊赛男例，下同)。

(54)我不认识他。

如果设定“他”为 $NP_1$，“我”为 $NP_2$，那么，例(53)中，“$NP_1$”(他)是施事，“$NP_2$”(我)是受事，正常表达语序为“$NP_1$+ VP+ $NP_2$”。通过位移可变换生成“他我不认识”，受事提到动词前，语序为“$NP_1$+ $NP_2$+ VP”。为了表示强调，可借助添加再变换为“他连我也不认识”，这样，就产生了“$NP_1$+连+$NP_2$+都/也+VP”格式。例(54)中，“$NP_2$”(我)是施事，“$NP_1$”(他)是受事，正常表达语序为“$NP_2$+VP+$NP_1$”。但是，在进行第一次变换时，受事“他”提到了整个句子前面，生成“他我不认识”，语序为“$NP_1$+ $NP_2$+ VP”。最后，为了强调，通过添加“也”生成“$NP_1$+连+$NP_2$+都/也+VP”格式。即例(53)、例(54)生成了如下例句：

(55)他连我也不认识。

两个例子的深层结构及其变换过程可用如下描写式表示：

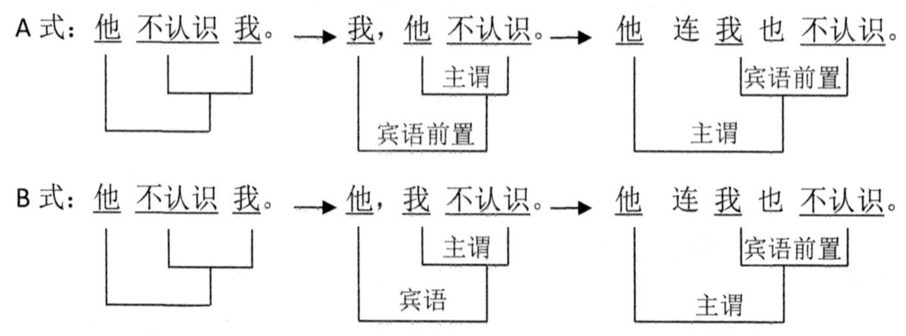


(2)“$NP_1$+连+$NP_2$+也+VP”句式的语义指向分析。

以歧义源理论为支撑，从语言认知角度来考察，我们可以对“$NP_1$+连+$NP_2$+也+VP”格式进行关系源的分析。关系源是指歧义结构中引发的歧义句法语义关系。关系源隐潜于各种线性和非线性的句法语义关系中，而不显露在歧义结构的词项序列上。① 任何歧义结构都能从结构本身找到原因。一个歧义结构往往能从多个角度

① 陈一民：《歧义源》，《广西社会科学》2004 年第 8 期。

分析出不同的致歧因素。“$NP_1$+连+$NP_2$+也+VP”格式可以从格关系和语义指向两个方面分析。

在格关系方面，“$NP_1$+连+$NP_2$+也+VP”序列平面中，存在着两种施受格的交叉。$NP_1$ 和 $NP_2$ 都可能成为谓语动词 VP 的宾语。表示为：

A 式：NP 施+连+NP 受+也+VP

B 式：NP 受+连+NP 施+也+VP

A 式的动作提取 VP、施事格提取 VP 的施事名词 $NP_1$，受事格提取 VP 的受事名词 $NP_2$，产生下位式：NP 施+连+NP 受+也+VP。B 式的动作提取 VP、受事格提取 VP 的受事名词 $NP_1$，施事格提取 VP 的施事名词 $NP_2$，产生下位式：NP 受+连+NP 施+也+VP。这两个格式的交集构成基式“$NP_1$+连+$NP_2$+也+VP”。因此，此歧义格式可以看成由两个句法格式不同、形式上相同的下位格式叠加而成，是两个不同句法格式的交集。

在句法结构中，不仅直接成分之间有语义关系，而且一些间接成分之间也有语义关系。这使得某一句法成分可能同时与其他几个成分发生语义上的联系，即语义上同时指向几个成分，从而导致歧义的发生。“$NP_1$+连+$NP_2$+也+VP”格式中词语的语义指向导致了这个句式产生了歧义。接下来我们仍以“他连我也不认识”为例，分析“$NP_1$+连+$NP_2$+也+VP”句式的语义指向。

①“也”的语义指向。

“$NP_1$+连+$NP_2$+也+VP”句式属于不带先行句的“也”字句。在这个句式中“也”的语义是表示“异中有同”基础上衍生出来的“强调”意义，而且，这个句式中带有明显的标志词“连”，所以，它属于无先行句的“也”字句中的强调句式。这类句式中的“也”是全指的，即指向整个表述中除“也”之外的其他成分。由此我们可以判定，在“$NP_1$+连+$NP_2$+也+VP”句式中，“也”的语义指向问题并不是该句式产生歧义的原因。

从该句式的格关系中我们可以看出，“VP”是这个句式中非常重要的一个成分，正是由于它与其余成分的不同关系才导致该句式歧义的产生。所以我们有必要分析“VP”的语义指向。

②“VP”的语义指向。

仍然以例(55)“他连我也不认识”为例，来分析“VP”的语义指向。“$NP_1$+连+$NP_2$+也+VP”句式的两个歧义句式分别是：

A 式：他连我也不认识。(NP 施+连+NP 受+也+VP)

B 式：他连我也不认识。(NP 受+连+NP 施+也+VP)

A 式中，“认识”的对象和语义焦点指向“他”；B 式中“认识”的对象和语义焦点指向“我”。我们分别在 A 式和 B 式后补充相应的语境，并对其中“认识”的语义指向作出标示如下：

(55a) 他连我也不认识，更不用说其他同学了，怎么会认识他呢。

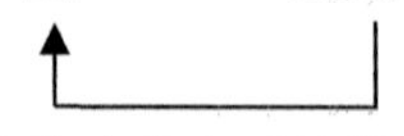

(55b) 他连我也不认识，更不用说认识其他同学了，他很少和别人交往。

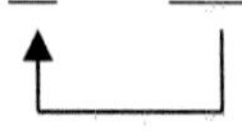

由此可见，在“$NP_1$+连+$NP_2$+也+VP”句式中，当“VP”指向“$NP_1$”时，产生 A 式歧义句式，当“VP”指向“$NP_2$”时，产生 B 式歧义句式。即，“$NP_1$+连+$NP_2$+也+VP”中“VP”既可以指向“$NP_1$”，又可以指向“$NP_2$”，所以产生了两种歧义句式。

但是，我们知道，并不是所有的“VP”都可以既指向“$NP_1$”又指向“$NP_2$”。那么，“$NP_1$+连+$NP_2$+也+VP”格式的致歧条件有哪些呢？其实，并不是所有符合“$NP_1$+连+$NP_2$+也+VP”格式的句子都会产生上述歧义，例如：

(56) 你连面也没见，怎么就知道人家不讲卫生。
(57) 他连一天也不休息。
(58) 北极连六月也下雪。
(59) 家里连最壮实的父亲也病了。

以上例句很难出现两种理解，即例句没有歧义。事实上，要激活“$NP_1$+连+$NP_2$+也+VP”格式致歧，必须满足一定的条件。“$NP_1$+连+$NP_2$+也+VP”格式的基本成分为：$NP_1$、$NP_2$、VP。“连”“也”是表示程度的副词。因此，导致“$NP_1$+连+$NP_2$+也+VP”格式致歧的条件，可以从 $NP_1$、$NP_2$、VP 三者来入手。

首先，$NP_1$ 和 $NP_2$ 都必须是生命实体，有施动和受动能力，具有“能发出动作”和“能承受动作”的语义特征。“我”“他”“人家”等生命实体充当 $NP_1$ 和 $NP_2$ 时，句子易致歧，而“面”“一天”“北极”“六月”“家里”等非生命实体充当 $NP_1$ 和 $NP_2$，则不能引起歧义。

其次，VP 是二价动词或三价动词，其动作是双向的，具有可逆性，能够指向句法结构中的不同成分 $NP_1$ 和 $NP_2$。动词的“价”决定于动词所支配的不同性质的名词性词语的数目。① 零价动词“下雪”和一价动词“病”“休息”等充当格式中的 VP

① 陆俭明、沈阳：《汉语和汉语研究十五讲》，北京大学出版社 2004 年版，第 130 页。

时，不能使句子致歧。当且仅当上述两个条件同时满足时，“$NP_1$+连+$NP_2$+也+VP”格式才能致歧。事实上，零价动词大多是反映自然现象的动词，和它一起出现的名词只限于表“处所”或“时间”的名词，比如以上例(58)中的“北极”“六月”。而要使格式“$NP_1$+连+$NP_2$+也+VP”产生歧义，就要求 $NP_1$ 和 $NP_2$ 都必须是生命实体，因此，零价动词和表生命实体的名词理论上不能搭配，更不用说产生歧义了。一价动词虽然可以和表生命实体的名词搭配，但一价动词大多是不及物动词，从语言生成来说，在生成格式“$NP_1$+连+$NP_2$+也+VP”时，就决定了充当动词 VP 的宾语只能是 $NP_1$ 或 $NP_2$ 之中的一个，同时标示了 VP 的语义指向，比如例(59)，“病”的语义指向只能是“父亲”，不可能是“家里”；再如例(57)，“休息”的语义指向只能是“他”而不能是“一天”。

因此，一价动词和表生命实体的名词搭配也不能激发歧义产生。二价动词和三价动词则不同，二价动词大多是及物动词，三价动词大多是双宾动词，在生成格式“$NP_1$+连+$NP_2$+也+VP”时，能够同时和 $NP_1$ 或 $NP_2$ 发生关联，加上 $NP_1$ 和 $NP_2$ 都由表生命实体的名词充当，这样，产生歧义的可能性就很大了。例如：

(60)他连他的亲弟弟也不喜欢。

(61)他连我也不给。

例(60)、例(61)中，“喜欢”是二价动词，“给”是三价动词，“他”“我”“弟弟”是生命实体，格式“$NP_1$+连+$NP_2$+也+VP”的歧义被激发。

(3)“$NP_1$+连+$NP_2$+也+VP”句式的歧义分化与消除。

“$NP_1$+连+$NP_2$+也+VP”格式混合了两种语义选择，易产生话语信息传达的“误读”或“误解”。因此，对格式歧义进行分化和消除是必要的，我们可以通过以下途径来分化歧义。

首先，要注意选词。歧义格式本身往往蕴含消除歧义的手段，词义的互相制约在一定范围内消除了格式产生歧义的可能。在生成句子时，有目的地避开满足致歧条件的词语，能有效地防止歧义产生。NP 选择非生命实体，或 VP 选择不可逆性动词，如“他连我也不认识”改为“他连字也不认识”。这样，例句的歧义就消失了。

其次，也可通过改变语序的方式来分化歧义。因为此歧义格式是语义结构歧义，所以明确句子隐性语法关系尤为重要。语法关系的明确可以通过语序的变换来限定。“$NP_1$+连+$NP_2$+也+VP”可以还原为“NP 施+VP+NP 受”或“NP 受+VP+NP 施”。施受格和语义指向明确后，歧义格式单义化。如：“他连我也不认识”变换为原语序“他不认识我”或“我不认识他”。

最后，适当地设置语境。通常下位式“NP 受+连+NP 施+也+VP”在“连”前会有较长的停顿，“NP 施+连+NP 受+也+VP”则没有，但是在口语中，说话的实际情况导致这种差别不明显，很难通过语音来确定格式句子的意义。在书面语中，也没有任何形式标记来规定施受格和语义指向。因此，通过语境和上下文的设置来规定句子的单义项，也不失为一个简单的方法。如例(55a)、例(55b)，把“他连我也不认识”放在上下文中，句子的歧义就消除了。

通过对以上两种歧义句式的分析我们发现，在分化这些比较特殊的“也”字句歧义句式时，语义指向起着非常重要的作用。有的歧义句式因其导致歧义的原因与“也”的语义指向关系密切，所以“也”的语义指向在其歧义分化中关系重大；而有些句式因其属于无先行句的“也”字句句式，所以，“也”的语义指向倾向于全指，表达语气的功能较强，从而使得“也”的语义指向与这类句式的歧义分化关系并不密切。

## 第五节　语义指向结构图及应用价值

前面几节中，我们研究了副词“也”在不同句式中的语义指向，并用语义指向的相关知识对“也”字句的歧义句式进行了歧义分化。为了更形象、直观地表达副词“也”在各种句式中的语义指向信息，在本章中，我们把前几章的内容用结构图的形式表示出来，并简略说明语义指向的应用价值，以期对未来的语义指向研究有所启迪。

### 一、“也”语义指向结构图

#### 1. “也”语义指向结构图相关说明

“也”语义指向结构图不仅总结了前面几章的内容，将其用更加形象、直观的方式表示出来，而且在原有内容的基础上有所提升。

首先，本图以语料事实为基础，以穷尽式研究为主导，将副词“也”涉及的句式尽可能完整地表示出来，这样，在实际应用中不管遇到什么样的“也”字句，都可以在本图中找到其对应句式，并按图所示弄清其语义指向，从而达到准确地理解或识别句子的目的。

其次，本书从“也”字句入手探讨“也”的语义指向，并不是研究“也”字句的生成，所以，本图不能逆向生成“也”字句。

另外，由于本人能力有限，不排除遗漏了某些句式的可能，“也”字句在实际使用时或许还会有别的句式出现。

#### 2. “也”语义指向结构图

“也”语义指向结构图如下(见图 5-1)：

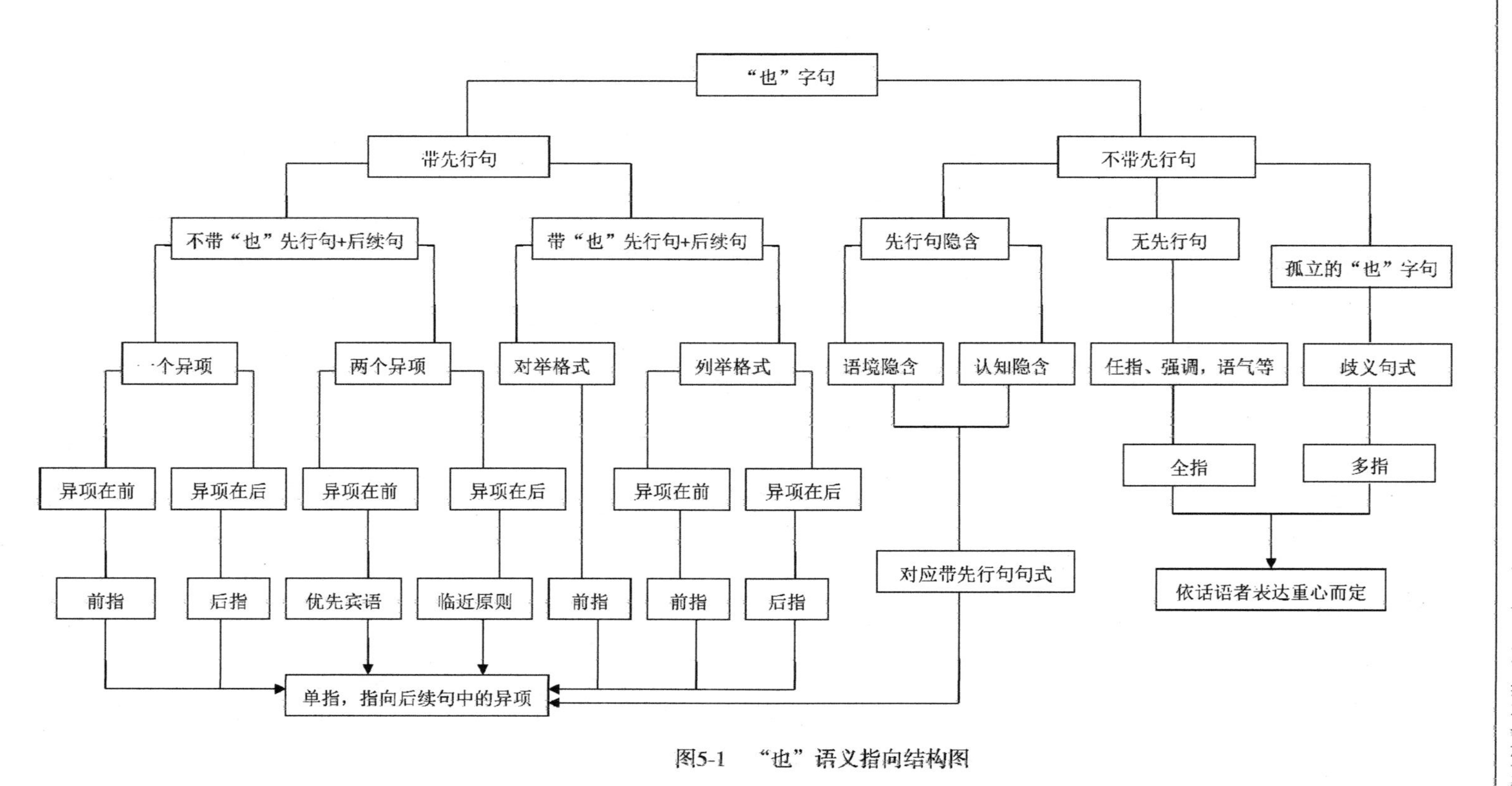


图5-1　“也”语义指向结构图

## 二、应用价值分析

### 1. “也”语义指向的对外汉语教学应用

在对外汉语教学中，不宜大讲语法，更不能大讲语法理论，这已成为大家的共识。但是，这不等于说，从事对外汉语教学的老师可以不关心语法，可以不学习语法理论。事实告诉我们，对外汉语教学的老师懂得语法、学习掌握一定的语法理论，将大大有助于提高对外汉语教学的质量。①

(1)理论基础。

从汉语本身的特点来说，汉语是一种形态很不发达的语言，在一个语言片段中没有明显的形态标志。汉语的语言片段常常是靠意合组合在一起，所以在组合中可能出现各种不同的排列顺序，而且没有形式上的标记。这对以汉语为母语的人来说，只要凭语感就能判断哪个成分与哪个成分在语义上直接相关，而不拘泥于表面上的语法关系。但对于以汉语作为第二语言的学习者来说，情况就不是那么简单了，这无疑是一种较大的困难。尤其对于初级汉语水平的学习者来说就更为困难。

对于以汉语作为第二语言的学习者，语法关系与语义关系一致是最容易理解和掌握的，不存在太大困难。而语法关系与语义关系不一致的种种情况则是他们学习的困难所在。根据一般人的逻辑判断，往往把在语法上紧密结合的成分放在一起加以理解，而这种理解方式正好与汉语中语法关系和语义关系不一致的情况相悖。因此这造成了以汉语作为第二语言的学习者无法理解汉语中的某些结构。

如果学习者知道语法上的修饰关系并不代表语义上的指向关系，这个问题就可以迎刃而解了。而语义指向分析正好解决了这种困难。对外汉语教师可以很好地应用语义指向分析法对汉语中的一些结构做出解释，以利于学习者更好地了解汉语的规律，这对他们理解和掌握汉语有巨大的帮助。②

在“也”字句的对外汉语教学中我们发现，留学生对“也”本身表“异中有同”的意义可以理解，但是，在实际应用中却出了这样那样的问题。究其原因可以发现，句子成分间内在关系的近疏以及句义重心的把握对留学生生成“也”字句的影响非常大。而句子成分间内在关系的近疏以及句义重心的把握又与“也”的语义指向存在着非常密切的关系。

(2)语言事实分析。

---

① 陆俭明：《配价语法理论与对外汉语教学》，《世界汉语教学》1997年第1期。

② 万春梅：《语义指向分析与对外汉语教学》，《现代语文》(语言研究版)2007年第4期。

以下为留学生在使用"也"字句时出现的偏误例句:①

(1*)有时候我给他打电话，也他给我。

(2*)我听得不太好，也说得不太好。

(3*)李老师这个人特别好，对人特别热情，特别也诚恳。

(4*)他仔细地查了一遍，我仔细地也查了一遍。

(5*)他没学过这个字，写错了，你是个大学生，怎么写也错了。

(6*)他说他死过也一次。

通过以上例句我们可以看出，关于副词"也"的偏误主要表现在"也"的句法位置上，究其原因是跟语义指向有关。

"也"表示的相同或部分相同的信息，在交际中正是句子的语义重心所在，说话人用"也"传达的信息是交际目的所在——强调与旧信息对比的相同的或部分相同的新信息，使之成为交际中的新信息——语义焦点所在。因此，"也"的位置应居于表示句义重心的相同项前。② 这里的相同项即我们所说的"同项"。

例(1*)的偏误在于"也"与主语的位置颠倒。第一个是"先行句+后续句"句式，其中的同项是"给 NP 电话"，"也"指向后续句中的异项"他"，"也"应该在同项"给 NP 打电话前"而不该在异项"他"前。所以应改为"他也给我打电话"。

例(2*)这句话的同项是"不太好"，异项是"我听得""说得"。"也"的位置应在后续句中的同项之前。所以正确表述为"说得也不太好"。

例(3*)、例(4*)这两句的偏误在于"也"和句中状语的位置颠倒，汉语多项状语排列是有一定规律的，主要取决于各项状语与中心语之间的近疏关系。"特别"表示了诚恳的程度，直接限制诚恳，"仔细地"表示查的状态，直接限制"查"，"也"没有它们跟动词的关系近。另外，这两个"也"字句的同项是"李老师这个人特别""仔细地查了一遍"。"也"的位置应在表示语义重心的同项前。所以，正确表述应为："也特别诚恳""也仔细查了一遍"。

例(5*)、例(6*)的谓语动词都带补语，"也"的位置也出现了偏误。补语从语义上来数，通常是句子谓语部分的重心所在，说话人使用补语，通常意在说明动作出现的某种结果、情况、数量等。如例句中"错"是"写"的结果，"一次"是"死"的数量，它们跟动作的关系非常紧密，是对动作的直接说明，它们是一个整体，合

---

① 本书偏误语料主要来源于留学生日常习作，也有少量来源于外国人汉语习得研究的相关论文、论著。本书以后缀符号*表示偏误语料。

② 卢福波:《"也"的构句条件及其语用问题》,《华东师范大学学报》(哲学社会科学版)1999年第4期。

在一起构成了句子的同项，所以“也”不能把它们分开。这两句话的“也”应在同项“写错了”和“死过一次”前。正确表述应为：“也写错了”“也死过一次”。

另外，在兼语句、连动句，以及能愿动词句等比较特殊的句式中，“也”的位置与以上例句的分析方式也大致相同，例如：

(7*)我站着吃起来，夏大爷站着也吃起来，空着一把椅子，谁也不肯坐。

这是一个连动句，这句话中“站着”和“吃”是两个连续的动作，它们具有内在的不可分离的关系，而这种紧密关系的前后动作，正是“也”所管约的相同的范围，即“也”字句的同项“站着吃起来”。所以，一般的连动句中“也”通常要位于第一个动词谓语前。

(8*)老孙请我吃饭，大张请我也吃饭。

“请我吃饭”是一个兼语句式，如果兼语句式采用表示使令意义的动词时，它对后面的部分就会包容得十分紧密，那么后面的部分就是一个整体，是“也”管约的相同的范围，此时，“也”通常位于表示使令意义的动词前。“也”位于同项“请我吃饭”前。

(9*)你应该注意这一点，我应该也注意这一点。

在能愿动词句中，能愿动词所表示的意义是句子的重心所在，所以有人主张将能愿动词后的谓语或谓词性词组看做能愿动词的宾语。因此表示“异中有同”时，“也”当然要位于能愿动词前，而不可能位于其后的动词前。所以，“也”的位置在同项“应该注意这一点”之前。

(10*)(这本小说小李看过了,) 那本小说也小李看过了。
(11*)昨天天气好，今天也天气好。

这是两个主谓谓语句，这两个句子的同项分别是“小李看过”“天气好”，但是，“也”却不能出现在这两个同项前，而应该出现在主谓谓语的小主语之后。因为，这两句所要表达的语义重心分别在“看过”“好”这两个词语上，所以正确表达应为“小李也看过了”“今天天气也好”。由此可见，当“也”字句中的同项比较复杂时，“也”的位置要根据说话人表达的语义重心而定，“也”要出现在表示语义重心的同项前。

以上例句中“也”的位置都十分固定，在一个句子中“也”只能有一个位置。但是，并不是所有句子中“也”的位置都是固定的。在有些“也”字句中，“也”的位置并不固定，可以灵活地变动，而且这种变动都是合法的句法形式。例如：

(·)他歌唱得好，舞跳得也不错。(舞也跳得不错)
(·)这事让你为难，也让我为难。(让我也为难)
(·)他说话很慢，你也说话很慢。(你说话也很慢)
(·)他作风正派，我也作风正派。(我作风也正派)

在这些句子里，之所以“也”的位置不固定，是因为这些句子在划分同项和异项时可以有不同的划分方式，而这种不同又不会影响句子意义的表达，所以，“也”不论在哪个位置，说话人表达的语义重心是相同的。

综上所述，在“也”字句中，副词“也”的位置并不是固定的，但是也有一定的规律可循：在“也”字句中，副词“也”一定出现在同项之前。当同项之间关系紧密不可分时，“也”在整个同项之前，当同项内部结合并不紧密时，“也”字可插入其中，具体的位置依说话人需要表述的语义重心而定。这时，“也”的位置在相应的语义重心前面。如果“也”的位置并不影响语义重心的表达，那么“也”的位置可以变化。

以上我们运用语义指向的相关知识分析了“也”字句的偏误例句，并总结出了“也”的位置规律。由此可见，运用副词“也”语义指向的知识可以帮助留学生改正偏误，并准确理解“也”字句正确的表达方式。

### 2. “也”语义指向的语言信息处理应用

在语言信息处理中，当前迫切需要解决的是句处理的问题。让计算机正确处理、理解自然语言中句子的意义，生成符合自然语言规则的句子，是句处理的目标。要实现这样的目标，必须解决好词本身的意义以及词与词之间的关系义。其中包括具体词语的语义指向。①

计算机对“也”进行识别，也会遇到类似的句处理问题。本书的研究正是为这样的句处理做了铺垫性的基础工作。

---

① 赫琳：《从小语义指向的计算机识别》，《华中科技大学学报》(社会科学版)2004 年第 4 期。

# 第六节　“也”与“も”的语义指向对比分析

## 一、はじめに

### 1. 問題提出

品詞論の中で、現代中国語の「也」は副詞に属する。下位分類について、副詞のどの種類に分類するかは一致でない。朱徳熙(1982)は「也」が範囲を表す副詞であると指摘している。また、頻度副詞、関連副詞などと主張するのもしばしば見られるが、本稿では朱徳熙の見方に基づき、副詞「也」を範囲副詞に分類する。

日本語の「も」の品詞を捉える場合、係助詞、提題の助詞、副助詞、取り立て助詞、取り立て詞などであるという説がある。沼田(1986)は「取り立て詞」を以下のように定義した。「取り立て詞とは文中の様々な要素を取り立て、これに対するほかの要素との理論的関係を示す語である。」本稿では沼田(1986)の「取り立て詞」の指摘に従い、「も」を「取り立て詞」の範囲に入れると考える。日本語の「も」は意味特徴と表現機能がもっとも複雑な取り立て詞の一つである。

中国語の副詞「也」と日本語の取り立て詞「も」は属している品詞は違っているが、構文においても、意味においても類似性が高い。しかし両者は完全一致な対応関係というわけではない。

(1a) Logo语言　目前　也　适合于　学龄前儿童。①

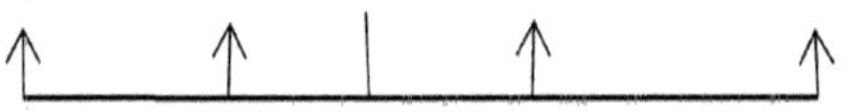

(1b) Logo言語は現在、未就学児にも適している。(オンライン翻訳)②

(1c) Logo言語は今も学齢前の子供に適している。(日本語学習者の作文)

例文(1a)では、文脈が分からないので、複数の意味に解釈される可能性があ

① 本書における例文の大部分はBBC(北京語言大学漢語コーパス)とCCL(CCL現代中国語コーパス)によるコーパス資料出典で、便宜上一一明示しない。コーパス以外の例文は出典を明示する。

② 訳文は必要に応じ、オンライン翻訳、コーパス訳文と筆者による加筆で、明示されないものは筆者の加筆である。

る。矢印の示しているように、副詞「也」は意味上でそれぞれ「Logo 语言」、「目前」、「适合于」、「学龄前儿童」と直接的にかかわり、文が曖昧になってくる。(1b)は(1a)と同じ意味を表す日本語の文であるが、曖昧性がないと考える。(1c) は中国人日本語学習者の訳文で、「も」を中国語と同じく時間詞にくっつけ、原文を忠実に翻訳していないと言える。

(2a) 他也知道自己再多说也都是没味儿的屁。人家呢，也不指望从你这儿听点什么了，今非昔比呀，就连那个冯寡妇也今儿上贺家，明儿上王家。(中日対訳コーパス原文)

(2b)彼自身それ以上しゃべっても、匂いのない屁のようなものだということを承知している。今やだれ一人、韓爺さまから、情報を得ようなどとは思ってもいない。昔とは違うのだ。あの馮未亡人でさえ、今日は赫家、明日は王家と足を運ぶ。(中日対訳コーパス訳文)

例文(2a)では「也」が四つ使われた。対応する訳文の(2b)には「も」が二つしか現れない。それは中国語の副詞「也」と日本語の取り立て詞「も」は概ね類似しているが、一対一の完全一致な対応関係というわけではない。両者は言語応用の各方面で異なった様相を見せている。特に中国語副詞「也」は多義性を持っているため、日本語より曖昧文になりやすい。

したがって、本稿の目的は中国語の副詞「也」の多義性と指向性を究明しながら、日本語の「も」との異同を明らかにすることである。その目的に達するため、以下の課題を設けて研究を行う。

①両語の構文分布と意味機能は一致であるか。

②言語応用実態では両語の意味指向はどのように機能するのか。

③曖昧性に関する両語の相違をいかに分析するか。

研究目的を支える方法は意味指向分析法である。意味指向は統語論的要素と語用論的要素の両方から規定されるので、本稿の考察は以下のように構成される。まず先行研究を踏まえて問題点を提出する。ついでに、言語実態を考察し、「也」と「も」の意味機能と構文特徴を概要する。それから意味指向という概念を導入し、「也」と「も」の意味指向特徴を構文形式ごとに明らかにする。同時に、「も」と対照しながら「也」構文の曖昧性を検討する。最後に各方面において両語の対照結果をまとめていく。

## 2.先行研究

(1)「也」に関する先行研究。

呂叔湘(1944)によると「也」は類同関係を表すもので、彼の編集した『現代漢語八百詞』(1980)は「也」の用法を四種類にまとめている。馬真(1982)は「也」の基本機能は類同を表すことであり、類同の諸項がすべて出現する「実用用法」と類同の前項が暗黙的で出現しない「虚用法」を区別すると考えている。沈開木(1983)は「也」を用いる意味的根拠は「異中有同」であると考えている。崔永華(1997)は「也」字句の文法的意味は「併存」を表すと指摘している。楊亦鳴(2000)は「也」文の曖昧問題を研究した。

以上の研究から、学者たちは「也」の意味問題について多くの研究を行っているが、これらの研究の多くは意味の単一レベルでの検討であり、意味指向に関わる複数の角度からの詳細な論証は行われていないことが分かる。

(2)「も」に関する先行研究。

日本語の「も」に関する研究もある程度貯蓄してきており、多くの注目を集めた。沼田(1992)はとりたて詞の「も」を考察する際に、意味、文の中の位置、スコープという三つの部分に分けて論じた。寺村(1991)では、「も」を構文的特徴と表現機能という二つの部分に分けて考察した。野村(1995)は文法的性質という観点から「も」の意味特徴を議論した。田野村(1995)は「よこの含み」と「縦の含み」という用語を導入して「も」の用法を検討した。

(3)「也」と「も」の対照研究。

馮雪梅(2009)は中国語の「也」と日本語の「也」を構文、語義、語用の3つの観点から考察したところ、両者は語義的に対応していることを指摘した。余弦(2010)は中国語の「也」と日本語の「也」のプリセット問題を議論し、文の曖昧さを検討した。満在江(2005)では、生成文法の新しい発展に基づき、構文論の視点から「也」構文の多義性を研究した。満在江は「『也』構文の多義性に関する研究は、まずフォーカスが『也』の前に現れるか、それとも『也』の後に現れるかという二つの場合を区別しなければならない。従って、多義性はまず構造で表される」と指摘した。張麟声(2011)では、自分が提唱したい「仮説検証型双方向習得研究」の輪郭を素描した。「仮説検証型双方向習得研究」を紹介する際に、中国語の「也」と日本語の「も」を例に、誤用観察をした。「中国語母語話者が『も』を使用際に、語順不適切型誤用がまったく見られない一方で、日本語母語話者が『也』を習得する際に、語順不適切な誤用が多く観察されることは何を意味するのだろうか」と述べている。

これまでの「也」と「も」に関する先行研究では、それぞれの各方面での深く掘り下げた研究がなされ、豊富な成果が貯蓄してきた。にもかかわらず、「也」と「も」についての研究には未解決なものが残されている。特に、言語応用の問題に向かい、意味指向分析を通して「也」と「も」の多義性と指向性を中心とした対応関係についての研究はまだ見られない。

## 二、多義性と構文形式

### 1.意味機能

「也」の基本義項について呂叔湘が編集した『現代漢語八百詞』(1999：595-597)では、「也」の用法を四つにまとめている。①二つの事が同じであることを表す。「も」は前後2文、または後の文にのみ使用される。②仮定が成立してもしなくても、結果は同じであることを示す。③「甚だしきに至っては」を表す。語気を強めて、前に「連」の字を暗示する。否定文に使われることが多い。④婉曲な口調を表す。「也」の字を抜くと、語気は率直で、ぎこちないほどに見える。

『現代漢語辞典』(2005： 1467)の「也」の解釈にも6つの意味項がある：①同じことを表す。②単用または重ね用、二つのことを強調して並べたり扱ったりする。③重ねて使うことは、いずれにしても結果が同じであることを表す。④転換や譲歩を表す文に使う(よく前の文の「でも」などと呼応している)ことには、結果と同じ意味が含まれている。⑤婉曲に表す。⑥強調を表す

『現代漢語常用機能詞辞典』(1992)は以下のように述べる：①同じことを表し、「同じ」の意味を含んでいる。②関連を表す。「也」は関連を表し、比較的広く用いられており、様々な関係(並列、引受、漸進、転換、譲歩、仮定、条件、因果、取捨選択)を表す文がほとんど用いられている。③特定の書式における強調の程度、副詞の「甚だしき」や「都」に相当する場合があり、否定文に使われることが多い。④語気を表す。

辞書における「も」的基本意項は以下のようなものである。

『基本語用例辞典』：も(助詞)①〖同じような物事がほかにもあることを表す〗②〖「~も~も(~も…)」の形で、同じような物事を並べて述べるのに使う〗③〖ある特別な場合を取り上げてそれを打消し、他の場合にも勿論だという意味を表すのに使う〗④〖「なに」「だれ」「どれ」「どちら」「どこ」など疑問を表す語について、「全部」の意味を表す〗⑤〖数を表す語について、それを強める〗。

『日中辞典』：も〖係助詞〗①〖同類を追加する〗②〖…も…も〗③〖疑問詞に付いて、全面的肯定、または否定〗④〖「ひとつも…ない」の形で〗⑤〖数量を強調

する〗⑥〖同じ語の間に置き、程度を強調する〗⑦〖十分な数量であることを示す〗⑧〖極端な例をあげる〗⑨〖述語を修飾する語に付け、文意を強調する〗⑩〖範囲をとりあげる〗。

比較した結果、中国語の「也」は4つの義項にまとめられる：①類同を表す。②関連を表す③強調を表す④語気を表す。日本語の「も」は婉曲などの語気を表す意味機能を除き、類同、関連、強調の意が含まれ、「也」と意味上の対応度が高いと考えられる。

## 2.構文形式

(1)「也」構文。

副詞「也」を含む構文を「也」構文という。「也」構文の定義について、赫琳、李哲(2009)では以下のように述べている。「也」構文とは先行文と後続文で構成され、副詞「也」を使った文である。副詞「也」は一般的に「異中有同」①を条件とする二つの単文から構成した複文の後項に現れる。前の単文は「先行文」と呼ぶ。後の「也」の含む単文は「後続文」と呼ぶ。言語応用の際、必ず先行文と後続文が同時に現れることではない。文脈の影響で、先行文は常に現れない。

本稿は赫琳、李哲(2009)の研究に従い、先行文と後続文が現れる情況によって『也』構文を2種に分類する。先行文が現れるのはA式「先行文付き『也』構文」で、先行文の現れないのはB式「先行文無し『也』構文」である。

さらに、A式を先行文に『也』の有無により、A1「『也』無し先行文+後続文」、A2「『也』付き先行文+後続文」という2種類に分け、B式をB1「先行文暗黙『也』構文」、B2「先行文不要『也』構文」とB3「孤立の『也』構文」という3種類に分ける。図1で示す。

以上の各式を説明するため、1節の例文(1a)「Logo语言目前也适合于学龄前儿童」をもとにして「也」構文の各式と対応できるように例文を作る。ついでに語義機能の分析をも行う。

A1式：(1-1a)绘本适合学龄前儿童，Logo语言也适合于学龄前儿童。(類同)
　　　(1-1b)絵本は未就学児向けで、ロゴ言語も未就学児向けだ。(類同)
A2式：(1-2a)学龄前儿童都在学习Logo语言，三岁孩子也学，五岁孩子也学。(類同)

① 吕叔湘(1983:353)では、類同関係は「異中見同」であり、類同の感覚は同じ部分の上に成り立っていると指摘している。

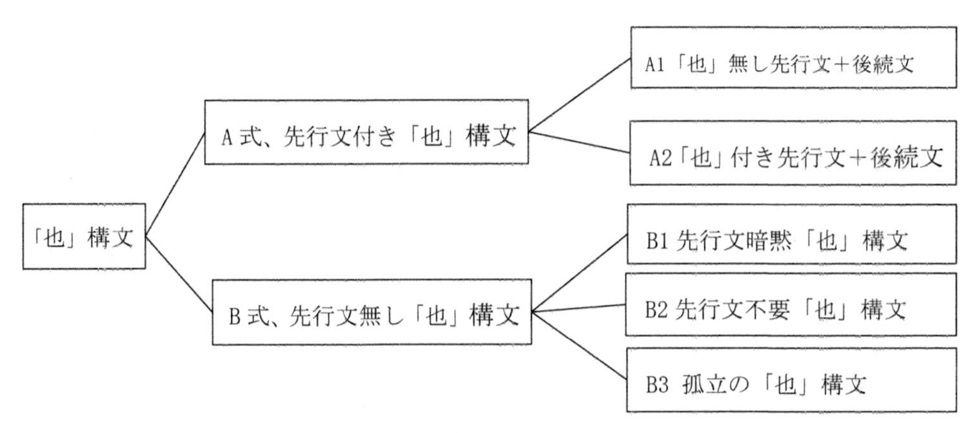


［図1］「也」構文の分類

(1-2b)未就学児はロゴ言語を学び、3歳の子も、5歳の子も学んでる。(類同)

B1式：(1-3a)(Logo语言将数与形有机结合，青少年…「文脈省略」)。Logo语言也适合于学龄前儿童。(類同)

(1-3b)(Logo言語は数と形を有機的に結合する、青少年…「文脈省略」)。ロゴ言語は未就学児にも適しています。(類同)

B2式：(1-4-1a)　即使logo语言很难也要学。(関連)

(1-4-1b)　ロゴ言語が難しくても学ばなければならない。(関連)

(1-4-2a)　Logo语言之类的东西一个也不喜欢。(强调)

(1-4-2b)　ロゴ言語のようなものは一つも好きではない。(强调)

(1-4-3a)　Logo语言也太难了吧。(婉曲)

(1-4-3b)　ロゴ言語は難しすぎる。(「も」は用いられない)

B3式：(1-5a)　Logo语言也适合于学龄前儿童。(曖昧文)

(1-5b)　ロゴ言語は未就学児にも適している。(曖昧文ではない)

「也」構文の根幹をなす意味基礎は比較した上での「異中有同」である。「也」構文の先行文と後続文は互いに孤立しているわけではなく、両者における項目を比較すれば、必ず意味の同様または類似している言語要素が存在している。本稿はそれを「同項」という。たとえば、A1とA2は先行文と後続文が両方現れる複文で、例文(1-1a)における「学龄前儿童」はこの文の同項である。一方、先行文と後続文の異なる要素を「異項」という。例えば、(1-1a)における「绘本」と「Logo语言」はこの「也」構文の「異項」である。(1-2a)の同項は

「学」で、異項は「三岁孩子」と「五岁孩子」である。

B1、B2とB3はいずれも単文で、形式上の特徴は似ており、先行文が付いていない。故に、「同項」と「異項」の区別はない。形式と異なり、B式に属する各例文における「也」の意味機能は大きな相違点を持っている。そのうち、B1式は補足を通してA1式に言い換えられるので、「也」の意味機能はA1式の「也」と同様に類同を表す。B2の場合はそれぞれ関連、強調、婉曲な語気を機能する。

(2)「も」構文。

「也」構文の分類を参考に、本稿は日本語の「も」を含む文を「も」構文という。「も」構文の構成要素について、沼田(1992)は表の意味、同類の他の要素、暗示的意味、文全体の意味から分析した。「も」の基本義は「也」と似ているので、構文形式もほぼ同じである。ここの「同類の他の要素」は「也」構文の異項に相当する。本稿では「也」構文の命名に従い、「も」構文を先行文と後続文で構成され、取り立て詞「也」を使った文であると定義する。前提を表す単文を「先行文」と呼び、とりたて詞の「も」のある単文を「後続文」と呼ぶ。

「也」構文と同じように、先行文と後続文が文に現れる場合により、「も」構文を凡そ以下の 二種類に分けることができる。先行文と後続文が同時に文に現れる場合は、A式：「先行文付き『も』構文」で、後続文だけ文に現れる場合は、B式「先行文無し『も』構文」と呼ぶ。また、下位分類も同様である。

上述してきた「也」と「も」の構文形式は概ね同じで、わずかな相違が見られるのみである。本稿では便宜上ですべてA式とB式の検討範囲に収める。

(3)固定表現。

「也」構文においても、「も」構文においても、「也」と「も」と共起して呼応関係で出てくる表現が数多く存在する。例えば

(3a)即使对细小的事物也密切注意。

(3b)細かいことにも細心の注意を払う。(関連)

(4a)即使很想早上睡觉也无法入眠。

(4b)朝寝たくても眠れない。(関連)

(5a)连谈恋爱也缺少一点浪漫色彩。

(5b)恋愛でも少しロマンチックな色が足りない。(強調)

(6a)连声谢谢也不太愿意说。

(6b)お礼も言い渋る。(強調)

(7a)大多数时候什么也不会发生。

(7b)ほとんどの場合は何も起こらない。(強調)

(8a)住在哪里也都是一个样。
(8b)どこに住んでいても同じです。(強調)
(9a)这物价一年得挣一百万也不够。
(9b)この物価では年に百万稼いでも足りない。(強調)
(10a)她可是半点儿也不懂的。
(10b)彼女はちっとも知らないのだ。(強調)

「也」と「も」に関する固定表現には「即使……也」「不管……也」「ても/でも」「疑問詞+也/も」「数量詞+也/も」などが挙げられる。それを先行文と後続文の有無によって各構文形式に入れて分析した結果は概ねB式に属する。例えば例(8a)と(8b)は疑問詞と共起する表現で、構文のレベルでは先行文のつかないB式に属する。意味機能は強調を表す。ここまでの分析を表3-1で示す。

[表3-1] 意味機能と構文形式との対応関係

| 考察対象 | 類同 | 関連 | 強調 | 婉曲 |
|---|---|---|---|---|
| 也 | ○ | ○ | ○ | ○ |
| も | ○ | ○ | ○ | × |
| 「也」構文 | A1 A2 B1 B3(曖昧) | B2 | B2 | B2 |
| 「も」構文 | A1 A2 B1 B3 | B2 | B2 | × |
| 「也」固定表現 | X也Y也<br>也X也Y | 即使~也、连~也<br>X也X了,Y也Y了 | 疑問詞也、数量詞也 | × |
| 「も」固定表現 | XもYも | ても、でも | 疑問詞も、数量詞も | × |

(○は当該意味機能があり、×はない)

「也」構文と「も」構文の形式と意味を対照した結果、両者は形式においても、意味においても共通点が大量に存在し、類似性が高いという観点を証明することができる。両語の意味上の相違は「也」は婉曲な意味機能を持っているのに対し、「も」は婉曲を表さない。形式の面では、「也」構文のB3式は曖昧文で、それと対応する日本語表現は曖昧性がなくなり、意味が単一な文である。

ここに発見した問題が二つある。一つは同じA式かB式の中で、意味機能が違う場合には「也」と「も」の意味機能をどう判断するか。もう一つは「也」構文の曖昧性をどう分析するかである。それらの問題を解決するために、本稿は意味指向の理念を導いて分析してみる。

## 三、A 式の意味指向

本節は、意味指向理論を導入し、「也」と「も」の意味指向を明らかにすることを通し、上述の語用問題を考察するものである。

### 1.意味指向と焦点

陸検明(1997)では、「意味指向とは、文に或る要素が意味的に他のどの要素と直接の関係があるかということである」と定義した。本稿は陸検明(1997)の定義に従って「也」の意味指向を定義する。「也」の意味指向とは「也」構文の中で、「也」が文のどの要素と意味上の関わりが直接であるかと考える。

呂叔湘(2002)では、焦点とは話し手が文中において最も強調する部分のことであると指摘している。また、語用論では文には情報の新旧がある。張伯江、方梅(1994)は文中で最も強調される部分を「焦点」、それ以外の部分を「前提」とし、焦点を自然焦点と対比焦点に分類している。自然焦点は文末に置かれる新情報を焦点とするものであると指摘している。「也」構文の新しい情報は後続文における異項に存在しているので、「也」と最も直接な関わりを持っている。

以上を踏まえ、焦点の定義を話し手が最も強調する部分とし、文の意味機能における焦点を考察すると、「也」構文は話し手が「也」を通して何を取り立てたいのかの「何」に焦点が置かれる。この「何」は後続文における新情報を表す異項である。意味指向と焦点の理論を合わせると、「也」の意味は後続文における異項に指向することが分かる。

### 2.A 式の意味指向分析

以上説明したとおり、「也」の意味指向は後続文における異項である。以下は後続文における異項に棒線を付し、構文ごとに意味指向を分析する。

(1)A1:「也」無し先行文+後続文。

(11a)我们昨天不上课，今天也不上课。

(11b)私たちはきのう授業を休んだ。今日も休む。

(12a)掌柜觉得没趣，大家也觉得没意思。

(12b)主人は面白くないと思っているし、みんなもつまらないと思っている。

(13a)老张是数学家，他太太也很聪明。

(13b)張さんは数学者で、奥さんも頭がいい。

例(11a)の先行文と後続文の言語要素を比較すると、いずれも「也」を含み、この文の同項が「不上课」で、異項は「昨天」と「今天」であることが明らかに判断できる。話し手の焦点が後続文における異項の「今天」に置かれたため、例文(11)では、「也」の意味指向は傍線のつけた「今天」である。例(12a)は一見みれば同項がないようであるが、中国語の「没趣」と「没意思」、日本語の「面白い」と「つまらない」は類義語で同じ意味を表している。張克定(1996)では、「表層には同一語はないが、文中の語が提供する意味情報に基づき、同一と見なすことができ、同一の深層意味を要約したりすることができる。したがって、文中に同項がない場合、文中のある構文成分は同じ意味を付加されたり、同じ深層意味を要約されたりすることができるため、同じ構文成分であると考えられる」と指摘した。このように、例(13a)の同項は「数学家」と「很聪明」で、例(13b)は「数学者」と「頭がいい」である。後続文における異項、すなわち例(12a)における「也」の意味指向は「大家」、「も」の意味指向は「みんな」で、例(13)における「也」の意味指向は「他太太」で、「も」の意味指向は「奥さん」である。

こうして、例(11~13)の異項はすべて「也」か「も」の前に位置し、A式における「也」と「も」の意味指向はその前の項目を指し、「前方指向」と呼ぶ。

(14a)我不愿使你痛苦,也不愿使他痛苦。

(14b)わたしはあなたを苦しめたり、かれを苦しめたりもしたくない。

(15a)这首诗是给你写的,也是给大家写的。

(15b)この詩はあなたのために書かれたものであり、みんなのために書かれたものでもある。

(16a)有办公室的职员,也有来办公室办事的人。

(16b)事務室の職員もいれば、事務室に用事で来ている人もいる。

中国語の例(14a)、例(15a)、例(16a)の構文特徴は後続文の主語が省略されたことである。例(14a)には後続文の主語「我」、例(15a)には「这首诗」があるはずであったが、言語の経済的原則によって省略された。例(16a)には「办公室里」というような同項があると想定できる。中国語のこういう形式の「也」構文は意味を変えないことを前提に、同項がつねに省略される。省略された項目は文の焦点ではないことが分かれる。同項の省略を通して後続文における異項はさらに強調され、比較の対象である同時に、焦点にもなる。したがって、「也」の意味指向はそれぞれ「也」の後方に位置する「他」、「大家」、「来办公室办事的人」である。つまり、「後方指向」である。それに対し、対応する日本語訳例(14b)、例(15b)、例(16b)を考察すると、A1式における「も」の意味はいずれも「前方指向」であることが明らかになった。

(2)A2 式：「也」付き先行文+後続文。

(17a)行也行,不行也行,我说了算。
(17b)できてもいいし、できなくてもいい、私が決めます。
(18a)成了家,你会挣钱也得去挣,不会挣钱也得去挣。
(18b)結婚したら、稼げても稼がなければならないし、稼げなくても稼がなければならない。

中国語のA2 式はよく異項対立という形式を呈する。例文(17a)の同項は「也」の後ろにある「行」で、異項は二つの「也」の前の「行」と「不行」ということがはっきり分かれる。「行」と「不行」は正反義を持つ正反対立表現で、情報の新旧から検討したら、二つの語が提供された情報の量にも、時間の前後にも区別がないので、平等なレベルに置かれた。したがって、こういう形式における焦点は一つではないことが考えられる。二つの「也」の前に二つの焦点が置かれたので、「也」の意味指向は前方指向である。例文(18a)も同じく前方指向の規則に適用し、二つの「也」の意味指向はそれぞれ「会挣钱」と「不会挣钱」である。対応する日本語訳も同じ指向特徴を呈している。

異項対立以外、異項並立の状況もよく見られる。

(19a)我一直骑车上下班,刮风也骑,下雨也骑。
(19b)私はずっと自転車で通勤していて、風が吹いても、雨が降っても乗っています。
(20a)老头儿接过药丸,手也哆嗦,两眼也放亮了。
(20b)老人は丸薬を受け取ると、手も震え、両眼も明るくなった。

例(19a)の同項は「骑」で、異項は「刮风」と「下雨」で、意味上に類似性を呈し、並列表現であると考える。前述した対立表現と同じく、焦点はそれぞれ並列する二つの「也」の前に位置するので、意味指向は前方指向と判断できる。例(19a)、例(20a)と例(19b)、例(20b)文の意味指向は傍線の示したとおりに、いずれも前方指向であることが明らかにされた。

(21a)还有的人也甭看穿衣服,也甭说话,就可以知道他是干嘛的。
(21b)服を見抜くことも口をきくこともなく、彼が何をしているのかを知ることができる人もいる。
(22a)半锅剩菜汤灌下去,好啦！也不饿了,也缓过气儿来啦。

(22b)半鍋の残り物スープを吸って、はい！ 腹もいっぱいだし、息も吹き返した。

以上の考察が示しているように、異項が「也」の後ろに出現する場合には主語が省略されやすい。例(21a)では、後続文における同項としての主語「还有的人」が省略された。(22a)の場合は先行文と後続文の主語「我」が両方省略された。異項は後ろにあるので、こういう形式の「也」は後方指向である。

一方、「~も~も…」構文に関して、中俣(2010)では次のように述べている。「これは『も』が複数使われる重複型で、名詞句が2つ続けて『も』を従えて主題となり、一つの述語を共有するパターンである」。中俣の指摘した主題は「も」構文における話題の焦点であるため、省略できない。「も」の取り立てる焦点は「も」の前に置かれ、意味指向の対象とはなる。故に、この形式における「も」は相変わらず前方指向である。ただし、取り立ての対象が省略できないのに対し、「も」の後ろの述語が省略できる。たとえば、「私もだ」という談話に対する答え方が述語省略の典型的な例である。中国語の場合、「我也。」という答え文は非文で、述語が省略できない。なぜなら、述語に焦点が置かれたのである。

「也」構文の異項は対立にしても、並立にしても、意味指向には影響を与えないようである。A2式の形式と意味を容易く対応できるために、意味指向に関連性の高い要素、すなわち構文の中の二つ①の「異項」をそれぞれXとYで標識すると、「X也Y也」、「也X也Y」、「XもYも」という3種類に分けられる。A1式と合わせ、構文と意味指向との関係性を表3-2でまとめる。

[表3-2]　A式の構文特徴と意味指向

| | 構文形式 | 構文特徴 | 也とも | 意味指向 |
|---|---|---|---|---|
| A式 | A1式<br>「也」無し先行文+後続文 | 後続文主題存在 | 也、も | 前方指向 |
| | | 後続文主題省略可 | 也 | 後方指向 |
| | | 後続文述語省略可 | も | 前方指向 |
| | A2式<br>「也」付き先行文+後続文 | X也Y也 | 也 | 前方指向 |
| | | 也X也Y | 也 | 後方指向 |
| | | XもYも | も | 前方指向 |

① 二つ以上の場合も可能である。たとえば、也不饿了，也不冷了，也缓过气来了…(お腹もいっぱいだし、寒くもないし、息も吹き返した…)

表2の示すように、先行文付きの「也」構文の構文特徴は「も」構文より複雑で、意味指向は前方指向と後方指向という二つの可能性がある。「也」は典型的な副詞で、主語の後ろ、述語の前に位置づけるのは一般的である。「也」の指向性は主語省略現象に影響されることが分かった。主語が存在すると、「也」は前方指向で、前の異項にかかわる。主語が省略された場合、「也」は後方指向で、後ろの異項にかかわる。それに対し、日本語の取り立て詞「も」は直前の言語成分を取り立てる機能を持っているので、「も」構文の異項はどんな形式においても、「も」の後ろに位置づけられ、主語も省略できないし、意味指向は完全に前方指向であることが分かった。

## 四、B 式の意味指向と曖昧性解消

「也」のB 式は先行文無し形式で、B 式をB1 先行文潜む『也』構文、B2 先行文不要『也』構文とB3 孤立の『也』構文という3 種類に分ける。B1 式には先行文が出現しないが、文脈や一般知識、常識などで暗黙的に先行文が補足できる。補足された文の形式はA1 式で、「也」の意味機能は基本義の「類同」を表す。意味指向もA1 式と同じく前方指向であるため、ここでは論じない。

### 1.B2 式　先行文不要「也」構文の意味指向分析

B2 式の「也」の意味機能は前述したように、「類同」という基本義から派生してきた関連、強調、婉曲などである。B2 式の「也」構文と「も」構文は固定表現と共起しやすいし、文の焦点は共起している固定表現に置かれるのは一般的で、判断しやすいと考える。

(23a)我在那个业务之前并没有把一切细节告诉梅子,她什么也不知道。

(23b)私はその業務の前にすべての詳細を梅子に話していなかったので、梅子は何も知らなかった。

(24a)她的面貌、身材、服装,哪一样也不比别人新奇。

(24b)彼女の容姿、体つき、服装はどれも他の人より目新しいものではない。

(25a)可是我一个也割舍不掉。

(25b)しかし私は一人も捨てられない。

(26a)这些存折一本也不是我自己的。

(26b)これらの通帳は1 冊も私のものではありません。

(27a)连小孩子也知道欠债要还钱的。

(27b)子供でも借金を返すことは知っている。

例(23)、例(24)は「疑問詞+也／も」構文で、例(25)、例(26)は「数量詞+也／も」構文である。こういう構文の中では、疑問詞または極端的な数量詞は自然に文の焦点になれる。それに、疑問詞または数量詞は必ず「也／も」の直前に位置し、「也／も」の意味は疑問詞にかかわり、前方指向である。

例(27)では、「连~也」という固定表現が使われ、「连」と「也」の間に入れた要素はさらに強調され、紛れなく焦点に当たる。例(5)の「连谈恋爱也」例(6)の「连声谢谢也」にも同じ固定表現が使われ、焦点は「也／も」前の要素に置かれ、意味指向は直前指向である。例(3)、例(4)の「即使~也」、それに例(7)の「即使~也」と「连~也」の併用、いずれも固定表現を利用して強調の意をさらに強めることを繰り返している過程で有標化されたのではないだろうか。ゆえに、こういう構文形式における「也／も」の意味指向は例外なく直前指向であることが考えられる。

(28a)也对,跟这主儿念书能念得好吗?

(28b)そうだよ、この人と勉強してうまくいくだろうか。

(29a)也不是我跟你说大话。

(29b)私はあなたに大きなことを言っているわけではありません。

例(28)、例(29)では、「也」は柔らかな語気を伝達する手段で、意味機能は婉曲的な表現である。婉曲機能かどうかの判断方法は「也」を脱落させると、口調がきつくなる。異項も存在しないし、強調でも意味関連でもない。婉曲を表す「也」の意味指向は「零指向」と呼ぶ。

例(2)では「她也知道」の「也」は婉曲表現として使われ、日本語の「も」は婉曲を表さないので、訳文には「も」が出てこない。これは「也」と「も」が一対一の対応関係ではないことの一つである。すなわち、婉曲を表す「也」の意味指向は零指向で、ここでの「も」は「也」と対応できない。

### 2.「也」構文の曖昧性

楊亦鳴(2000)では、「『也』の基本的意味は任意的に同類を追加することである」と主張している。しかも、「也」が任意的に同類を追加するという基本的意味を持つため、同じ「也」構文でも話の焦点が違うと、先行文の提示した前提も違う。従って、「也」構文がいくつかの意味を持つ可能性がある。その上、「也」構文の多義性を生み出す原因につき、「也」の語用方面の多義性のため、文法のカテゴリーと関係が密接ではないと指摘した。曖昧性を解消するには語用上の手段を使うしかなく、話し言葉では、ストレスを通して焦点をはっきりさせ、曖昧性を解消する。書き言葉では、現実前提と潜在前提を通して焦点をはっきりさせ、曖昧性を解消する。

本稿では楊亦鳴の指摘を踏まえたうえで、意味指向分析法の視角から「也」構文の曖昧性を検討してみる。

(1)B3式:孤立の「也」構文。

本稿の論じる孤立の「也」構文というのは先行文が補足できないことで生じた「也」の曖昧文のことである。

(30a)双11的时候,姐姐　也　给妈妈　买了一部手机。

(30b)独身者の日に、姉も母に携帯電話を買ってあげました。

例(30a)は先行文を補足できるB1でもないし、先行文が不要なB2にも属していない。先行文がないため、この文の意味ははっきりしない曖昧文と判定された。理由は比較対象がなく、同項と異項の判断ができないからである。

盧英順(1995:23)では、「或る構文構造の中で、或る要素が同時に他のいくつかの要素と直接の関わりがあれば、意味指向ははっきりしない。意味指向がはっきりしないため、文は多義性を生み出す」と指摘した。例(30a)では「也」と意味上に直接の関わりを生じる可能な項目は五つある。それは「双11的时候」、「姐姐」、「妈妈」、「买」「一部手机」である。先行文がないため、「也」の意味指向もはっきりしない。話し言葉でストレスを通して焦点が分かれるが、書き言葉で孤立な「也」構文は焦点不明で、多指向の特徴を呈している。曖昧を解消するための手段には以下のような先行文補足法が挙げられる。

(30-1a)双十一的时候,我给妈妈买了一部手机,姐姐也给妈妈买了一部手机。

(30-1b)独身者の日に、私は母に携帯電話を買ってあげました。姉も母に携帯電話を買ってあげた。

(30-2a)国庆节的时候,姐姐给妈妈买了一部手机,双十一的时候,也给妈妈买了一部手机。

(30-2b)国慶節の時、姉は母に携帯電話を買ってあげました。独身者の日にも携帯電話を買ってあげた。

(30-3a)双十一的时候,姐姐给爸爸买了一部手机,也给妈妈买了一部手机。

(30-3b)独身者の日に、姉は父に携帯電話を買ってあげて、母にも携帯電話を買ってあげた。

(30-4a)双十一的时候,姐姐给妈妈租了一部手机,也给妈妈买了一部手机。

(30-4b)独身者の日に、姉は母に携帯電話を借りてあげたし、携帯電話を買ってもあげた。

(30-5a) 双十一的时候,姐姐给妈妈买了一件毛衣,也给妈妈买了一部手机。

(30-5b)独身者の日に、姉は母にセーターを買ってあげて、携帯電話をも買ってあげた。

補足され文では、同項と異項ははっきり判断でき、「も」の意味指向はそれぞれA式の指向規則にしたがい、傍線のつけた異項成分を指している。1節で言及した例文(1)もこれと同様な多指向の意味指向特徴を呈している。

中国語と異なり、日本語の場合は同じ意味を表す文には、中国語ほど曖昧性が生じない。なぜなら、日本語の「も」はよく多種多様な統語要素と共起し、特に格助詞の協力で焦点が容易に明確化できる。

(2)ほかの曖昧文。

孤立の「也」構文以外には、曖昧性の生じやすい他の固定構文形式がある。

(31a)什么人也想不起来。(疑問詞+也)

(31b)誰も思い出せない。

(31c)誰をも思い出せない。

(32a)老师也说不好。(NP+也+V+不好)

(32b)先生もうまく言えない。

(32c)先生もよくないと言った。

(33a)那个人连小孩子也怀疑。($NP_1$+连+$NP_2$+也+VP)

(32b)あの人は子供をも疑っている。

(32c)あの人は子供にまでも疑われている。

例(31)、例(32)、例(33)はどちらも曖昧文で、日本語訳文の示すように二つの意味を持つ。例(31)では、「也」の意味指向は前方指向で文の曖昧さには影響を与えない。曖昧は文の焦点「什么人」と述語「想」の意味関係から起きたと考える。「什么人」は「想」の主語か目的語かによって意味が違う。主語であれば、日本語の「だれも」に訳し、目的語であれば、「誰を」に訳す。例(32)の曖昧性は「也」の意味指向に関係する。それは前方指向の場合は訳文bと対応し、後方指向にしたがって、後ろの「不好」に関わると、cと対応する。例(33)は「怀疑」という動詞の性質で生じた曖昧文で、分析は例(31)とほぼ同じで、能動と受動の差である。上述の文と対応する日本語の「も」構文はどれも曖昧性がない。

(3)統語位置との関係性。

その原因を探求してみ、「も」構文の構成要素を観察すると、「も」はきわめて多様な文要素と共起できることが明確された。寺村(1991)は、「も」が名詞の後、名詞+格助詞の後、副詞の後、述語の確言形の後、並立節の後、引用節の後、述語の語幹と活用語尾の間、動詞と補助動詞の間、従属節の中などの位置に現れ得ると述べている。一方、中川(1982：145)は「也」と「も」の統語論的位置について、「也」は位置が固定されているが、「も」はかなり自由であると述べている。中国語の「也」の分布は相対的に単純で、常に主語の後ろ、述語の前に位置しなければならない。分布が単純なために、多義性を持つようになり、曖昧性も生じやすい。それに対し、日本語の「も」の分布は複雑で、取り立てたい要素にくっつけ、前方指向を呈している同時に、助詞などを通して文の曖昧性を回避できる。

逆に考えると、中国語には日本語ほど豊富な助詞や助動詞がないので、日本語の「も」構文を中国に訳すと、曖昧性が生じやすい。その曖昧性を避けるには、話し言葉ではストレスをつけ、書き言葉では語順変換や先行文補足などによる意味指向分析が必要である。

ここまでの考察を表3-3でまとめていく。

**[表 3-3]　B 式の意味指向**

| | | 構文形式 | 意味機能 | | 曖昧性の有無 | | 意味指向 | |
|---|---|---|---|---|---|---|---|---|
| | | 也 | 也 | も | 也 | も | 也 | も |
| | B1 | 先行文暗黙<br>(推測可能) | 類同 | 類同 | 無し | 無し | A 式と同じ | A 式と同じ |
| B 式 | B2 | 先行文不要 | 強調など | 強調など | 無し | 無し | 前方指向 | 前方指向 |
| | | | 婉曲 | | 無し | | 零指向 | |
| | B3 | 孤立 | 未知 | | あり | 少量 | 多指向 | 前方指向 |
| | | NP+也+V+不好 | 未知 | | あり | 無し | 前方指向 | 前方指向 |
| | | $NP_1$+连+$NP_2$+<br>也+VP | 強調 | | あり | 無し | 前方指向 | 前方指向 |

## 四、まとめ

本稿では主に現代中国語の副詞「也」を中心的な対象として日本語取り立て詞「も」と対照する視点から考察してきた。「也」の多義性を基に、両者の構文形式と意味機能の対応関係を明確にした上で、意味指向分析法を通し、フル構文形式における「也」と「も」の意味指向を明らかにしながら、両語の多義性と意味指向を比較分析した。各方面における「也」と「も」の異同は以下表3-4のようにまとめる。

**[表3-4]　「也」と「も」の類似点と相違点**

| | 類似点 | 相違点 | | その他 |
|---|---|---|---|---|
| | 「也」 と 「も」 | 也 | も | |
| 意味機能 | 類同、 関連、 強調 | 婉曲 | | 異論あり |
| 構文形式 | 概ね同じ(A式、 B式) | 主題省略可能 | 述語省略可能 | |
| 意味指向 | 異項か焦点に指す | 前方指向、 後方指向、 零指向、 多指向 | 前方指向 | |
| 曖昧性 | あり | 生じやすい | 生じにくい | |
| 統語位置 | 主語の後 | 固定的 | かなり自由 | |
| その他 | 否定表現と共起しやすい | 比況的表現と共起しやすい | | |

第一に，「也」と「も」の意味機能を比較すると、両方とも類同、関連、強調の意味を機能している。「也」のほうは婉曲を表すことができる。構文形式における類似性は最も高く、先行文と後続文の出現頻度はほぼ同じで、わずかな相違は主語と述語の省略にある。「也」の主語が常に省略されるのに対し、「も」のほうは述語省略できる。

第二に，意味指向からみれば、「也」と「も」がいずれも異項か焦点を指すのは主調である。「也」が最も多く出現するのは前方指向で、場合によっては後方指向をする。婉曲を表す時は零指向で、曖昧文では多指向の特徴を持つようになる。「も」は品詞上の特徴の影響で、どんな状況でも前方の取り立てる対象に指向する。すなわち、前方指向である。

第三に，両者とも曖昧性が起り得ると考えられる。孤立な「也」構文における「也」の意味指向がはっきりしていないため、曖昧性が生じやすい。また、「也」の含む固定表現にも曖昧性を起こすことがある。曖昧解消の方法はストレスや先行文補足してからの意味指向分析法が挙げられる。それに対し、「も」は曖昧性が生じにくい。理由として論じられるのは両者の統語位置と共起制限である。いずれも主語の後ろ、述語の前に位置するのは一般的であるが、「也」は固定的な分布をしていると反対に、「も」の位置はかなり自由で、様々な要素と共起することが見られる。

「也」と「も」の問題は常に語用にかかわり、ある意味では語用は意味研究の拡大であると考える。意味指向分析は意味機能の発展で、意味指向分析とともに、共起制限分析も語用問題を解決する手段の一つとされている。これからの研究では、コーパスを利用して、「也」と「も」の実用例を大量に考察し、どの種類の表現と共起するか、どのような文類型で使用されるかなど、「也」と「も」の多義性と曖昧性に対する共起制限の影響を明らかにしたいと思う。

本章内容主要围绕汉日语言信息处理中迫切需要解决的问题，即语义分析和歧义分化等展开。要让计算机正确处理、理解自然语言中词语的意义，生成符合自然语言规则的句子，必须解决好词本身的意义以及词与词之间的关系义。作为解决这一问题的有效方法，词语的语义指向研究发挥着重要作用。本书第三章以计算机对汉语副词“也”的识别为例，借助语料库穷尽式分析了汉语“也”字句中“也”所有可能的语义指向，并将其与对应的日语词“も”的语义指向进行对比分析，指出两者在语义指向上异同的同时，进行歧义分化分析，为句式的机器翻译提供了语言学参考和铺垫性的基础工作。

# 第四章　基于语料库的汉日对比研究

语料库是语料库语言学(CL)研究的基础资源，也是经验主义语言研究方法的主要资源，主要应用于词典编纂、语言教学、传统语言研究、自然语言处理中基于统计或实例的研究等方面。随着跨学科意识的增强，基于语料库的语言研究、教学研究、跨语言研究等语言学方法越来越多地被采纳并取得一定的研究成果。

## 第一节　语料库语言学

语料库语言学是利用计算机强大的检索和信息处理能力，从大规模的语料库中检索符合研究问题的实例对其进行统计的一门学科。语料库语言学基于大量实例和统计数据，可以对研究问题进行定性分析，从而在功能上对所研究的问题进行一些语言学解释。利用计算机和语料库，可以对语言各个层面的特征进行分析和研究。所以语料库语言学在语言研究上具有很大的优势。首先，处理能力强大，能够快速准确地分析语言的普遍现象和规则。其次，语料库可以收集大规模的语料，这些语料能够覆盖的文体范围也非常大，具备文本量大和语言信息范围广的特点。再次，利用语料库进行的研究，既可以定量分析，又可以定性分析，将定量分析和定性分析结合起来能在考察语言事实的基础上描述语言的性质，可以将语言的主观性和客观性统一起来。最后，与传统的语言学研究方法相比，语料库语言学能做出对语言事实更概括、更为全面的调查，因此基于语料库的语言研究方法，可以扩大传统语言学调查的范围，成为传统语言学研究方法的一项重要补充。

语料库是语料库语言学研究的基础资源，也是经验主义语言研究方法的主要资源。随着跨学科意识的增强，诸如基于语料库的话语研究等语言学方法越来越多地被社会学、人类学、文化研究、心理学、认知科学等学科采纳。

### 一、语料库的种类

鉴于语料库设计的目的和概念不同，每个语料库的结构和内容也不同。为了分类和比较它们，研究者务必首先对语料库进行分类。语料库研究起源于欧美。欧美语言特别是英语，有着悠久的历史、丰富的形式和成熟的语法体系。依照不同的特点，语料库可分为以下几种类型：

(1)依照所收集的语言材料的类型，可分为书面语语料库、口语语料库和混合语料库。书面语语料库只包括正式出版物和其他书面语言材料，如 Brown Corpus、Oslo Lancaster/Bergen Corpus 等。口语语料库收集了大量的口语材料，如 Lunjiao Lund 口语语体和伦敦青年语体。英国国家军团和伯明翰柯林斯大学国际军团都曾发表了关于语料库的研究论文，两者都采用了混合语料库。

(2)依照所收集的语料的语体，可以分为单语体语料库和多语体语料库。

在建设上述欧美不同语体语料库的过程中，有意识地对不同领域的语料设置了一定的收集比例，以求达到语料的平衡，进而实现更充分和客观地反映语言实际应用情况的目标。

(3)依照取样方法，语料库可以分为全文语料库和样本语料库。

Brown 语料库和 Lancaster Oslo/Bergen Corpus 是典型的样本语料库。它们收集了 500 种不同类型的文本，每一段有 2000 个字，总共只有一百万个字。系统抽样法在某种程度上可以确保语料库的平衡性和代表性。然而，因为它们只收集了部分案文，所以无法核实语言概貌。此外，文本的不同组成部分各不相同，如果只收集到每项文本的一部分，就会影响到材料的代表性。

(4)依照语料库的时间特性，可以分为共时语料库和历时语料库。

如 1961 年出版的《美国资料汇编》，所有 Lancaster Oslo/Bergen Corpus 语料均来自英国 1961 年出版的期刊，因而，它们都是同样的语言风格，语料主要包含 1650—1990 年的美国英语单词。另外，赫尔辛基军团 150 万字的语料库有明显的时间间隔，即约 860 年(从 850 年到 1710 年)，这是一个长期的历史语料库。

(5)依照是否编码，语料库可以分为非编码语料库和编码语料库。

编码包括对原始语料的语音和语法的解析，并将解析结果添加到语料库中。编码的语料库能实现对某些组件进行更精确和快速的搜索。然而，不同的语法系统会产生不同的编码结果。编码本身会干扰字符串的恢复。基于信息自动处理的语料库建设，需预测未来可能进行的研究类型，以确保对语料库的编码能满足未来研究的需求。

此外，目前的计算机基于信息自动处理的解析技术并不完美。虽然错误率为 0.1%，但在 1000 万字的语料库中，可能会致使大约 1 万个解析错误，其后果不可低估。此外，欠缺自动化解析程序的准确率可超过 98%。因而，信息自动解析的结果需要人工干预。然而，这些修正不只涉及大量的工作，而且在保持编纂规则的一致性方面也困难重重。

(6)依照语料是否互补，可以分为封闭语料库和互补语料库。

大多数语料库是依照自己的设计风格从特定的区域选择和提取文本，一旦语料库建设完成，将不再添加新的材料，然而语言是不断发展变化的，观察和研究这些变化需要动态的不断更新的语料库。据说伯明翰大学柯林斯国际图书馆有一个可更新的数字图书馆，这对于实时跟踪语言的变化和发展有积极的作用。

(7)依照语言的不同，语料库可以分为单语语料库和多语言并行语料库。

布朗语料库、奥斯陆/卑尔根兰开斯特语料库、伦敦-德国语料库和英国-国家语料库都是单语语料库。加拿大议会大会语料库、挪威奥斯陆大学英语和挪威语平行语料库以及兰开斯特大学(联合王国)联合多语言解释性说明语料库都是多语言并行语料库。

(8)语料库可以分为源文本语料库和目标文本语料库，这取决于它所包含的材料是源文本还是目标文本。

单语语料库主要基于原始语料库，而多语言并行语料库通常由多个源语言和目标语言的子类别组成。

(9)依照作者是母语作者还是外语学习者，这些语料库可以分为母语语料库和学习者语料库。

一般来说，对前者的解析有助于研究者更好地理解语言的客观用法。对后者的观察，例如在国际学习者的英语资源语料库中，领会语言规范和学习者可能犯的错误对外语教学很重要。

应该指出的是，以前的分类有不同的意见，同一语料库可以依照不同的标准分为不同的类别。例如，Brown 语料库不但是纸质的、多风格的、样本的、单语言的和原始的，还是同步的和非编码的。

从上面列出的各种类别中，研究者可以看出，欧美语料库的建设相对成熟，不仅是因为它们的类型丰富，还因为它们设计的概念比较清晰。一般来说，采用系统的抽样方法是为了确保所收到的语料具有一定的平衡性和代表性。

## 二、日语语料库

现代语料库的应用是以计算机处理和存储技术的不断成熟为基础的。英语语料库是以 1961 年的布朗语料库为基础的。日语语料库的应用始于汉语研究所对各种词语的研究。在 1962 年完成的『現代雑誌九十種の用語用字』部分调查运用了计算机技术。而自 1970 年进行的「電子計算機による新聞の語彙調査(1)」之后，逐渐出现了语料库的制作和应用雏形。20 世纪 90 年代，出现了一些用于语言研究的语料库。比较常见的主要有如下语料库：

### 1. EDR 语料库(EDRコーパス)

该语料库由日本电子词典研究所开发，并于 1995 年推出。这些材料是从 20 万篇报道和杂志中挑选出来的。此外，它还包括一个约 100000 句的英语语料库。该语料库在原始语料库中基于信息自动处理添加了语法编码信息，因此这是一个编码语料库。

### 2. 京都大学语料库(京都大学コーパス)

该语料库由京都大学长尾研究室开发，收录了日本「每日新聞」CD版1995年1月1日至17日的所有新闻报道和1995年1月至12月的所有社论。它利用自动语法信息解析技术，将形态和句法信息添加到所有材料中，并手动进行校正。另外，在5000句的材料中增加了相关的信息，如案例报告。

### 3. 日语口语语料库(日本語話し言葉コーパス(CSJ))

该语料库是“基于口语语言、非语言结构解析的(口语工程学)的构筑(話し言葉の言語的・パラ言語的構造の解析に基づく「話し言葉工学」の構築)”课题的一部分，它是由日本国立语言学院、通信学院和东京技术学院联合开发的。它包含约660小时的语音信息，总计超过700万词。所有内容按一个特别设计的方式记录，分为汉字假名混合和纯假名两个版本，在语料库的最后部分，对这些文本中的一些话语进行了解析。因为内容多为会议和采访，所以文体单一。

### 4. 太阳语料库(太陽コーパス)

日本国立国语研究所推出的太阳语料库(太陽コーパス)收录了1895年、1901年、1909年、1917年、1925年刊登于博文馆发行的「月刊太陽」的所有语料，该杂志有3400篇文章、1450万字。所有的语料库都保存为XML文件，并添加各种语法信息。另外还提供了相应的搜索软件。

### 5. 日本古典文学全文数据库(日本古典文学本文データベース)

这个语料库包含大约580本由岩波书店出版的日本古典文学旧版，目前由国家文学研究档案馆管理。

### 6. 中日对译语料库

中日对译语料库是由北京日本学研究中心于2002年完成的双语并行语料库。它包括一个中文原创子库、一个日语原创子库、一个中文翻译子库和一个日语翻译子库。收录的作品时间跨度很大，既有夏目漱石的『坊っちやん』(1906年)、田山花袋的『蒲団』(1907年)等明治晚期小说，也有冈本常男的『心の危機管理術』(1993年)、乙武洋匡的『五体不满足』(1998年)等相对较新的作品。

从体裁类别看，除部分口语材料外，小说、传记等文学作品占了绝大多数。所有类别全文包含在语料库中。中日语料库对选材的各个类别没有比例限定，因此与其他中日语料库相比，虽然所选语体材料较多，但在真正意义上可以说并不是一个均衡的语料库。

### 7. RWC 文本数据库(RWCテキストデータベース)

RWC 文本数据库是由日本新信息办公机构出版的一个编码语料库。它载有 1991 年至 1995 年日本商业技术文件、日本电子工业推进协会的报告和每日新闻等材料。所有报告均采用形态学解析和人工修正。此外，还包括来自岩波国语词典的编码数据。

### 8. IPA 语料库(IPAコーパス)

该语料库是日本信息处理推进事业协会研制的研究用语料库。这个语料库的语料包括 15000 篇左右文章，其中一些文章被选入外国学习者习得中级日语的教材。其中所包含的 13 卷岩波新书和 7 卷小岩波新书约有 451000 个句子。该语料库还将日本教科书和岩波新书作为话语的一部分进行解析，并对其中一些进行标记。

### 9. ATR 对话数据库(ATR 対話データベース)

这是由日本国际电气通信基础技术研究所(国際電気通信基礎技術研究所)开发的口语语料库，包括问询者、会议服务组、旅行社和客人之间的对话。该数据库由约 80 万个语素单位组成。所有材料都解析了语篇部分与词语的关系，并附有英文译文，在语篇与词语的关系研究上作出了很大贡献。

## 第二节 “只”与“だけ”的句法、语义和语用对比

“只”与“だけ”在句法、语义、语用三个平面各有异同。句法上结构基本一致，差异主要表现在语序上；语义范畴基本相同，但是语义指向却有很大差异。语用上两者都有限制和强调的功能。

“只”是现代汉语常用副词之一，表示限定，意为“仅仅”。“だけ” 也是日语中常用的副助词。对于日语初学者而言，“だけ” 可翻译为“仅仅”“只”，因此，日语初学者在汉日互译过程中，出现了大量“只”与 “だけ” 滥译、错译的现象。针对这一问题，本书将引入语法研究三个平面理论，分析 “只” 与 “だけ” 在句法、语义、语用三个平面的异同，以期帮助日语初学者了解 “だけ”的使用范畴，正确习得它的用法。

### 一、句法对照

从句法上来说，“只”主要用在动词性成分前，通常作为状语对动作行为进行

限制，有时也用在形容词性成分、体词性成分前起限制作用。例如：

(1)我只在乎你。

(2)因家境贫寒，贺龙只读了两年书。

(3)他买到一幅元朝陆行直的《碧梧苍石图》，认为此人作画流传下来只此一幅就当即捐给了故宫博物院。

(4)这件衣服比那件只贵一点儿。

例句中的“只”分别出现在动词“在乎”“读”、体词性成分“此一幅”、形容词“贵”前面，作为状语修饰后面的成分。

通过观察语料库我们发现，“只”出现时，“只”后成分一般为动词性成分。这里的动词性成分可以是单个动词，也可以是多种类型的动词短语。动词短语的类型比较复杂，可以是动宾、动补，也可以是动词重叠、并列、连谓。动词性成分通常在句中充当谓语，“只”用在谓语前，在句法上对整个谓语起限定作用，这种情况出现的频率很高。

“只”还可以用在名词、代词、数量词以及名词性短语等体词性成分之前，用来限定人或事物的范围。这类句子中“只”在句法上是限制其后的名词或名词性短语的，这类名词或名词性短语在句子中一般充当主语，所以“只”也就是限制主语的范围。

“只”也可以出现在形容词性词语前，既可以修饰形容词性短语，也可以修饰单个形容词。大体上说，“只”限制形容词性短语，一般用在表示比较的句子里，而且句中要有较明确的比较对象或范围。另外，“只”还可以用在介宾短语等复合性成分之前，与这个复合性成分一起充当状语、限制动作行为的范围。

“だけ”在句法上接在体言、副词、助词以及用言连体形后面，限制范围、数量或程度。例如：

(5)学校の図書館で1回に借りられる本は3冊だけです。

(6)あのひとは言うだけで、なにもしません。

(7)あの店は高いだけで、美味しくありません。

(8)友達とだけ相談しました。

以上例句中,“だけ”分别接在体言“3冊”、动词连体形“言う”、形容词“高い”、助词“と”后，起到修饰限制的作用。

在日语语料库中，通过对“だけ”进行数量考察，我们发现，它多数出现在体词性成分即日语语法中的“体言”之后。这种体词性成分可以是名词、数量词、代词等。在日语语法中，动词和形容词合称"用言","だけ" 接在用言后的情况也不少见，但数量明显少于体言。另外,"だけ" 也可以接在包含助词、副词等复合性成分之后。

通过比较我们发现，"只"与 "だけ" 的句法表现差别明显。虽然它们可接续的范围都比较广，包含体词性成分及动词、助词等，但是从可接续词类的出现频率来讲，"只"多与动词性成分同现，而 "だけ" 多与体词性成分同现。另外，从句法位置上来说，"只"出现在它的关联成分之前，而 "だけ" 则紧随与之相关的成分之后，"前""后"两种不同的语序，是汉日两种语言在句法表达上最显著的差异。

## 二、语义对照

### 1. 语义范畴

从语义上看，"只"主要表示单一，用于限定范围和程度。在日语中，表"限定"的最典型的形式就是 "だけ"。"だけ" 可以限定一定的范围和数量，也可以表示限于某种程度。在表示限定程度时,"だけ" 的语义范围与"只"有很大区别，此时的 "だけ" 多与表示可能的动作相互关联，构成最高程度的表达方式，比如 "できるだけ"。 另外与假定形式连用时,"だけ" 表示随着前项程度的变化，后项程度也相应变化，前后两项事物的程度完全吻合。本书认为，这也属于最高程度的语义表达，即后项达到前项能关涉到的最高程度，因此，从语义上看其也属于限定程度。综上，从语义范畴来看，"只"与 "だけ" 都属于"限定义"。

在语言实际运用中，"只"的语义涉及的范围比较明显，分布单一，都在"只"字之后,"だけ" 的语义所涉及的范围也比较清晰且分布单一，都在 "だけ" 之前。因此，在语义关涉的范围上，两者也有较大的一致性。

### 2. 语义指向

语义指向是指句中某一个成分跟句中或句外的一个或几个成分在语义上的直接联系。"只"与 "だけ" 语义指向的对象就是与其发生直接语义联系的成分。语义指向受到句法的制约，同时对句法又有制约作用。语义特点是制约语义指向的基本条件，它可以直接决定语义指向。

根据"只"与 "だけ" 的句法特点和语义范畴，我们不难发现，与"只"发生直接语义联系的成分都在"只"后，所以，"只"的语义指向为后指，例如：

(9) 只水电费一项就花去了他们大半的收入。

(10) 这样只唱赞歌、不提问题，或者只提问题、不肯定成绩的调查，对实际工作都无益。

(11)结果刨去入场券的钱，只赚了几块钱，还不够每人买一瓶汽水。

与“だけ”发生语义联系的成分都在“だけ”前，“だけ”的语义指向总体表现为前指，例如：

(12)先月、授業に出たのは10日だけでした。
(13)聞くだけではなく、大切なところはメモをしなさい。
(14)今日は気温が低いだけではなく、風も冷たいです。

例句中下划线部分为“只”与“だけ”语义指向的对象，从句法成分上看，“只”与“だけ”都可以指向几乎各种句法成分，包括主语、谓语、宾语、定语、状语、补语等，从指向对象的构成来看，既可以指向单个的词语，又可以指向短语，还可以指向整个句子。从指向对象的性质来看，既可以指向体词性成分，又可以指向谓词性成分。需要说明的是，指向体词性成分时，“只”经常越过动词性成分，指向与其直接语义相关的动词，如“只吃了三个”，“只”的语义越过“吃了”指向“三个”。而这种情况下“だけ”却与其指向的体词性成分紧密相连，如“三つだけ食べました”，“だけ”指向与其紧密相连的“三つ”。

### 三、语用对照

从语用上看，“只”限定范围时，具有排他性，限定数量和程度时，表示数量少、程度轻。在语用功能上，它往往表示限定的对象没有达到要求的标准，含有嫌少或贬抑、排他等意义。“只”语用上还有强调语气。在话语中，人们会有意识地通过加重语气的方式指明句子的焦点或重点，而在书面语中，主要靠标志词以及语序来表明描述的重点。“只”也有这样的功能，有时略去“只”后，并不改变句子结构和语义关系。

“只”在语用上起强调作用时，主要出现在这样几种句式中：

对举格式：“只……不……”。这种句式中“只”和“不”后通常出现动词或形容词，表示两种动作或状态的比较、对照功能。这种句式的对举成分可以是单个的词语，也可以是短语，还可以是小句。“只”此时强调它后面的词语所表示的动作或情况，如“只好不坏”强调“好”，“只看不吃”强调“看”。

标志词格式：“只”和一些固定动词搭配使用，逐渐凝固成为固定的连词搭配，例如“只因”“只为”“只怕”“只好”“只能”等。另外还有“只(不过)……而已(或罢了)”“只不过……”等句式。这种句式中，“只”表示范围的意义减弱，具有加强全句的“贬抑”或“转折”等语气意义。“只”还常常和“就”“才”等配合，构成“只(要)……就……”“只(有)……才……”格式。“只(要)……就……”和“一……

就……”或“才……就……”句式功能接近；“只……就……”格式还有另外一个语义功能：“只”所限定的对象原本达不到“就”所引导的结果，但却超乎常规地达到了。例如：“只几秒钟就不见了。”“几秒钟”可能是与说话者想的差距比较大，强调“只”后成分的超乎想象性，这里的“只”可以用“仅”替换。

表示强调的还有“V只V”格式。某些单音节心理动词，像“怕、恨、盼、怨”等，可以用“V只V”的格式来对“只V”的格式进行强调，进一步加强“只”所限定对象的唯一性和排他性，如“怕只怕”“盼只盼”“怨只怨”“恨只恨”等。以“V只V”的格式出现和以“只V”的格式出现表达的效果是明显不一样的，这种表达效果的不同，就是语用作用的结果。

另外，“只”还有协调音节的功能，有些情况下，“只”的出现只是为了补足音节，以满足汉语多用双音节词汇这一要求。如“只见”后接宾语小句时，小句是看见的内容，而“只”只起补足音节的作用。

“だけ”在表限定时从语用上看与“只”相同，表示限定的对象没有达到要求的标准。但是在表示限定程度时，“だけ”的语用功能与“只”有很大区别，此时的“だけ”多与表可能的动作相互关联，构成最高程度的表达方式。如：

(15)召し上がれるだけ、召し上がってください。

(16)大人になるだけ、苦労も多くなる。

(17)それだけ日本語が話せれば、生活するには十分でしょう。

“だけ”也有表示强调的语用功能，如“だけに”“だけあって”译为“正因为”，具有标示原因焦点、使之突出醒目、引起受话者注意，从而达到强调的表达效果。如：

(18)期待が大きかっただけに、失望も深かった。

(19)スミスさんは日本に長くいるだけあって、日本語がとても上手です。

此外，在限制程度时，“だけ”常用于积极的表达，如“だけあって”“だけある”译为“正因为、不愧是”，这种表达是“だけ”在语用上区别于“只”的独特之处。

由此可见，语用上两者都有限制和强调的功能。“只”在强调时常常构成固定格式或标志词格式，“だけ”表强调时多与程度义相关。“だけ”在语用上没有补足音节的功能。

综上所述，“只”与“だけ”在句法、语义、语用上都存在很大的相似性，但是区别也很明显。两者在句法上都可以与多种词类同现，可接续的范围几乎一致，但是句法位置差异很大。“只”多与动词性成分同现，且出现在其相关成分之前，而“だけ”多与体词性成分同现，且出现在它的相关成分之后。从语义上看，“只”与“だけ”的语义范畴相似，都表示限定范围和程度。但是“只”的语义指向为前指，多指向体词性成分，“だけ”的语义指向为后指，越过它后面的动词，指向体词性成分。“只”与“だけ”在语用上的差异不大。除限定和强调外，“只”有补足音节的语用功能，这是“だけ”不具备的。

## 第三节　基于语料库的汉日范围副词共现关系对比研究

本节以大规模语料库为基础，研究汉语和日语中范围副词的共现关系。在汉语和日语两种语言中，副词都因其独特的属性引起语言研究者的兴趣。近些年，关于副词的研究成果较多，从类别看，多数研究集中在程度副词中的个别副词研究上，关于范围副词的对比研究比较少见。从研究视角看，以语言本体为对象的研究较多，关于汉日范围副词的对比研究成果尚浅。面向语言应用，对比汉语和日语中的范围副词，调查汉语和日语范围副词与其他词语的共现频率、使用实态等研究不足。

语言信息处理和语言教学是语言应用中的两大领域，致力于解决语言连接和连锁问题的共现关系研究在这两大领域都极具价值。语料库作为大规模的电子语言信息载体，能提供大量语言实例，便于观察和统计语言实态，给语言研究带来了巨大的便利。通过语料库可发现许多主观语感和自身内省无法发现的语言客观事实。

本研究活用语料库，发挥语料库在语言研究精密化和客观化上的作用，抽取大量汉日范围副词的真实语料，对汉日范围副词的语料进行量的分析。通过对比分析解明汉语和日语中范围副词各自的共现频率和共现关系，为汉日两种语言的机器翻译及语言习得提供参考，进一步达到机器和学习者都能产出自然合法的范围副词句的应用效果。

### 一、汉日范围副词

#### 1. 定义和分类

范围副词是副词的一个下位概念，即副词的一个次类。范围副词的限定性和复杂性决定了其在语言研究中的重要性和必要性。

关于范围副词的定义，历来语法学家们说法不一。较早的定义出自朱德熙（1982），他按照语义指向分析方法将范围副词分成前指范围副词和后指范围副词两类；李泉(1996)按照限定面把范围副词分为总括类范围副词和限制性范围副词两类。后来又有语法学家以句法结构和语义特点为依据，将范围副词分为总括类、限制类、外加类三类。其中杨荣祥(2000)将语义特征和功能特征相结合，把范围副词分为总括副词、统计副词、限定副词和类同副词四个类别。肖奚强(2003)从集合和意义范围角度对范围副词进行了分类。张谊生(2001)主张，应该按照研究目的采用不同标准对范围副词进行多角度的分类。本书采用张谊生(2001)的观点，按照本书的研究目标定义和分类范围副词。

本书认为，范围副词是指对句子中某一成分与谓语发生关系时的范围进行限定的副词，这一成分可以是主语、宾语等。根据范围副词的语义特征，本研究在充分考量以往研究结果的基础上将汉语中的范围副词分为总括类范围副词、限定类范围副词、统计类范围副词和外加类范围副词四类。

## 2. 研究范围界定

语料库中出现频率较高的现代汉语范围副词主要有：也、都、全、总共、统统、仅仅、只、光、一概等。日语中没有“范围副词”这一直接概念，但是词的语法功能和意义联系密切、有共同语法特征的词一般语义也相似。因此，本书按照语义相似度选取日语中与汉语的范围副词相对应的词进行共现关系对比研究。例如，与以上汉语中的范围副词相对应的日语词汇主要有“も”“皆”“全部”“総体”“総じて”“また”“だけ”“しか”“一概に”等。这些词的词性大部分属于副词，除副词外还有“係助詞”“助詞”“副助詞”“名詞”等词性。另外，还有部分词兼具“副詞”“名詞”或“副詞”“助詞”两种词性。在本书的研究中，为便于表述，统一将其视为表范围的副词。

以上举例，仅包含汉语和日语中的部分范围副词，为了全面考察范围副词与其他词类的共现关系概貌，本书按照范围副词的语义特征分类方法对汉日范围副词的次类进行划分，具体如表 4-1 所示：

**表 4-1　汉日范围副词分类对应表**

| 类别 | 汉语 | 日语 |
| --- | --- | --- |
| 总括性范围副词 | 全、都、全都、净、皆、尽、尽数、通通、统统、一概、一律、处处、到处、大多 | すべて、皆、尽くし、全部、一律、一概、ほとんど |
| 限定性范围副词 | 只、只是、专、专门、就、才、单、单单、独、光、仅、仅仅、仅只、唯、唯独 | ただ、だけ、しか~ない、ばかり、わずか |

续表

| 类别 | 汉语 | 日语 |
| --- | --- | --- |
| 统计性范围副词 | 共、一共、一总、总共、足、足足、至少、至多、差不多、约、约摸、大约、大致、将近 | 共、全部で、全部で、十分、少なくとも、大体、約、大抵、近く |
| 外加性范围副词 | 另、另外、还、还有 | ほかに、まだ、また、そして |

以下，以限定类范围副词为例，对比研究汉日范围副词的共现关系。

## 二、限定性范围副词

### 1. 限定性范围副词语义特征描述

在以上四类范围副词中，限定性范围副词种类丰富，语义特征鲜明，主要起强调范围属性的作用，用于标明界限、产生范围内与范围外的区别。具体来说，限定性范围副词表示集合内所有元素均具备某种特征，排除其他特征。例如“只”是现代汉语中表示限定的常用副词，意为“仅仅”。日语中的“ただ”“だけ”“しか”语义与汉语的“只”“仅仅”相似，属于同一语义范畴，它们在语义上都具有唯一性和排他性。

(20)当苇弟进来时，我[只]默默的望着他。(丁玲《莎菲女士的日记》)

(21)从现在想来，那是一个多么可笑的[仅仅]可以自己宽慰自己的建筑。(施蛰存《三个命运》)

(22)だけど今日はお母さん［だけ］ですから、お母さんだけにするないしょ話しようか。(Yahoo！知恵袋)

(23)終了するまでは評価できません。待つ［しかない］ですよ。(Yahoo！知恵袋)

(24)私は［ただ］ゲームができれば良いのですが、ゲームをするにあたってひつようなものかどうか知りたい。(Yahoo！知恵袋)

例(20)限定性范围副词“只”语义特质指向后面的动词“望”，排除了说话打招呼等其他动作的存在，将句子情境下的主体内容限制在“望”这一范围内。例(21)中的“仅仅”语义指向“自己宽慰自己”这一词组，限定了对句子的主题“建筑”的评价范围，将其局限在“自己宽慰自己”的框架中。例(22)、例(23)中的“だけ”“し

か”的词性为副助词，语义分别指向各自前面的名词“お母さん”和动词“待つ”，表示除此之外没有别人，或者除了这样做，没有别的办法。例(24)中的“ただ”词性为副词，也表示限定，它的限定语义指向后面的名词“ゲーム”，用来排除其他事物或行为，将焦点限制在“ただ”后共现的词语上。值得关注的是，“ただ”在某些情境下，与同样表示限定的副词“だけ”共现频率极高。

### 2. 问题提起

用在线机器翻译网页尝试对以上的例(21)和例(22)分别进行汉日、日汉互译。可得到如下结果：

(21)从现在想来，那是一个多么可笑的[仅仅]可以自己宽慰自己的建筑。

译文：

(21a)これからは、自分だけを慰めることができるとんでもない建物です。（Google 翻译）

(21b)今から思えば、それはいかに滑稽なことか、自分自身を慰めることしかできない建物だった。（百度翻译）

(21c)今から思えば、それはなんと可笑しい［ただ］自分で自分を慰めるだけの建物だった。（有道翻译）

(22)だけど今日はお母さん［だけ］ですから、お母さんだけにするないしょ話しようか。

译文：

(22a)但今天我只是妈妈，所以我只会谈谈妈妈。(Google 翻译)

(22b)但是今天只有母亲，所以只和母亲说说吧。(百度翻译)

(22c)但是今天只有妈妈，所以我不告诉妈妈吗。(有道翻译)

观察译文(21a)、(21b)、(21c)，对于例(21)中“仅仅”的翻译方式，三个软件分别使用了“だけ”“しか”“ただ”三个词语。特别是(21c)还将“ただ”和“だけ”结合起来，共同完成了“仅仅”的译文对应。反之，日语向汉语转化过程中，对于“だけ”的翻译，例(22a)、(22b)、(22c)都翻译为“只”，但是，出现了“只是”“只有”“只会”“只和”等共现用法。另外，从译文精确度来看，例(22b)最高，例(22a)和例(22c)的译文都存在一定程度的翻译错误。究其原因，本书认为计算机在范围副词的共现词语的识别和区分上出现了偏差。

语言教学领域也存在同样的问题，学习者受学习先后顺序和母语迁移的影响，常常无法正确对应汉语和日语中的范围副词，生成的句子会出现语感不自然或限制对象错误等问题。因此，本书认为，在实际语言应用中，计算机或学习者完成这些词语的自由对应，需要依靠共现关系的调查和研究。

## 三、共现关系调查概要

### 1. 调查目的

就词和词的关系而言，如果一个句子中出现的某个单词与其他词位置关系较近，而且语义关联度较高，那么可以说这两个词属于共现关系。共现关系是指词与词之间自然的同现组合，是客观存在的语言现象。语料库为语言共现关系的研究提供了良好的渠道，通过观察和分析语料库可以获取词语的共现频率从而分析其共现关系。范围副词的共现问题研究也是如此，在中日语料库中分别以“只”和“仅仅”以及“ただ”“だけ”“しか”为对象，抽取语料调查它们和其他词类的共现关系，此调查可尝试解决汉语和日语范围副词的部分应用问题。

### 2. 数据和方法

为了能考察到大量汉语和日语范围副词的真实语料，观察范围副词在语言信息中的自然产出表现，本研究选取了数个语料库取样。汉语语料库主要使用北京语言大学语料库中心开发的《北京语言大学现代汉语语料库》(以下简称 BCC)和以日本国立国语研究所为中心开发的《现代日本语均衡语料库》(以下简称 BCCWJ)。BCC 总字数约 150 亿字，语料来源涉及众多领域，是反映中国现代社会语言生活的大规模语轨。BCCWJ 虽然是书面语语料库，但其优点在于它还包括对话文本，因此能够调查在广泛多样的场合下的语言使用状况。

共现关系的分析需要大规模的语料库。如果想调查某个范围副词和其他不特定词语之间的共现倾向，则有必要分别获得大量的共现例。因此，作为辅助，必要时参考北京大学中国语言学研究中心开发的《北京大学现代汉语语料库》(以下简称为 CCL)，以及其他网络语料库和 ICT 资源。

数据调查分析时，提取各语料库包含的指定的范围副词的例文和前后出现的语言信息。与此同时，择需实施母语问卷调查。如此，除了语料库数据之外，适当地考虑母语使用者判断调查的结果，进行综合测试分析，以求得到更真实客观的数据。

以“只”“仅仅”“ただ”“だけ”“しか”为调查对象，分别使用 BCC 和 BCCWJ 进行语料检索。为得到更为客观的数据，语料检索时仅指定词性和检索对象，不限领域，如此中日两种语料库的例句都在现代语言范围内，包含文学、哲学、社会科学、新闻报道、网络百科等领域。

按以上检索条件实施检索，得到的总数据为：以副词+“只”为检索对象的例文

共计305478例，副词+"仅仅"6597例，副词+"ただ"7771例，助词+"だけ"124772例，助词+"しか"30767例。

## 四、调查结果及考察

### 1. 调查结果

首先，对"只""仅仅""ただ""だけ""しか"和不同词性的语法共现关系进行量的调查，五个表限定范围的词语与不同词性的共现频度结果如表4-2所示：

表4-2 限定范围词的词性共现关系基础数据表

| | 检索构式 | 只 | 仅仅 | ただ | だけ | しか |
|---|---|---|---|---|---|---|
| 名词 | n+ | 19953 | 684 | 104 | 51399 | 11189 |
| | +n | 38825 | 107 | 3775 | 9609 | 4229 |
| 动词 | v+ | 10100 | 522 | 46 | 27152 | 5109 |
| | +v | 66546 | 5493 | 1525 | 8772 | 15468 |
| 形容词 | a+ | 699 | 30 | 45 | 1575 | 35 |
| | +a | 10801 | 43 | 259 | 2310 | 9922 |
| 数词 | m+ | 1451 | 389 | 0 | 158 | 202 |
| | +m | 37 | 12 | 713 | 178 | 14 |
| 副词 | d+ | 23444 | 853 | 59 | 1648 | 412 |
| | +d | 3494 | 327 | 845 | 595 | 49 |
| 助词 | 助词+ | / | / | 2670 | 2749 | 8669 |
| | +助词 | / | / | 1575 | 54296 | 93 |
| 助动词 | 助动词+ | / | / | 113 | 14067 | 2060 |
| | +助动词 | / | / | 10 | 40390 | 35 |

为便于比较，表4-2按语料库词性标注方式选择了搭配范围词频度较高的名词、动词、形容词、数词、副词。另外，日语中有一组特殊的词类——助词和助动

词，它们只有语法意义，没有实际意义，鉴于助词与助动词和范围词也属于常用搭配，共现频度较高，所以表 4-2 最后两栏为“ただ”“だけ”“しかない”三个词语增添了助词和助动词两个高频搭配项。汉语中没有丰富的助词和助动词，因此不做考察。

与每种类别的词性组合搭配时，本书设置了前项和后项两种共现可能，即分成共现词类在前和共现词类在后两种情况考察范围词的语法共现关系。在 BCC 和 BCCWJ 中分别按照相应的搜索构式抽取语料，得出基础数据表 4-2。可对表 4-2 做纵向横向和综合对比。

## 2. 结果考察

表 4. 2 可见，表限定的汉日范围词在词性搭配的共现关系上呈现出较大的差异。以“只”和“だけ”为例，将它们与各大词类的搭配情况对比分别得成图 4-1、图 4-2：

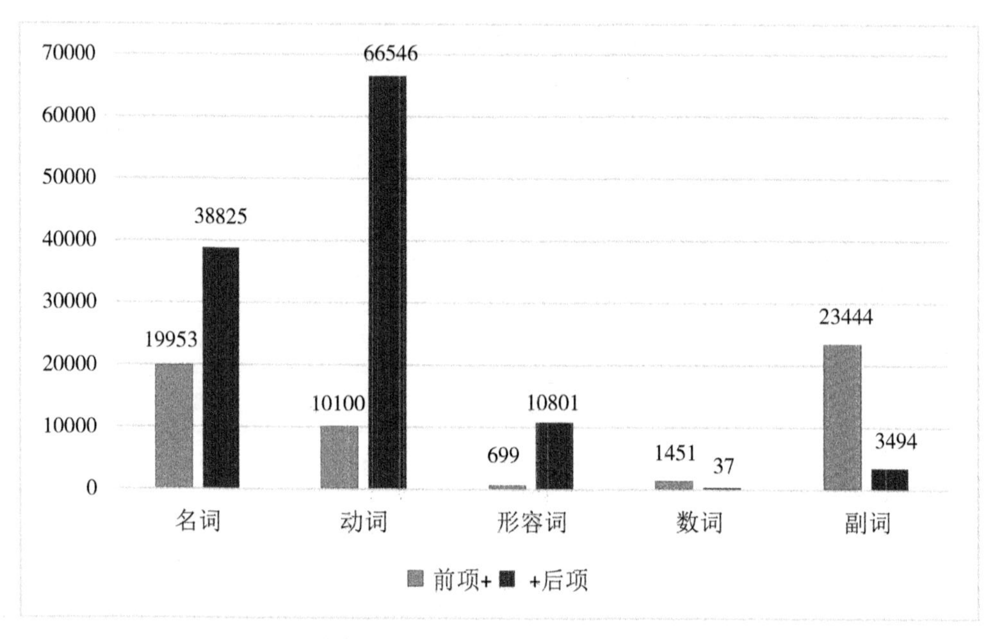


图 4-1　“只”语法共现关系对照表

通过图 4-1 可以看出“只”在词性搭配上共现关系最密切的三类词分别是动词、名词和副词，这符合范围副词限定主体或者谓语部分的语法功能。其中“只+动词”的构式最多，与数词直接共现的频率最低。这与我们对限定性范围副词的主观认识差别较大，也解释了对外汉语教学中学习者爱用又常误用的“只+数词”这一语言现象。另外，除了与副词共现时，汉语中的“只”语义上更倾向于后指。

此外，观察图 4-2，日语中的限定词“だけ”在共现词类方面频度最高的是助词、名词、助动词和动词。其中，名词和动词以前项共现居多，助词和助动词以后项共现为主。同样,“だけ”与数词直接同现的数量比较少。两者最大的差距在与副词的共现问题上，“只”前面出现副词频度较高，而“だけ”却极少与副词同现，这与“だけ”的副助词词性有关。这也从侧面证明了汉语中的限定类范围副词连用频率较高这一观点。

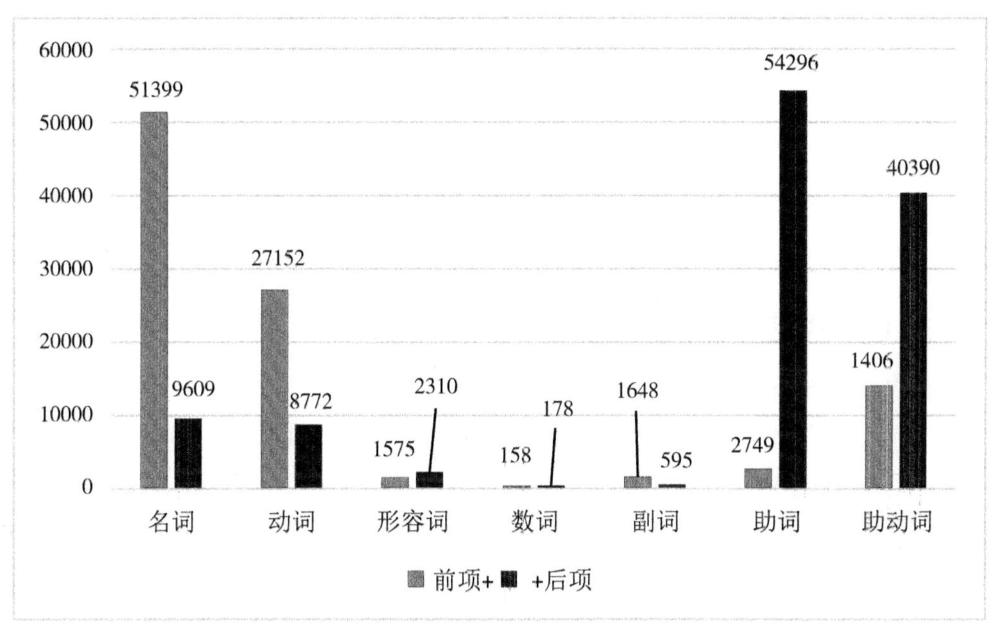


图 4-2　「だけ」语法共现关系对照表

除纵向观察比对外，本研究还横向观察每个限定性范围副词与某种词性的共现关系。如本研究选取了与限定性范围副词共现频率相对较高的动词为例，进行横向对比。比较之前，需先将基础数据里的例文数转变成其在整体搭配中所占的百分比数，然后再用百分比数横向对比，具体如图 4-3 所示：

图 4-3 标明，“只”“仅仅”“ただ”“だけ”“しか”五个词与动词的共现频度都比较高，其中ただ>只>だけ>しか>仅仅。“只”和“ただ”倾向于后项同现，特别是“ただ+动词”的构式频度最高。动词与“だけ”“しか”“仅仅”共现时，以后项共现为主。

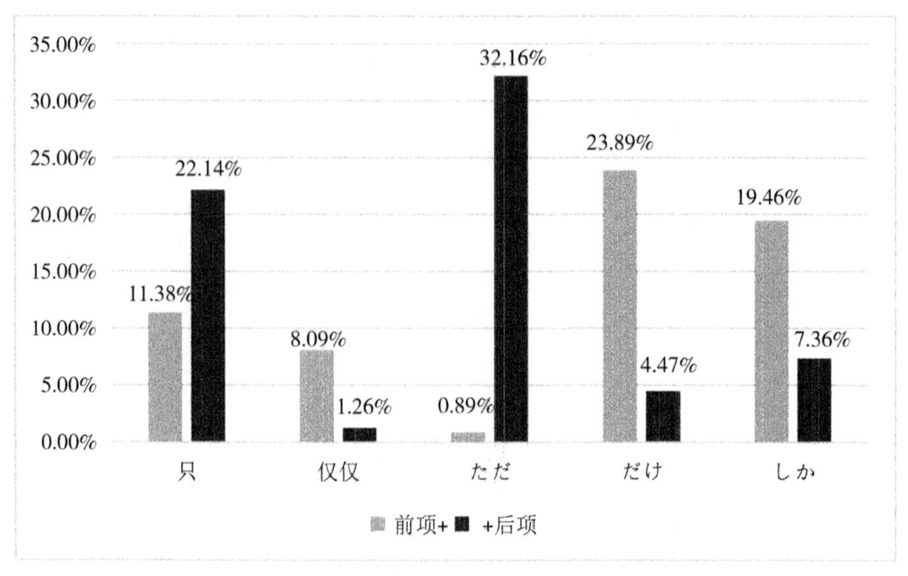


图 4-3　限定性范围副词与动词共现关系对比图

### 3. 语义共现关系考察预测

除语法共现的词性共现关系研究之外，本研究还可尝试对“只”“仅仅”“ただ”“だけ”“しか”和不同意义范畴的语义共现关系进行量的调查。考察时，可先在以上样本中采用随机抽样法各自选取例句500句进行统计分析，然后分别考察以上五个表限定范围的词语与不同语义范畴的共现关系。

以“否定义”为例，五个词语中与“否定义”共现频率最高的是“しか”，因为“しか”与否定助动词“ない”一起构成限定义，所以，只要“しか”出现，后项必然有否定语义同现，可见“しか”常常从否定的侧面传达限定的意义。而汉语中“只”和“仅仅”与否定语义的共现关系没有这么紧密。除“肯定义”“否定义”外，还可尝试从名词的“较少义”和“较多义”、动词的“推测义”和“尝试义”等方面进行比较。

未来关于本课题的研究还可从语法共现和语义共现关系相结合的角度切入。比如中国某电视剧中的台词：

(25)“不要走，我只有你了。”

将这句台词翻译成日语时，出现了两个版本，分别为：

(25a)行かないで、私にはあなただけなの。

(25b)行かないで、私にはあなたしかいないの。

例(25)中的“只”既可以对应例(25a)里的「だけ」，又可以对应例(25b)里的“しかない”，三个句子有包含限定义，都是前项和后项均为名词共现的，但是，限定义的强度却截然不同，即：限定的“质”不同。例(25b)因为和否定义连用，所以排他性更强，排除了“あなた”之外所有的人和事，因而，在此处将“只”对应成“しかない”更符合共现要求。

五、结语

本书使用《北京语言大学现代汉语语料库》和日本国立国语研究所《现代日本语均衡语料库》抽取语料统计数据，对比考察汉语和日语中表范围的副词的共现关系。特别是以限定性范围副词“只”“仅仅”“ただ”“だけ”“しか”为例，分别考察了它们在语法上与名词、动词、形容词、数词、副词等词类的共现关系。共现频度上五个词语虽然并非完全相同，但是，它们与名词和动词的共现频度都比较高，验证了范围副词限制主体和谓语的语法功能。除此之外，汉语的限定类范围副词更倾向于和副词共现，而日语中的限定词和助词、助动词的共现频度较高。与研究者对范围副词主观内省的结果不同，本书基于语料库的考察表明，不管是汉语限定类范围副词，还是日语中的限定词，它们与数词的共现频率都不高，通常需借助动词或者名词构式实现数量限定的功能。

本书就语义共现关系的研究尚未展开，将在接下来的研究中继续深化、细化，并进一步将语法共现关系和语义共现关系的研究结合起来，以求解决语言信息处理和语言教学中的更多实际问题。

## 第四节　汉日拟亲属称谓对比分析

拟亲属称谓是指彼此之间没有亲属关系的人却广泛使用亲属称谓来互称或自称的称谓。日语语言学界普遍称其为“親族名の虚構的用法”，解释为：人类学中，使用亲属名称称呼没有血缘关系的人。中日两国文化都非常重视长幼、亲属关系，所以拟亲属称谓在两国语言中都非常发达。研究汉日拟亲属称谓的差异及其成因，对跨语言文化交往有着重要的意义。

### 一、汉日拟亲属称谓的差异

#### 1. 拟亲属称谓的第一人称用法

拟亲属称谓的第一人称用法，也叫自称用法，是指将视点放在对方身上，根据说话人和对方的年龄、辈分用相应的亲属称谓自称。汉语和日语中都有这种用法，且多数用于对孩子，但是在实际应用时有所不同。中国人多数情况下会根据自己与对方的实际年龄和辈分差异选择合适的称呼自称，如“爷爷带你去公园”中的“爷爷”。日本人则尽量用接近对方的亲属称谓自称，以此缩短自己跟对方的距离。如二三十岁的人对五六岁的小孩子，中国人喜欢自称叔叔、阿姨，而日本人喜欢用“お兄さん、お姉さん”（哥哥、姐姐）来自称。另外，在日语中拟亲属称谓的自称用法并不是很多，而且这种用法只能用于上级对下级。相反，在汉语中则存在下对上的情况，如“小弟我、妹妹我”等，但多数情况必须在后面加上第一人称代词。

### 2. 拟亲属称谓的第二人称用法

拟亲属称谓的第二人称用法也叫对称用法，是指将视点设在说话人身上，根据双方的年龄、辈分选择亲属称谓。

(1)称呼关系比较亲密的人。

这里所谓的关系比较亲密的人指的是与自己关系较好的兄弟、同事、上司、父母兄弟的朋友、朋友的父母兄弟等人。汉语称呼这类人时，说话人根据对方与自己的辈分拟订相应的亲属称谓词，如使用“爷爷、奶奶、叔叔、阿姨、哥哥、姐姐、老弟、小妹”等。说话人在知道对方的姓名、职业时仍然使用拟亲属称谓，多数情况下会使用“姓氏加拟亲属称谓”的形式，如“王奶奶、李大哥”等。对说话人的年龄无限制。

日语中称呼熟识的人时，习惯用“姓或名加さん”或者用“职位加さん”来称呼对方而很少使用拟亲属称谓来称呼，如“森さん”（森先生)、“社長さん”（总经理)等。另外,日本人第二人称互称用法视点不设在说话人身上,而是设在虚设的辈分最小、地位最低的人身上,以他的视点来确定对方的身份从而选择相应的亲属称谓,这种用法被称为“世代阶梯语用法”。这种用法的最典型代表是,日本家庭成员互称时,所有人都把视角放在辈分最低、年龄最小的人身上,如樱桃小丸子中的妈妈称呼小丸子的爷爷、爸爸和姐姐依次为：“おじいさん”（爷爷)、“お父さん”（爸爸)、“お姉さん”（姐姐)，其他家庭成员也是如此对称。

(2)称呼陌生人。

在称呼陌生人时，汉语和日语的拟亲属称谓表现出较大的不同。称呼同一人，汉语的称谓不固定，随着说话人身份的改变而改变。日语的称谓相对固定。因为此时日本人的视点是虚设的地位最低的人，所以说话人改变，称呼仍不改变。同是称呼一个中年女子，汉语会有大姐、大嫂、阿姨、大婶等各种称呼，而在日语里从小孩到老人都称呼其为“おばさん(阿姨)”。

另外，同处一个语言环境时，汉语比日语更倾向于选择使用拟亲属称谓，特别是第二人称的对称用法使用广泛，而日语却更多地使用寒暄语。如汉语向陌生人问

路时，开场白习惯用拟亲属称谓的"大爷""阿姨""师傅"等，而同种情况下日本人反而用"あのう、すみません、ちょっと"（喂，对不起，打扰一下）等寒暄语。

### 3. 拟亲属称谓的第三人称用法

在汉语中，拟亲属称谓用于第三人称时有内向和外向两种情况。对内时，如果是同辈或是下对上，视点设在说话人身上，根据自己和被提及的第三方的年龄关系选择相应的亲属称谓。如果是下对上，视点设在受话人身上，根据对方和被提及的第三方的年龄关系选择相应的亲属称谓。当对外提及第三方时，视点是共同视点，也就是从说话人和受话人共同的角度来看第三方。如："李大爷、王伯伯"等。日语和汉语类似，此时的视点也是共同视点。

## 二、汉日拟亲属称谓差异的成因

### 1. 历史文化因素

言语行为与历史文化心理有密切的联系，在跨文化交际过程中，不同的历史文化因素对不同语言中拟亲属称谓的选择有着很大的影响。

首先，中国人自古重视宗族关系，日语则重视所属的社会或集团关系。中国传统的历史文化一向强调成员之间的尊卑等级、长幼次序，所以汉语中有复杂周密的亲属称谓系统。为了表示礼节，人们惯用拟亲属称谓称呼对方，即使知道对方的姓名和职业，仍选择使用拟亲属称谓；在日语文化中，日本人具有非常强烈的集体或集团意识，他们的集团意识不是以家族为中心，而是以他们赖以生存的公司、社会，甚至国家为核心，所以日本人的亲属意识相对较淡薄，不太重视旁系亲属。因此，在日语中使用的亲属称谓词语少，在已知对方的姓名和职业时，日本人会选择使用姓名称谓和职业称谓。

其次，汉语的拟亲属称谓选择重视个体之间的关系，日语重视在群体中的固体化和一元化，这也与中日两国的历史传统文化有很大的关系。日本传统文化中，人们从属于作为共同体的集团，个人利益服从于集团的利益。日本人从幼儿时期就在家庭和学校接受严格的集团意识教育，成年后，绝大多数日本人将参与、依赖团队视为成熟的象征。如果未能加入任何团队，就会使他们感到不安，甚至会影响人际关系，造成与他人之间的格格不入，这一点也非常清晰地表现在了日本人对拟亲属称谓的选择上。

### 2. 社会语境因素

语境因素也是导致中日拟亲属称谓差别的重要原因。本书所说的语境，是指语言所属的社会语言环境。每一种语言都是在特定的社会文化环境中起交际作用的，处于相同的社会文化背景的人可以以这个语境背景为基础，判断说话人话语的交际目的。如在中国，见面打招呼习惯说："干什么去？吃饭了吗？"等，这些见面的招呼方式如果直译到日语中，可能会被日本人认为干涉别人的私事，因为这与日语发生的社会语境不相符。反之，在两国不同的语境下，拟亲属称谓的功能也不相同，这种语境导致的功能的不同，进一步致使汉日两种语言在拟亲属称谓的选择上表现出了前文所列的各种差异。

### 三、结语

综上所述，汉日在拟亲属称谓语的使用上有着显著的差异，总体上说来，汉语的拟亲属称谓系统的视点不固定，随着说话人的视角改变；日语中拟亲属称谓系统的视点相对固定，多设在身份地位低的人身上。影响汉日拟亲属称谓系统的因素主要表现在历史文化因素和社会语境因素两个方面，在跨文化交际中要根据不同的文化心理和语境选择适当的拟亲属称谓语。

## 第五节 汉日色彩词对比研究

中日两国不论在历史文化，还是在信仰等方面均存在显著不同，由此造就了汉语和日语中色彩词的含义及其蕴含的社会文化价值存在极大差异。经由对中日语言中色彩词的比较研究剖析色彩词凸显的文化差异，可有助于更深入地了解中日两国有别的文化本质，减少互相理解上可能产生的偏差。本节通过分析汉语和日语中色彩词的差别，对色彩词与中日民族性格展开探讨，旨在为如何提高对汉语和日语中色彩词的有效认知提供一些语言学信息参考。

绚丽缤纷的色彩是人类社会中必不可少的构成元素，对色彩的感知则是人们了解社会的重要途径之一。因色彩自身具备一定的特性，所以人们在面对同一种色彩时往往会产生某些相似的认识。然而，人们所处的民族、文化背景不同，决定了色彩所被赋予的文化内涵也不尽相同。

### 一、汉语和日语中色彩词的比较

#### 1. 红色

汉语中的"红"和日语中的"赤"均有着"害羞"的隐喻。例如，"小芳一见到自己的意中人便脸红了""彼は失敗して赤面した"，这些例句字面上理解均为"脸红"，然而表达的却有害羞或羞耻的感情色彩。

科学研究表明，脸红是人类正常的生理反应，由此人们往往会把脸红这一表现与害羞的情感联系在一起，基于此，便产生了"害羞即红色"这一普遍认识。在汉语中，红色还往往被用以表示愤怒，例如“仇人相见，分外眼红”。然而，在日语中则并不存在该种含义。

理论上而言，人们在生气或愤怒时往往脸色会变红，日本人亦是如此。然而对于日本民族文化而言，微笑是他们的一大标准。这种微笑既可以表示欢快、愉悦，也可以表示生气、不悦。换言之，日本人通常不轻易外露自身的情绪，而仅通过面部表情是难以察觉到他们的真实想法的。借这种内敛的性格，决定了日本人鲜有与人争吵得面部通红的情况，也决定了日语中不存在“脸红即愤怒”的含义。

汉语中红色用以表示愤怒之外，还可用以表示嫉妒，例如，“看到别人取得优异的成绩，他十分眼红”。由于日本人内敛的性格，该种表达在日语中同样是没有的。汉语中红色还常常用以表示吉祥、喜气，这属于一种传统的文化隐喻内涵。例如，“红白喜事”中，“红事”代表的是男女结婚等喜庆之事，“白事”代表的是人们逝世等不吉利之事。在结婚或者小孩满月等日子里，主人往往会给亲朋好友准备红鸡蛋，寓意为“红蛋”。春节期间还会挂“红灯笼”、发“红包”，因而“红色”代表吉祥、喜气，与中国传统文化紧密关联。

在日语中，“赤”同样代表吉祥、喜气。例如，日本国旗的红太阳图案、日本新年的“紅白歌戦会”等。日语中红色的这一内涵与日本文化同样有着紧密的联系。在日本平安时期，红色被认为是高贵的色彩，达官贵人衣服穿着都偏好红色。到了日本江户时期，该种红色已得到广泛推广。值得一提的是，在日语中，除去“紅白歌戦会”，鲜有其他用“红色”代表喜气的词语。日语与汉语相比较，前者红色所代表的吉祥喜气远远没有汉语那般典型。

### 2. 黄色

在中国社会里，长期以来“黄色”均被认为是皇权、尊贵的象征。皇帝穿着的龙袍是黄色的，例如，宋太祖赵匡胤的“黄袍加身”。皇宫的场景布置同样以黄色为主色调，另外，皇帝为了对功臣以示嘉奖通常会赐予“黄马褂”。黄色在中国封建社会所拥有的地位可见一斑。汉语中用黄色表示尊贵、光明的词语还有“黄灿灿”“飞黄腾达”“黄道吉日”等。中国人称自己为“炎黄子孙”，将“黄帝”尊奉为祖先，中国人的母亲河是“黄河”，黄金被视作十分珍贵的金属，连人死后的归宿亦称作“黄泉”。由此表明了中国人与黄色有着千丝万缕的关系。

发展至近代，黄色被赋予了某些消极的含义，与性、色情、恶俗等概念联系在了一起，常见词语包括“扫黄打非”“黄色小说”“黄色电影”等。在日本，黄色一度也象征着高贵、典雅。日本皇室拥有黄色的菊花纹章，国会议员同样佩戴着黄色徽章。但是就日本传统文化而言，黄色并没有像在中国那样拥有十分显赫的社会地位。例如，日本古代官制“冠位十二阶”将“紫、青、赤、黄、白、黑”六种颜色用以区分官位的高低，其中黄色对应的是中级官位。类似于汉语中的“黄口孺子”，日语中同样有相近的表达，用以讥讽他人的年幼无知。此外，中日两国都将黄色视作警戒色，例如交警穿着的黄色制服、校车的黄色主体装饰、施工人员佩戴的黄色安全帽，等等。

### 3. 白色

汉语中“白色”通常指的是类似霜或雪的颜色。由于白色往往被认为是“无色”的，有着高明度、无杂质特征，因而常被用来象征纯洁、端庄，例如“一生清白”“洁白无瑕”等。汉语中白色除去拥有正面的含义外，还被赋予了某些负面的含义，例如表示毫无效果的“白忙活”“白费劲”；表示无报酬的“白吃白喝”；表示藐视的“翻白眼”，等等。京剧中的“白脸”同样指的是奸诈、阴险的角色。对于中国传统文化而言，“白色”还用以代表丧事，部分地区按照习俗规定死者家属要穿白衣，以表对死者的怀念。此外，汉语中的“白”还有诉说、表明的含义，例如“对白”“旁白”等。

日语中的“白”有以下解释：“雪のような色”、“何も書き入れてないこと。また、そこに何も印刷してないこと”、“红白試合など で、白い色をしるしにするほうの側”等。日本人在迎接新年时，往往会将白萝卜、胡萝卜切好混在一块，因而一提到白色，日本人普遍会想到白萝卜。与此同时，红萝卜、白萝卜还被统一称作“红白”。在日本传统结婚典礼上，新娘会穿着白色的传统和服，日语中称作“白无垢”，用以象征新娘的纯洁。并且新娘结婚当天睡觉时还必须穿着白色睡衣入睡，由此表明，白色在日本传统文化中有着重要的象征纯洁的含义。另外，在日语中，白色同样有着负面的含义，例如，日本人会在逝者脸上加盖白布，因而在人脸上盖白布在日本是不吉利的。

### 4. 青色

汉语中的“青色”有着十分丰富的含义，通常指的是蓝色或者绿色，例如，诗句“明月几时有，把酒问青天”；还可用以表示黑色，例如，诗句“十里平湖霜满天，寸寸青丝愁华年”中，“青丝”即是“黑发”。相比较而言，日语中的“青”则没有黑色的含义。汉语中的青色和日语中的“青”均可用以表示“胆怯、恐惧”。例如，“当他得知自己的病情后，脸色瞬间变得铁青”“パソコンのデーターがすべて消えて、私は真っ青になった”，这些例句中均可理解为“脸色发青”。在恐惧状态下，人们往往会产生脸色发青的生理反应。该种生理反应运用到语言层面便形成了“青色表示恐惧”这一内容。正是由于人类有着该种共同的生理反应，因而不论在汉语中还是在日语中均存在该种含义。

汉语中的青色和日语中的“青”均有着幼稚、年轻的含义。日语中的“青”还可引申出“官职地位卑微”的含义，汉语中则不存在该种说法。除此之外，相较于日语中的“青”，汉语中青色的用法要广泛得多，还包括“对他人的关注、喜欢”“史册、记录”等含义。值得一提的是，汉语中所指的“白面书生”在日语中为“青書生”。

### 5. 黑色

在汉语中，“黑色”是与“白色”相对的，其通常指的是类似煤或墨的颜色，例如，“黑云”“黑土”“黑色素”等。黑色在汉语中用以表示负面含义的范围尤为广泛，可表示与“公平”“正义”相反的一系列含义，例如表示不公开、隐秘的“黑名单”“黑客”“黑市”“黑匣子”“黑幕”等；表示违法的“黑社会”“洗黑钱”“黑车”等；表示不道德的“黑点”“黑心”“黑手”等。另外，汉语中的黑还有诸多其他用法，例如，表示获得出乎意料成绩的“黑马”；表示不满、不开心的“黑脸”；表示帮别人承担后果的“背黑锅”等。

在中国古代，黑色曾经有着十分显赫的地位，先秦之前，帝王、诸侯均会穿着黑色服饰，各个朝代的官员同样会穿着黑色官服，并且发展至今天，包括一些执法人员的制服、高校学生的学士服等依旧以黑色为主色调，由此表明，黑色在中国有着肃穆、庄严的象征。

在日语中，“黑色”则通常仅用以表示颜色上的黑，不用以表示光线上的黑，例如，汉语中的“天渐渐黑了”，对应的日语则通常用“暗”来表示。在日本传统文化中，“黑”主要存在两方面象征，一方面象征着神圣、庄严，例如，日本人在参加丧葬时要穿着黑色衣服，在结婚典礼上，宾客同样要穿着黑色礼服，因而黑色在日本常常被视作拥有“绅士风度”的颜色；另一方面，“黑”还象征着邪恶，例如，形容一个人心术不正时，在日语中可用“腹が黒い”来表示。

## 二、色彩词与中日民族性格

说到中国色彩，首当其冲的便是绚丽的中国红和亮丽的明黄色。该两种色彩不但是中国五星红旗的颜色，还是中国千百年文化的重要载体。该两种色彩凭借其强有力的视觉冲击力，可使人产生宏伟、博大、光辉、喜庆的感受。在中国，不论是大型场景的布置，还是服装配饰的选择，往往会首选红色、黄色。日本人则对白色、青色青睐有加。白色象征着纯洁正直，青色象征着庄重柔和，该两种色彩可使人产生淡雅、委婉、肃静、凄冷的感受。通过对这些色彩的比较，可分析出中日两国在民族性格上的差异。

### 1. 中国人的豪迈与日本人的内敛

中国人特别是北方人普遍爽朗、豁达、不拘小节，大多喜欢心直口快、说一不二，而不喜欢摆架子、婆婆妈妈，性格中“红色”的热情豪迈体现得淋漓尽致。日本人则更趋向于“白色”“青色”的内敛、隐忍，特别是在公众场合，较为深沉、低调，不乐于表现自我，不追求独树一帜。中国人逢年过节送礼讲究高端奢华，而日本人则更注重经济实用。在待客上，中国人偏好聚集一大桌亲朋好友，大家推杯换盏，形成一种热闹的氛围。日本人吃饭注重精简，鲜有大鱼大肉。日本人很少会主动表达自身意见，不乐于侃侃而谈，更注重沉默是金。

### 2. 中国人的浓烈与日本人的淡雅

中国历史悠久，有上下五千年的历史文明。中国土地广袤，既有辽阔大草原，又有数不尽的崇山峻岭，还有浩瀚无垠的海洋，这源自大自然的无穷馈赠。中国人热衷于牡丹的雍容华贵、京剧的色彩斑斓、黄金的名贵艳丽，这一系列内容造就了中国人浓烈的感情色彩。日本作为一个岛国，大洋是日本人重要的资源获取来源，然而海啸、地震的频发，使得日本人对大海充满了敬畏之心。日本神道崇尚万物有灵，不论是树木还是山川河流均有神灵，因而青色是日本人心中十分庄严的色彩。日本人将白色信奉为“神”的颜色，唯有白色能够通灵，所以神道中用具普遍为白色。作为一个情感深沉细腻的民族，日本人传统观念里尤以白色、青色为美，例如日本建筑格局中的青瓦绿树、精致的庭院，特别崇尚对幽静、空寂的追求，无不凸显了日本人淡雅、细腻的情感。

## 三、结语

总而言之，色彩的含义与所处的环境相关，而自色彩内涵的转变可提炼出一个民族、一个社会的发展。中日两国在色彩词理解、运用上存在诸多共同之处，也存在诸多有别之处，这很大程度上凸显了词语的“民族性”。鉴于此，相关研究人员务必要不断钻研研究、总结经验，强化对汉语和日语中色彩词的全面比较，提高对色彩词与中日民族性格相互关系的有效认识，进一步深入地了解中日两国有别的文化本质，减少相互理解上可能产生的偏差。

基于大量实例和统计数据的语料库可以对研究问题进行定量和定性分析，从而在功能上对所研究的问题进行一些语言学解释。利用计算机和语料库，可以对语言各个层面的特征进行分析和研究，所以语料库语言学在语言研究上具有很大的优势。随着跨学科意识的增强，基于语料库的语言研究、教学研究、跨语言研究等语言学方法越来越多地被采纳并取得一定的研究成果。本书正是基于这样的基础，利用汉语和日语以及汉日对译语料库等，从语法研究的三个平面和共现关系角度，对比考察了汉语和日语中的部分语言现象，阐明了这些语言现象的不同特征。

# 第五章　信息技术的语言教学应用

## 第一节　基于数据统计分析的日语学习动机研究

动机是引起个体活动，维持并促使个体活动朝某一目标运行的内部动力，在心理学上，一般被认为涉及行为的发端、方向、强度和持续性。学习动机是学习的主要条件，是推动学习者进行学习的内部动力。动机研究在外语研究特别是第二语言习得研究中发挥着不可忽视的作用。

### 一、研究背景

#### 1. 先行研究

学习动机是直接推动学习者进行学习的内部动力，学习效果研究对外语教学科研的影响和作用也不可忽视。动机及效果研究在外语教学研究中占有非常重要的地位，但这一研究在我国日语教育界尚未得以充分发展。近年来，学习动机和学习效果研究逐渐引起了大家的注意，其研究现状和成果主要集中在以下几个方面：

国外学习动机研究已经进入一个相对成熟和多元化的时代，在学习动机的研究中，很多研究者对于动机进行了不同维度的分类，其中最主要的有两种分类方法，即Gard-ner、Lambert的融合型和工具型动机的分法和Noels等研究者的外部动机和内部动机分法。从20世纪50年代后期开始，Lambert和Gardner等人提出了第二语言学习的社会心理模式和社会教育模式，创立了加氏体系，包括一系列研究程序、标准化的测量手段和工具在内，其中的语言学习动机调查工具——态度/动机测验量表，至今仍是权威性的外语学习动机调查工具。

日本在该方面的研究主要有，日本学者縫部義憲就外语学习动机的定义、动机学习的种类，守谷智美就第二语言教育中的动机研究动向、日语学习中的动机研究等作了详尽的描述，除进行理论研究外，部分学者还进行了大量的海外调查。这些调查基本属于动机类型与学习成绩、学习效果的关系分析。

国内，学习动机和学习效果研究尚处于发展阶段，多数研究成果集中在外语教学领域。关于日语学习动机与学习效果的研究成效最显著的是清华大学的王婉莹。王婉莹以清华大学、北京大学、人民大学日语专业学习者为对象进行了调查，对专业日语学习者学习动机的强度、学习时间、动机变化、对教学的希望建议等进行了全面的分析。把专业一年级学习者与专业二、三年级学习者分为两组加以对比。除“工具型动机”和“强迫型动机”两组间存在一些差异外，日语专业学习者每学年之间的动机变化较小，各动机的平均值一般保持在40%至70%之间，这从某一侧面反映了学习者的学习状态。除专业日语外，王婉莹还对非专业日语学习者的动机类型与动机强度进行了定量研究。另外也有部分学者对日语部分内容的学习效果及动机激发策略等进行了相关研究。

综上，学习动机和学习效果研究上，国外发展较为充分，国内尚属起步阶段，且在日语方面研究很不充分。在动机与效果两者中，国内研究更偏重于动机研究，学习效果研究不足；日语界以专业日语学习者为对象的研究较多，非专业日语学习者为对象的研究较少；理论研究较多，而地域性的应用研究较少，关于常州地区的此项研究目前还无人涉及。

### 2. 地区环境

常州市是长三角地区重要的现代制造业基地，作为一个充满活力的新兴工业城市，经济发达，科学技术先进，因此在引进日资与企业出口日本方面也发展迅速，在常日资企业不断增加。本课题调查研究期间，常州市的日资企业总计约五百家，并且这个数字还在不断增加。常州的年对日贸易额在十亿美元左右，东芝、小松、三菱等多家世界五百强企业均已在常州扎根。可见，就常州地区来说，对于日语人才有非常大的需求量，日企相关从业人员的数量也不可小觑。

目前常州市日语人才培养的途径主要有以下几种：大学专业模式，如常州工学院、江苏大学、江苏技术师范学院等都设有专门的日语专业；第二外语模式，在设有外语专业的大学里，多数学习者的第二外语选择是日语，其中部分学校的课程设置指定第二外语为日语，但也有部分学校可自主选择，如常州工学院，绝大多数学习者会自行选择日语作为他们的第二外语；另外还有一种比较常见的模式，即培训模式，其中包含企业定向日语培训和其他社会人士自主参加日语培训。企业定向培训中的日语学习者，多数为日企职工，或者为与日本有贸易往来的企业员工。社会其他人士包含有出国、留学打算的学习者以及其他职工等非专业日语学习者。本课题主要研究第二外语模式和培训模式下的日语学习动机及其学习效果。

## 二、调查对象与方法

### 1. 调查对象

本研究结合常州地区的经济人文环境及目前日语学习者的实际情况，联合常州大学、河海大学等在常高校及其他部门，以常州工学院外语系、计算机学院以及延陵学院为主，常州大学、河海大学及其他常州地区的社会培训机构、企业为辅，就非专业日语学习者的学习动机和效果，展开定量、定性的实证调查和研究。本课题结合地方特点，着眼实际应用，为常州地区的日语教学科研工作提供了有力的实证参考。

其中，在调查问卷发放时，注意区分调查对象的类别和身份。首先按照学习日语的时间长短，将被调查者分为三个不同类别即初级、中级、高级学习者。其次，针对学习者的不同身份，将其分成文科学习者、工科学习者和社会学习者三个大类。另外，调查问卷的发放也分三个阶段进行，分别对同一批次学习者的初学阶段、学习中期以及学习后期的学习情况进行调查。每批问卷分三组发放，每组随机抽取 20 人，即每次发放问卷 60 份，整个调查期间，共发放问卷 180 份。其中，针对文科和工科学习者的问卷回收率较高，发放三次，共 120 份，有效回收总计 118 份，回收率达到 98%以上，社会学习者的问卷回收率由于受多种因素影响，相对降低，三次总计发放 60 份，有效回收 48 份，平均回收率约为 82%。

### 2. 研究方法

问卷设置：结合常州地区的经济人文环境及目前日语学习者的实际情况制定科学合理的调查问卷。考虑到不同级别的学习者的日语水平，问卷用中文做成，按照纵向初、中、高三个级别，横向文科、理工科及其他社会学习者(以社会培训机构与企业中日语培训对象为主)三个类别进行问卷设置；问卷设置要随时间和对象变化，注意历时跟踪同一对象的动机变化及其与学习效果的关系。

数据收集：分阶段、按区域发放调查问卷，逐步进行纵向和横向信息收集。确保信息的信度与效度，在数据收集过程中，将随机抽样与分层抽样相结合，样本的选取考虑到研究对象、问题、变量对总体的代表性，最大限度地收集广泛、真实的数据信息。

研究分析：用 SPSS 软件进行数据分析。采用主成分分析法对动机类型进行划分，然后用相关性关系分析来看动机类型、动机强度与学习效果之间的关系；使用因子分析等手段进行动机的维度、成分的界定、动机类型、动机强度等各方面的研究，得出精准的科研数据。

## 三、结果分析

问卷调查参照前人研究并结合学习者的实际情况和学习进程设置为三大部分：动机调查、学习效果调查和动机激励调查，每部分均采用主客观题结合的形式进行。

### 1. 动机类型

对于动机类型，本研究采用主成分分析法，将调查问卷中的 28 个小项归纳得出 5 个大项，并进一步根据 Bandura 的界定将其归类为内在动机和外在动机。分析过程中，因个别小项平均值极低，根据标准差系数不超过 0.45 的要求对其进行了删除。通过这些项目进行分析显示，问卷信度在 0.7 以上，故数据可用作因子分析。本调查的三个组别一并采用主成分分析法，得出结果如下，见表 5-1～表 5-3：

**表 5-1 文科组因子分析**

| 序号 | 动机类型 | 对应项目 | 因子负荷 | 解释方差 |
|---|---|---|---|---|
| 1 | 内在动机 | 1-1 对日本文化感兴趣，喜欢日本动漫、电影、游戏、综艺节目、偶像明星等 | 0.874 | 24.572% |
| | | 1-2 提高自身能力、竞争力 | 0.611 | 7.635% |
| | | 1-3 获取证书，为将来工作、生活提供方便、其他 | 0.745 | 11.551% |
| 2 | 外在动机 | 2-1 将来去日本留学需要，或工作、旅游需要 | 0.452 | 4.173% |
| | | 2-2 学校、老师、家长要求，公司安排，其他 | 0.798 | 17.651% |

**表 5-2 理科组因子分析**

| 序号 | 动机类型 | 对应项目 | 因子负荷 | 解释方差 |
|---|---|---|---|---|
| 1 | 内在动机 | 1-1 对日本文化感兴趣，喜欢日本动漫、电影、游戏、综艺节目、偶像明星等 | 0.784 | 18.452% |
| | | 1-2 提高自身能力、竞争力 | 0.698 | 12.386% |
| | | 1-3 获取证书，为将来工作、生活提供方便、其他 | 0.796 | 20.679% |
| 2 | 外在动机 | 2-1 将来去日本留学需要，或工作、旅游需要 | 0.411 | 5.469% |
| | | 2-2 学校、老师、家长要求，公司安排，其他 | 0.576 | 10.457% |

**表 5-3　社会组因子分析**

| 序号 | 动机类型 | 对应项目 | 因子负荷 | 解释方差 |
| --- | --- | --- | --- | --- |
| 1 | 内在动机 | 1-1　对日本文化感兴趣，喜欢日本动漫、电影、游戏、综艺节目、偶像明星等 | 0.698 | 8.976% |
| | | 1-2　提高自身能力、竞争力 | 0.527 | 5.112% |
| | | 1-3　获取证书，为将来工作、生活提供方便、其他 | 0.762 | 16.744% |
| 2 | 外在动机 | 2-1　将来去日本留学需要，或工作、旅游需要 | 0.895 | 21.897% |
| | | 2-2　学校、老师、家长要求，公司安排，其他 | 0.759 | 12.147% |

由表 5-1～表 5-3 可以看出，对文科组学习者来说，内在动机是他们学习的主要动机，其中 1-1 兴趣、文化动机占的比重最大，但是，外在动机中的 2-2 也占到了比较大的比重，排在第二位。可见，对文科生来说，虽说有着对日本文化的兴趣和爱好，但是，外在因素在选择过程中起到了不可忽视的推动作用。与文科组相同，理科组学习者学习日语的主要动机因素也是源自内在动机，不同的是，较之文科组的兴趣和文化动机，理科组学习者的主要动机因素为 1-3，即他们之所以学习日语，是出于将来进入日企或者去日本工作生活的需要。这与目前常州的经济状况关系密切，也印证了常州日企较多，可提供较多的外企及出国工作机会的环境特点。与文科组和理科组有很大的不同，社会组的动机主要源自外在动机，其中 2-1 留学和工作需要是他们学习日语的主要动机因素。

## 2. 动机强度与学习效果

本调查除学习动机外，还就与动机类型密切相关的动机强度及学习效果进行了详细调查。先从学习方式、学习时长、预期目标考察学习者的动机强度，然后与他们的学习效果进行对比，得出结果如下：

日语学习中，以内在动机为主的学习者采用的学习方式较多，除课堂学习加必要的课后复习外，还经常参阅各种日语杂志、新闻网站等资料，通过多种途径学习日语。被调查学习者学习时间平均每周 10 小时左右，对自己学习积极性的评价为非常积极或比较积极；对学习效果的预期较高，期望自己通过一段时间的学习能达到中级及以上水平；学习中遇到困难时选择坚持下去不放弃的学习者比例达到 90%以上；综合学习动机比较强。以外在动机为主的学习者采用的学习方式也比较多，除课堂学习之外，会采用网络等方式补充学习，但较之以内在动机为主的学习者，缺少主动性，多数没有课后复习，并且没有合理规划自己的学习步骤；学习时间相对较短，平均每周在 5 小时左右；就预期效果而言，其中部分学习者特别是社会组的学习者希望通过学习达到初级或中级等水平，但是也有部分学习者对学习效果未作预期，打算顺其自然，此类学习者在日语学习中不易树立学习信心，遇到困难容易放弃，表现出的总体学习动机不强。对比学习效果，我们发现，不管是文科组还是理科组，以内在动机为主的学习者学习动机强，更易取得较好的学习效果。社会组学习者的学习效果由于受各种客观环境和因素的影响，与动机类型和动机强度关系较小。

### 3. 动机因子变化

学习是一个延续的过程，所以，学习者的动机因子也会不断发生变化。本调查分三个阶段进行，即意在考察学习者在不同时期的动机因子构成及动机强度的变化。通过结果比对发现，影响动机变化的因素主要包括学习成绩、学习环境以及目标环境三项，以上三项动机因子的变化对三个组别的学习者各自产生不同影响。每个组别受影响的人数比例见表5-4：

**表5-4 动机因子变化分析**

| 因子变化 / 组别 | 学习成绩 | 学习环境 | 目标环境(地震等) |
|---|---|---|---|
| 文科组 | 82.7% | 55.6% | 8.3% |
| 理科组 | 79.9% | 43.2% | 14.1% |
| 社会组 | 60.3% | 60.5% | 89.7% |

由表5-4可以看出，首先，学习者自身学习成绩的变化对动机的影响较大，不管是哪个组别的学习者，在成绩上升时表现出的学习欲望和动机程度明显增强，以文科组学生最为明显，达到82%以上。其次，三个组别的学生均有半数左右认为学习环境会引起动机变化，特别是社会组的学习者有60%以上认为环境可以影响自己增强或减弱学习动机。最后，目标环境，即日本的整体发展状况也是因子变化的重要一环。比如，受所处地理位置影响，日本是一个地震高发国，在就地震等自然灾害展开的相关调查中，高校里的文科组和理科组对这一变化反应并不明显，但是在社会组，这一因子变化则明显影响了学习者的学习动机和学习强度。多达89.7%的社会组学习者表示日本自然灾害等环境变化对自己的学习有影响，甚至有些学习者因此放弃了去日本留学和工作的计划。

综上所述，受地区经济环境、教育教学状况等各方面的影响，常州地区非专业日语学习者的学习人数众多，总体学习动机较强。从动机类型来看，常州地区高校学习者中的文科组和理科组的学习动机以内在动机为主，外在动机起辅助和推动作用。社会学习者主要以外在动机为主，内在动机为辅。从动机强度看，内在动机带来的动机强度高于外在动机，且带来了较好的学习效果，这一点在常州地区的三个组别中均得到了证明。从动机因子变化来看，学习者自身成绩的提高对动机变化的影响最大，动机强度与学习成绩成正比增长。社会组学习者则最容易受学习环境和目标环境的变化影响。

根据以上研究结果可制定相应的策略增强非专业学习者的学习动机、提高学习效果。首先，采用文化教学的方式，激发学生兴趣，并延续其学习热情，这是增强学生内在动机的基本保证。其次，为学习者创造各种日语学习环境及交流条件，常州地处长三角地区的发达经济城市，日企众多，可将这一优势与日语的教学结合，令所学有所实践，必能激发学习者的内在驱动力，增强其学好日语的信心和动力。另外，在本次调查中，学习者还提出了开展小班教学、营造良好的学习氛围、按时间设定不同层次的阶段性目标等教学建议。

## 第二节　多资源混合协作学习模式

本节以软件对日外包专业学生的日语教学为例，探讨多资源混合协作学习模式在日语教学中的应用问题。

语言教学的课堂教学模式改革是当前大学教学改革的当务之急，特别是在以培养国际应用型复合人才为目标的日语教学中，多资源混合协作学习理念的实践和探索显得尤为重要。对日软件外包专业的日语教学更是直接面向日本，培养会日语的软件人才。由此，将多资源混合协作学习理念引入软件外包专业的日语教学中非常必要。

### 一、研究背景

#### 1. 先行研究

多资源混合协作学习模式，在日语教学中也叫协动学习模式，是以学习小组为基本组织形式，系统利用教学因素的互动促进学生的学习，以团队成绩为评价标准，共同达成教学目标的教学模式。多资源混合协作学习是以社会学和心理学为理论基础，极具创新价值和应用效果的教学理论和策略体系。作为一种有效的教学组织形式，多资源混合协作学习大大提高了教学效率而备受关注和推崇，在世界许多国家得到了广泛的运用。我国也已将这种理念引进到教育指导思想体系中，使其中国化，并通过理论研究与教学实验获得了较好的教学效果。

当前国内有许多学者对日语多资源混合协作学习模式进行了研究，汪静娜(2011)对多资源混合协作学习理念下的日语学习问题进行研究，探讨了日语多资源混合协作学习的理念和课堂模式；赵冬茜(2011)就多资源混合协作学习在日语听力教学中的实践与探索展开论述，提出了重视合作的同时认可学生的自主学习能力等观点。他们都对日语多资源混合协作学习模式的引入持肯定态度，并展开了相应的教学实践。

日本对于多资源混合协作学习领域的研究和实践也非常丰富，其中，最具代表性和权威性的是以日本海洋大学池田玲子教授为代表的研究团队。池田玲子(2007)指出，多资源混合协作学习模式强调学习者间的互惠合作和依存信赖关系，多资源混合协作学习小组中的每个学习者为达成某个目标各自承担学习责任、均衡发挥个人能力，并要求教师起到观察和调整的作用。池田玲子的研究团队还特别提出多资源混合协作学习的重要特征是培养学习者处理和活用人际关系的社会技能。

### 2. 研究的必要性与方法

以上研究多数集中在日语专业的教学中，本书面向理工科软件外包专业的日语教学，引入多资源混合协作学习模式进行实践和探索。中国对日软件外包始于20世纪90年代中后期。21世纪初，日本企业来中国投资呈现出空前高涨的局面，诸多知名企业纷纷在中国设立子公司或合资机构，并开始摸索如何扩大规模，将外包效果最大化。软件外包业属于服务行业，要求从业人员具备很强的沟通能力。初级人才需要具备一定的日语文书的读写能力，大致需达到日语国际能力考试N3水平，而对于中高级人才来说，无论是读写能力，还是听说能力，至少需要达到N2水平，同时还需要深入了解日本社会和企业文化。

软件外包专业的大部分学生之前没有接触过日语，加之理工科学生的学习和思维习惯与文科学生不同，这些对当下的日语教学提出了更高的要求。因此，本研究在教学中尝试着引入一种新的学习模式——日语多资源混合协作学习模式，以此来激发学生学习日语的兴趣，使学生轻松愉悦地转换思维模式进入日语语言学习的情境中。另外，借由合作理念的实施，也可促进软件外包专业学生的团队协作、人际交往以及语言表达能力，可谓一举多得。

本书采用问卷调查的方式对C学院软件外包专业学生日语学习过程中存在的问题，包括学习态度、学习动机和目标、学习方法、学习效果、主要难点等方面进行了调查，并运用统计软件SPSS18对调查结果进行了数据统计和分析总结，以此明确多资源混合协作学习模式这一理念在软件外包专业日语教学中的实施情况并解决实施过程中出现的问题。

## 二、日语多资源混合协作学习模式的课堂实践

多资源混合协作学习的实施过程，强调让每一位学生参与进来，促使小组成员相互学习，取长补短。实施过程中重视语言驾驭能力和语言社交能力，使学生形成强烈的自我责任感和整体责任意识，学会在协作和沟通中为自己和其他同伴的学习

负责，这也正是软件外包专业的学生所必须具备的能力。

### 1. 实践对象和教学内容

本书以C学院对日软件外包专业二年级的学生(36人)作为本项多资源混合协作学习实践探索的对象，实施日语的合作教学模式。此阶段的学生已经具备了一定的日语基础，对多资源混合协作学习模式的适应能力适中，学习模式转换的可行性强。

使用的主教材是《标准日本语初级(下)》，辅助教材为《标准商务基础日语》第二册。其中主教材用于帮学生打下坚实的日语语言基础，辅助教材作为多资源混合协作学习的重要参考，提供话题和合作任务，帮助学生加强在商务流程中的日语应用能力。

### 2. 小组组建和任务布置

多资源混合协作学习的小组组建是整个教学活动进行的第一步，也是此项活动顺利实施的基础和前提。从小组人数构成来看，本次实践将全班36人分成6个合作小组，每组6人。从分组原则来看，本次实践的初始阶段，采用简单且易实施的"就近原则"，因为刚接触多资源混合协作学习，学生和教师需要一定的适应和调整，比如采取座位就近原则，学生一般和自己熟识的同学在一个小组内，省去了因彼此不熟悉而导致的行为和思维习惯磨合的时间。

而到了中级阶段，则需遵循多资源混合协作学习分组的普遍原则，即"组间同质、组内异质"原则。在合作小组构建时，每个多资源混合协作学习小组总体水平基本一致或互相平衡，而组内成员的学习能力和水平可以适度拉开差距。男生和女生的比例，性格内向和外向的差别也应该作为小组组建的重要条件加以平衡。这样做有利于组内成员相互带动、共同提高。这就需要日语教师对学生的基本情况、语言能力、性格特征、兴趣爱好和学习能力等综合因素进行全面的掌握。

另外，分组还应考虑到动态性的原则，自始至终保持每个小组的成员构成不变，或者每个课题结束后重新分组，或者按时间周期如每月重新分组等。以上方式均需根据课程内容和学生特点适度安排。到了多资源混合协作学习的高级阶段，建议加大分组的变动频度，从而锻炼学生的适应力和组间磨合的能力。

任务布置由教师完成，开始一个新课题之前，教师根据教学目标和内容，以实用为原则，结合学生的生活经验和兴趣选择提炼出一些能激发学生语言学习和应用兴趣的问题。问题的设置可以是多方面的，但是，布置给学生的必须是具体的、明确的、可操作的目标任务。

以《标准商务基础日语》的"確認作業が終わった後、私の所へ来てください"(确认工作结束后，请来我这里一下)一课为例，任务布置可以分为三个递进

阶段：首先，以商务日语工作流程中的“確認作業”（确认工作）为话题展开基础讨论。其次，结合第一步的讨论结果进行角色扮演，以会话形式演绎“確認作業”的商务流程。再次，难度进一步升级，从“確認作業”引出和扩展到日本企业文化的“報・連・相”（报告・联络・商谈）模式，请每位小组中选一个人扮演公司的人事部经理，其他人扮演记者，召开记者招待会，模拟采访日系企业里的“報・連・相”等企业文化。由此，学生在应用日语语言的过程中，也能深切感受到日企的文化特征。

### 3. 实践过程和评价激励

为了更好地开展日语多资源混合协作学习，课前学生必须进行充分的预习和准备，完成教师布置的任务。课堂上，教师先进行基础知识确认和背景知识导入。基础知识的确认从单词到文法，抽样提问，强调重点，为接下来的多资源混合协作学习指明方向。以上文中的“確認作業が終わった後、私の所へ来てください”一课为例，基础知识的确认围绕“確認作業”展开，而文法重点则是日语的基本型的应用。课堂导入可以从日企的工作模式和工作流程入手，引起学生兴趣，使学生充分理解日本文化，进入情境，为接下来的多资源混合协作学习指明方向。然后按照以下步骤实施多资源混合协作学习：

步骤一：组内基础知识确认。具体做法是每人负责一部分内容，通读课本内容，找到文中的重点和难点。每位负责人要讲清楚自己负责的部分，告诉组内伙伴们从这部分学到了什么，并和伙伴们探讨其中的难点。不能解决的留到步骤二或教师评价环节。

步骤二：组间基础知识交流。围绕文中的难点和重点互相提问，提出步骤一中组内难以解决的问题，指定或抽选其他各组优先解答，充分讨论后，教师引导总结，对于难以理解的生词和句子各组讨论后，教师要归纳讲解。

步骤三：组内话题讨论和角色扮演。如上文中的以会话形式演绎“確認作業”的商务流程，就日本企业文化的“報・連・相”召开的记者采访。此部分是基础知识的活用，学生参与积极性最高，最生动有趣，是整个多资源混合协作学习的核心。

步骤四：成果发表。每组指定发言人发表本组多资源混合协作学习的内容。教师要对学生发表的内容及时给予评价，表扬准备完善的小组和同学，指出表达欠佳、表现力不强的小组并找到原因，尤其是对发言中的亮点和创新点以及开拓性思维要予以表扬。适时适度的评价能激励学生随时调整自己的语言表达和表现力，从而使能力逐渐提升。下课之前教师要总结评定，主要以肯定为主。另外，需向学生说明考核方式包括平时成绩40%与期末成绩60%，平时成绩考核主要以小组完成的任务情况及个人所获得的学习效果而定，期末成绩由个人项目和小组合作项目构成，促使学生注重小组合作中的表现。

在教师引导和评价激励环节，为了增强趣味性，指定发言或发表的顺序时，可以抽签，也可根据学生自身特征巧妙选择，如，按照年龄大小、家乡远近等排列负责人顺序，既可增进彼此的了解又能使多资源混合协作学习的氛围轻松愉悦下来。

## 三、多资源混合协作学习的效果和问题

多资源混合协作学习模式实施过程中，通过问卷调查的形式对学生的学习效果进行调查和评价，调查结果和课堂表现均显示多资源混合协作学习模式收到了较好的教学效果，达到了预期的目的。问卷调查参照前人研究并结合学习者的实际情况和学习进程设置，采用主客观题结合的形式进行。结果显示学生的普遍满意度较高，他们认为多资源混合协作学习模式有助于提高课堂效率，比以教师讲授为主的学习模式更能激发他们的学习潜能，提高了日语语言应用能力，同时在合作的过程中，培养了沟通能力，促进了团结协作的精神。整个课堂参与度大大提高，以前在课堂上低头不语的男生也积极参与到讨论中，逐渐提高了自己的能力。

因为在多资源混合协作学习实施过程中，学生们由开始的被动逐渐变为主动学习，而且这种教学模式提供了大量的听说和思考的机会，日语表达能力自然得到了训练。多资源混合协作学习模式课题的设置方式也激发了他们的学习和创造潜能，改变了他们对知识的理解，学生不仅了解了日语语言学的基础知识，而且理解这种语言背后的思想和文化，并且能有效输出加以活用。

多资源混合协作学习可以带来良好的学习效果，但是在开展的过程中也遇到了诸多问题。比如步骤一中，学生对自己负责的内容了解不够，所以不能引导小组成员展开讨论。步骤二中因为小组内成员的语言基础和运用能力不均衡，导致角色分配上难点多次集中在成绩较好的学生身上，而相对成绩较弱的学生则越来越逃避面对难题。另外，还有因部分学生责任感分散、合作意识淡薄、对课本和网络过分依赖等原因导致的小组专题讨论难以深入、小组多资源混合协作学习进行不顺利等问题。此外，本次多资源混合协作学习的探索遇到的最大一个问题就是课堂时间管理。因为在这种模式下，学生成为课堂的主体，发表和讨论所用的时间不定，课堂不可控因素增多等导致的拖堂和课时超时等问题都不可忽视。

解决以上问题，需要加强教师的指导与控制。多资源混合协作学习模式中，教师不再是课堂的权威，但并不能否定教师的主导作用。教师必须做好组织者、指导者和调控者。多资源混合协作学习培养学生自主学习能力，但不是把学习活动完全交给学生自行合作任其发展。需要教师以帮助者的身份介入，提出有效合作的建议、调节学生行为、指导合理的学习方法。课堂中的讨论环节，教师可以在各组间巡视，或者间接参与到部分小组的讨论中，引导学生解决其中的问题。

总之，在全球化与信息化不断发展的今天，将多资源混合协作学习模式引入软

件外包专业学生的日语教学中，尽管还存在些许问题，但是不可否认，这是一种行之有效的实践和探索。多资源混合协作学习模式不但能提高该专业学生的跨文化交际能力，而且对具有团队合作精神的高素质复合型人才的培养有着重大的意义。

## 第三节 协作学习模式下 APP 等日语网络平台的使用

### 一、背景及现状

通过检索中国知网(CNKI)所收录的相关论文，我们发现关于多资源混合协作学习的文章最早出现在 1982 年。2010 年到 2011 年的两年期间，相关论文数目再上台阶，达到 2000 篇以上。此时，高校从重视数量的扩张开始向重视教育质量转型，从实际上提倡教育产业开始向重视政府投资转变。同时，大学毕业生因独生子女日益增多，进入工作岗位时缺乏团队精神的问题日益凸显。2010 年国家出台了《国家中长期教育改革和发展规划纲要(2010—2020 年)》，在“战略主题”中提出“坚持以能力为重，优化知识结构，丰富社会实践，强化能力培养。着力提高学生的学习能力，实践能力，创新能力，教育学生学会知识技能，学会动手动脑，学会生存生活，学会做人做事，促进学生主动适应社会，开创美好未来的方针”。伴随着国家教育事业的发展，特别是伴随着在全球化背景下教育越来越关注学生的素质培养、能力培养、团队精神的形成，关于协作学习的研究在中国教育界呈现出持续、不断高涨、不断深入的趋势。然而，在这个趋势中，日语界的声音就显得弱了很多。因此，日语界的教师和学者非常有必要进一步了解、关注和实施协作学习。

与此同时，当今社会是信息化社会、网络社会。随着智能移动终端的普及，移动互联网超越 PC 端已经成为不争的事实。因为智能手机、平板电脑等移动设备的普及，第三方为移动设备提供的应用软件(简称 APP)已被人逐渐熟悉，并广泛应用于日常的工作、学习、生活之中，而教育类的 APP 也在此大环境中应运而生，让智能手机、平板电脑成为有利的学习工具，这将引导新的学习方向，改变我们传统的教育观念和学习方式。信息技术的快速发展及其对教育业带来的影响和促进作用加速了学生学习方式转变的进程，而 APP 等日语网络平台成了学生学习方式转变的催化剂。传统的以教师讲授为主的单一教学模式以填鸭型的教学模式为主，教师注重的是知识，关注的是如何准确无误地把结论给学生讲清楚，而学生的学习方式基本是听讲—记忆—练习—机械地接受教师传授的知识，这种教学方式严重阻碍了学生思维的发展以及学习能力的提高，传统的教学模式虽然凭借教师丰富的经验和因材施教的小班教学方法培养了一些人才，但是现在已经进入了信息膨胀、知识爆炸的 21 世纪，这种传统的教学模式面临着巨大的挑战，教学改革势在必行。

## 二、研究过程及发展趋势

为充分了解混合协作学习模式下APP等日语网络平台的使用情况及学习效果，本书以利用混合协作学习模式的日语学习者为研究对象，首先对学习者进行访谈，听取了学习者对于协作学习的评价，根据访谈内容和过程，归纳和整理了学习者的回答，结果如下：协作学习模式营造了轻松的课堂氛围，学生的自由度更大，学生表现的机会也比较多。小组合作完成任务的形式，在很大程度上减轻了学生的压力。在这样轻松自由的氛围中，学生比较容易自发地学习，有利于知识的吸收；每个人对于同一个问题的视角不尽相同，这使得小组成员间的互动能够不断循环，有利于培养学生从多个角度看待问题的思维习惯；通过协作学习，学生能够聆听别人的想法，有利于发现自己的不足，促进自身的进步。

其次，采取问卷调查的形式，调查学习者在日常的学习生活当中对APP等日语网络学习平台的具体使用情况。通过调查研究发现，有70%的学生使用APP等日语网络学习平台学习日语，其中40%的学生通过使用这些APP使自己的日语能力得到了提升，尤其是词汇和听力方面效果显著。

再次，对利用APP等网络学习平台的日语学习者进行走访调查，准确地了解他们利用APP等网络平台学习的具体效果及遇到的问题。通过使用APP等网络学习平台进行学习，扩充了词汇量的同时，单词的记忆也很深刻。例如沪江开心词场等APP，在设置了重复次数后，它会安排一个单词反复出现在使用者面前，再无心的机械记忆都会在不断地重复，单词就自然而然地记住了。然而，使用者也提出了一些问题：

(1)自主学习能力有待加强。因为教育类APP安装在手机上，与各种娱乐软件共存，学生的自控能力不强，也有借学习的名义使用其他娱乐软件的情况。

(2)目前教育类APP的开发尚不成熟，许多APP的制作还不够精良，不能满足学生的需求。网络教育机构要提供质量更高、交互性更好的学习资源，在网络课程制作、学习者学习风格测量与适应、学习材料的内容和深度等方面都要更好地满足学习者的需求。目前能够把教育理论很好地融入移动产品中的APP不多。

(3)对于手机APP的过度依赖。学生的眼睛不适合长期对着手机，所以纸质教材无法被完全取代，不能让学生产生过度依赖手机APP的思想。教育APP只能是作为平时学习的一种业余辅助，不能成为学生课堂学习的替代产品，只能在业余时间使用。

最后，运用统计软件SPSS，对调查结果进行数据统计和分析总结。调查数据显示，在混合协作学习模式下，学习者对APP等网络学习平台的热情高涨。根据反馈结果，我们可以看出协作学习营造了轻松愉快的学习氛围，能有效解决问题。在推进混合协作学习模式的过程中，也能捕捉学习者的心态变化，即对协作学习由

"放不开"到逐渐适应。由此可见，协作学习能提高学生学习积极性和主观能动性。

这些反馈意见，反映了学生对协作学习的认可，也说明了协作学习的学习模式在日语课堂上开展得比较成功。APP 等网络学习平台，能够引导学生自主学习，帮助学生利用碎片时间，养成随时随地学习的习惯，可以根据学习需求自由学习，并检测自己的学习成果。教育 APP 不同于纸质教科书，下载方便，更新方式快捷，可重复使用；将这两者结合起来，才能取得更好的学习效果。

从发展阶段来看，在我国高校日语教学中，协作学习的实践尚在起步阶段。北京日本学研究中心在一次日语教育学研修会后，曾发起了一场关于"协作学习"的座谈会。16 位参加过北京日本学研究中心与日本国际交流基金会北京日本文化中心联合举办的"日本语教育学实践研修"的教师参会。从这 16 位教师的发言中可以看出高校老师对于多资源混合协作学习等相关课堂活动的认识。北京师范大学教育学部李芒教授说，多资源混合协作学习方式不是万能的，并不是所有的学习内容都适合多资源混合协作学习，必须研究在外语教学中哪些教学环节适合多资源混合协作学习，在哪些知识点的学习和语言能力训练方面适合多资源混合协作学习。

尽管一些高校已经尝试了协作学习的模式，但是无法否认，该模式仍存在一些问题，如小组的分组方法、教师参与讨论的程度、学生的学习结果与教师预设的教学目标不一致、教学时间的设置，等等。而在此条件下，对于学生使用 APP 等日语网络学习平台的问题，虽然前景比较好，但是任何一个事物的产生和发展都需要时间和实践，而 APP 等日语网络学习平台在实践探讨过程中也需要坚持学习的根本原则，不能走偏。期待有更多精品的日语网络学习平台制作出来供学习者使用，从而促进日语语言教学的发展。

从国家教育规划来看，1999 年颁布的《中共中央国务院关于深化教育改革全面推进素质教育的决定》、2001 年颁布的《国务院关于基础教育改革和发展的决定》、2010 年出台的《国家中长期教育改革和发展规划纲要(2010—2020 年)》、2012 年出台的《教育部关于全面提高高等教育质量的若干意见》等文件先后指出和强调，国家发展需要具有创新能力的人才，而创新人才的培养关键在于创新教育教学方法，倡导启发式、探究式、讨论式、参与式教学。在外语人才的培养目标上，正在经历由传统的"工具性人才"向"复合型人才"培养的转变，进而还要向"创新型人才"的培养迈出改革的步伐。

日语教学改革也已经起步，特别是在近十年日语教育快速发展的背景下，开设日语专业的高校已达 506 所，在全国外国语专业中居第二位，学生人数增多，青年教师队伍庞大，对教材改革、培养模式、教师发展等日语教育热点话题的讨论极为热烈。现在，我国日语教育已经实现了数量上的快速增长。在今后的发展中，教育质量的提升是关键。而衡量教育质量的标准之一就是能否培养出创新型日语人才。

协作学习的意义不仅仅是“提高学习效率”，而且在于对学生综合素质的提高上。因此，“创新型”协作学习模式的实施，无论对国家创新型人才的培养，还是对学生个人的全面发展都具有重大意义。从国家层面来说，国家需要的不仅仅是一个个自立门户的精英，更是善于协作的精英团队。从个人层面上来说，成功者应具备良好的沟通能力和合作能力。可以说，协作学习模式有利于国家教育规划目标的实现。

另外，在智能手机大量普及的今天，移动互联网对于各行业发展所产生的巨大影响标志着数字信息化时代的到来，与此同时，在中国教育行业发展的影响下，APP等日语网络学习平台的发展也如火如荼，伴随着越来越多的80后晋升为父母，APP等学习平台或成为最新潮的教育方式，因为这些年轻的父母更倾向于选择教育类的APP来为孩子提供学习和娱乐的机会。据统计数据显示，目前有超过2万个教育或学习类的APP被广泛使用。与此同时，平板电脑的购买人群中20~40岁年龄层的占到了九成，而这一群体则恰恰是当下对教育需求最大的人群。特别是在因为新冠疫情等无法实现大量人员聚集的特殊时期，教育类APP顺势崛起并剧烈发展，在教育领域迅速占据了巨大的市场份额。

APP教育已经越来越成为一种全新的趋势，影响着中国教育行业的发展。所以，在协作学习的模式下，利用APP等网络日语学习平台的学习模式具有很大的发展空间，它一定会成为未来学习模式的主流，日语学习者的综合能力在此条件下一定能得到长足的进步。

## 三、与传统学习模式的比较

APP等学习类应用程序通常可以自由下载，具有很强的便利性，因此，日语学习者可以随时从应用软件中得到很多帮助，例如，电子词典、智能翻译、录音、收音机等。APP等应用程序在大学迅速普及，根据调查，大学生中，APP等学习类应用程序的普及率接近100%。在接受调查的121位学生中，使用APP学习的人数达到115人，占调查人数的95%。从这一点来看，应用软件在大学生学习生活中扮演着不可缺少的重要角色。

根据共同通信社的报道，日本信息安全公司曾对日本学生使用APP的情况进行调查，结果显示，7成以上的家长担心APP的安全性。该调查的对象主要是高中学生的父母。618份问卷中，73%的父母对孩子使用APP感到不安。关于感到不安的原因(可以复数回答)，40%的人“担心病毒感染”，另外“担心被欺诈”的占35%，“害怕陌生人”的占34%，“担心受到诽谤中伤”的占40%，29%的人担心孩子“浏览暴力网站”。

对于部分人来说，APP等学习类应用程序与其说是学习工具，不如说是娱乐工具。在父母看来，应用程序会影响孩子的学习和生活。确实也有这样的情况，但是一味地否定应用程序是轻率的。作为近几年发展的产物，应用程序虽然有缺点，但也有助于我们的学习生活。

大家都很熟悉传统的学习方式。但是，随着科学技术的进步，APP 等学习类应用程序也出现了。相对于传统的课程，使用 APP 的学习方式使人们即使在课后的空闲时间也能高效率地学习：不知道发音的单词可以在应用程序的电子词典中快速检索。这种学习方式比传统的学习方式方便，也可以自己解决学习过程中的难题，需要别人帮助的时候，通过应用程序交流也很方便。

但是，传统学习方式有自己的优势。首先，对于汉字的写法，手写印象会更深刻。其次，老师和学生的交流也是非常重要的。语言是为了交流而创造的，不跟其他学习者或老师交流，只靠自己学习，就失去了语言最重要的作用。再次，在传统课堂上学习到的知识，不仅有日语知识，而且有社会文化等各方面知识。最后，对于不同的学生，传统教学中老师的授课方式也不同。这些是应用程序无法替代的东西。

因此，与传统学习方式相比，APP 等学习类应用程序有很多优点，可以对日语学习者的学习生活产生积极的影响。但是，传统学习方式也不能舍弃。两者可以互相补充。

### 1. APP 等学习类应用程序的优势

作为新时代技术的结晶，APP 等学习类应用程序的优势很大。应用程序除了一般具备手机通话和邮件等功能之外，还具备连接互联网的功能和开放性的操作系统。也就是说，只要连接到网络，就可以浏览网页，也可以下载各种软件。此外，应用程序又轻又小，无论带到哪里都很方便，可以随时随地学习，其便携性可以帮助学习者充分利用细小零散的时间来学习。

网络上的信息量很大，任何问题都可以进行检索。即使找不到满意的答案，也可以在网络上提问题。因为网络上的信息量很大，所以阅览信息的时候，可能会得到意外的知识。通过聊天软件联系老师和同学很方便，有问题随时可以问。这也是学习类应用程序的优势之一。

充分利用碎片化时间，将碎片化时间积累起来，对学习有很大的帮助。比如电子词典比纸质词典更轻，在任何地方都能使用，它的使用方法也更方便，可以节省时间。背单词的辅助 APP 等学习类应用程序现在也很流行，这种软件随时都可以使用，而且效率高，比传统的单词背诵更有趣，更能激发我们日语学习者的兴趣。此外，从电子书、在线视频、APP 中可以学到很多课外知识，拓展了我们的视野。

有些 APP 的群交流功能使学习者可以通过小组进行交流，也可以将自己的意见及时与他人分享，从而高效解决问题。如果使用国际聊天软件的话，那么日语学习者还能打破空间限制，和日本人一起练习地道的口语表达。不仅如此，应用程序还支持视频聊天。所以，通过腾讯会议、ZOOM 等视频会议软件和日本人面对面交流也不是一件困难的事情，任何时候都可以做到，这种资源的使用为日语的学习带来了极大的便利。

### 2. APP 等学习类应用程序的缺点

应用程序也有自己的劣势。确实应用程序可以不受时间和地点的限制而学习，但是受电池的限制，如果手机、电脑等应用终端断电，就无法使用应用程序。而且，长时间使用电子产品对学习者的眼睛和身体不好。

可以随时下载也是应用软件的最大优势，但是其中很多软件与学习无关。例如，有很多游戏 APP。根据调查，高校学生用 APP 玩过游戏的比例达到了 70%以上。网络信息量很大，这是应用软件的一个优势。但是，其中也有很多垃圾信息，如诈骗邮件、不当言论等，这些可能会影响大学生的学习生活。携带方便、能充分利用零散的时间是应用程序的优势，但是在这样短暂的时间里学习的大多是零散的知识，缺乏系统性。应用程序确实可以充分利用零散的时间，但是学习者常常一边做其他事情一边学习，对学习的内容印象不深刻，长时间集中注意力也逐渐变得困难。不连续地、不完整地学习无法保证知识的体系性、系统性。

在海外，美国赖斯大学的研究人员曾进行了为期一年的实验。研究人员为研究对象提供免费应用程序，希望他们通过应用程序阅读经典短文、观看科学实验和下载教育软件。结果，学生们在一段时间后，开始通过 APP 社交、玩游戏。另外，实验研究人员在最初和一年后实验结束时，分别就 APP 等学习类应用程序对学习能力的提高度这一问题进行调查，学生们在实验开始时的分值平均数是 3.71，一年后下降到了 1.54。针对应用程序对于学习的注意力分散度的问题，实验开始时的平均数是 1.91，实验结束时上升到了 4.03。另外，对于应用程序是否有助于作业和考试的问题，学生们实验开始时预测很好，但是一年后的结果却不理想。

学习遇到问题的时候，在网上找答案是很方便的学习方式，可以在短时间内解决自己的疑问。在这些方面，APP 等学习类应用程序提供了各种各样的便利，但是长时间持续下去的话，学习者对应用程序就会产生依赖。一旦产生了依赖，今后如果遇到问题时，学习者会不假思考直接用应用程序去寻找答案。另外，不完整的阅读会带来另一个弊端，那就是，对长篇内容阅读失去了耐性。不得不说应用程序渐渐改变了学生的学习习惯。经常使用 APP 等学习类应用程序学习可以提高学生收集学习资料的实际操作能力，今后找需要的资料时会更快、更准确。应用程序的信息量很多，从大量的信息中选择自己需要的东西，然后整合的过程，提高了学生分析和整合的能力。但是反过来，过于依赖应用程序，会失去自主学习和自主思考的能力。长此以往，也会影响持续学习的毅力，使学生很难集中注意力和专注力。

### 3. 利弊权衡及应对措施

综上，基于访问的便利性，首先，日语APP等学习类应用程序使用非常方便。日语学习者们可以通过简单的网上下载操作使用自己想要的日语学习程序，与传统纸质资料相比，避免购买日语学习资料的麻烦。而且，日语学习应用程序最大的优势是便携性，用户只要带着自己的智能手机，随时都可以使用日语学习软件。这是传统纸质资料无法比拟的。其次，低成本。以前的学生为了准备日语能力考试，为了练习文字、词汇、语法、听力等，必须买相关的参考资料，经济负担较重。日语APP等学习类应用程序大部分可以免费下载，对于学习者来说，大部分资源可以免费得到，成本很低。低成本与日语学习应用软件的普及性有很大的关系。换言之，如果成本提高，使用者的数量就会急剧下降，这是教育类APP的一般规律。再次，内容展示的多样性。日语学习应用程序的内容常常利用先进的搜索排序技术，可以以多样化的形式展示学习内容。在多样化的展示内容上，还兼顾用户的使用便利性。

当然，日语学习类应用程序也存在商业意义太强、权威性低、不能即时反馈的缺点。对于APP等学习类应用程序的不利影响，必须考虑对策。大学生在某些方面还不够成熟，对事物的辨别力和抵抗力不足，所以，需要教师的专业指导和监督。但是，教师的指导和监管只能作为辅助，最终，提高自己识别是非的能力和自制力才是最有效的方法。此外，也有必要改变对应用软件的片面看法。只有正确认识应用程序，才能发挥应用程序的本来价值。应用程序的运营商有义务改善网络环境，通过技术手段过滤不良信息，防止不当信息传播。

## 第四节　中日对译语料库的活用

### 一、研究背景和问题意识

本研究基于中日对译语料库数据，对中日同义表达的转换进行分析。曹大峰(2017)指出双语并行语料库中的对译数据是有特性的语言数据。如果结合研究目的来掌握其特性，就可以利用对译数据的优势。本节通过中国日语学习者的实际学习，结合中日代表性同义表达的转换分析，探索基于中日对译语料库的行之有效的教学方法。

中国日语学习者大部分受过高等教育，并在非日语语言环境中学习日语。可以说日语的使用是以中文和日语同义表达的转换为前提的。因此，在日语教育中同义表达的转换分析是必要的。特别是在被称为“大数据时代”的今天，随着语言的变化，中日同义表达的对应关系也在逐渐变化。本节的研究主要围绕以下三个问题展开论述，具体包括：如何活用大量的对译语料库数据，如何建立代表性同义表达的转换对应关系，以及如何将转换分析的结果应用于日语教学中。

## 二、研究的目的及先行研究

语料库是电子化的巨大语言资料，对译语料库是将不同语言的句子以对译形式汇总形成的语料库。李在镐等(2017)表示，在存在多种语料库的情况下，语料库的使用者必须经常意识到以什么为目的、怎样使用数据。对译语料库通常用作自然语言处理中的机器翻译的学习数据。本研究的目的是将经常用于机械翻译的中日对译语料库运用到日语教学中，为学习者提供中日同义表达的转换对应方法。

不同语种之间虽然语言表层不同，但是存在深层的同义表达。多义性和歧义表达等语言的多样性表现出语言的丰富性，但是这些特征令非母语学习者十分烦恼。同样，在自然语言处理的领域中，需要消除特定语言的歧义。本研究将同义转换概念用于日语教学，将对照范围从特定语言扩展开来，分析汉语与日语同义表达的对应关系。

本人根据在日语教学现场的考察，选择对汉语和日语中部分同义表达进行了比较分析。本章在前面章节分析了汉语副词“也”的语义方向，并对比了“也”和日语对应同义表达“も”的语法关系，研究了汉语的限定表达“只”和日语的对应关系，并从语法、语义和语用三个方面进行了详细的分析，设计了面向语言信息处理的汉日表达对比研究策略。以比较表达为例，从语言信息处理的角度提出了中日同义表达对应关系的研究方法，这种研究方法对语言信息处理、日语教学都有帮助。

根据以上同义表达的研究结果，本书明确了活用中日对译语料库的必要性，针对中国学习者的同义表达该如何转换、基于语料库的中日对比分析如何在教学现场活用等问题需作进一步研究。

## 三、研究方法和内容

本研究主要使用北京日本学研究中心开发的“中日对译语料库”、NICT“日中对译语料库”、国立国语研究所制作的“日语学习者日语作文与母语翻译对译语料库”进行研究。作为补充，选用了以国立国语研究所为中心构筑的“现代日语书面语均衡语料库”等非对译语料库，研究内容和对象可具体分为三个课题进行考察。

### 1. 抽取代表性同义表达

在抽取对译用例时，主要使用以上三个对译语料库。抽取的时候根据学习的需要决定抽取方法和顺序。例如，中文“义务表达”的“必须”对应的日语表达“なければならない”是一组同义表达。从对译语料库中抽取与“必须”对应的例句，会出现表示“必须”的日语，除“なければならない”之外，还有“なければいけない”“なきゃいけない”“なきゃだめ”等。那么，在抽取“必须”的同义表达时，该如何将它们一一对应呢，这是本研究的一项重要内容。

### 2. 同义表达的对译对应关系分析

调查各种对译语料库，通过大量例句分析中日“义务表达”的对应关系。学习者可以在不同性质的语言环境中学习有关义务表达的知识。不同语言同义表达的转换对上下文、语境的依赖性很高。虽然在语言实例中义务表达有好几种，中日对译时难以选择，但是根据语料库调查的结果，可以按照不同语境选择不同的表达形式，如书面语或口语形式等。从这方面可以看出对译语料库的优点。

### 3. 教学方法构建和问题解决

首先，记述并分析基于语料库数据的对译教学法授课的实施过程，对教师的行动进行观察记录、内省研究结果并形成研究报告等。其次，通过调查收集到的数据信息，从妥当性和日语教学的定位出发，反思教学现场的实践。最后，在讨论实施效果的基础上整理问题点。其中，数据要兼顾到对译语料库资源的有限性和语言用例的代表性等。为了验证研究结果的信度，需要反复应用和实践，其中非对译语料库的补充也不可缺少。

## 第五节　基于 ICT 资源的日语学习效果

ICT 是信息、通信和技术三个英文单词(Information Communications Technology)的词头组合。它是信息技术与通信技术相融合而形成的一个新的概念和新的技术领域。近年，随着科学技术的日渐发达，日语学习的途径与方法也日趋多样化。借助语言学习工具成为一项重要的学习途径，语言学习工具也在日益发展。日语学习工具从最初的纸质辞典，到后来有了电子辞典，现在伴随着智能手机的普及，各种语言学习手机客户端也被开发出来，成为广大语言学习者经常使用的语言学习工具之一。本书将以上学习方式统称为基于 ICT 资源的日语学习方式。

本节主要从实用性的角度对日语 ICT 资源使用的情况进行系统的阐述，探究 ICT 资源对日语学习者的影响。对日语 ICT 资源的研究成果可以为广大日语学习者们提供参考，让广大日语学习者们能选择更有效的、更适合自己的日语学习工具和方法。本书旨在从学习者的角度，调研日语 ICT 资源的使用情况，了解信息化的普及给学生学习观念和学习方式带来的变化。

### 一、调查概要

首先调查了日语学习者的身份状况。参与调查的人员中，大学一年级、二年级、三年级、四年级的比例分别占调查对象的一成、三成、四成和二成，男性和女性分别占调查对象的三成和七成。对于使用状况的调查发现，最受欢迎的日语ICT资源种类是功能丰富的应用程序，其次，就使用情况和对日语学习ICT资源的评价进行了调查。根据调查结果，日语学习ICT资源的使用频率和范围越来越多。而且，日语学习者的评价中持肯定态度的人数占绝大多数。

关于使用情况的调查结果总结如下：①日语ICT资源使用人数最多的是大学三年级的学生，其次是大学二年级的学生。这符合大学三年级和大学二年级学生学习任务最重的事实。②最受欢迎的日语ICT资源是兴趣丰富的应用程序，具体来说，"沪江系列"和"MOJI日语"这两个软件分别占调查对象的四成和三成。这表明大学生的学习动机还是由自己的兴趣主导，多数人根据兴趣来选择学习方式。③日语ICT资源使用频率显著增加。与李嘉辉(2015)的《日语专业学生网络资源利用调研报告——以APP日语学习软件为例》的数据相比，虽然经过了一年，但日语学习应用软件的使用频率增加了二成，回答"经常使用"的人数超过了六成。而且，回答"完全不使用"的人数减少了一成。

## 二、关于学习效果的调查

在关于学习效果的调查中，首先提出了"日语ICT资源的优点是什么"和"日语ICT资源的缺点是什么"这两个问题。根据调查结果，选择"便利性高，利用的时间和场所几乎没有限制"以及"内容丰富，有助于扩大知识面"这两个优点的调查对象共占比七成以上。关于日语ICT资源的缺点，"商业意义太强，使用中的广告成了学习的障碍"对使用者来说是最大(超过一半)的缺点。

基于这两个问题的结果，得出以下结论：六成学生认为日语ICT资源的好处在于其便利性。而且，关注时效性和教学的补充性的学生也不在少数。可以预测，将来会有更多的学生将日语ICT资源作为日语学习的工具。

对于"你是怎么看待日语ICT资源的未来性的"这个问题，持乐观态度的学生居多，其中认为"日语ICT资源的重要性正在增加"的人最多(60%)。关于"请列举你使用的其他学习工具(多选)"的问题，选择"纸质词典"和"电子词典"等词典类的人数不在少数(七成)。

关于日语ICT资源和其他学习工具的比较，喜好日语ICT资源的学生占60%以上。这意味着传统学习工具的生命力和必要性还很强。

## 三、关于学习效果的分析

在遵循日语学习规律的同时，选择适合各个阶段的日语ICT资源是很重要的。具体来说，如果是日语初学者，那么利用面向初学者开发的日语学习应用软件很有必要，其中包含"五十音图"、简单的语法和惯用句。比如，"沪江系列"的内容非常丰富，在线和离线都可以使用。学习者可以对“沪江系列”的海量资源进行选择性使用。“沪江系列”以日语学习者的兴趣为焦点，设计了很多有趣的专栏，提高了日语学习者的学习兴趣。“沪江系列”将语言学习变成像电视游戏一样具备“重点”“排名”“生活”等各种功能的快乐游戏。另外，短视频、微课等课程形式自由灵活，可以让学习者利用碎片化的时间取得不错的学习效果。

## 四、日语 ICT 资源与协作学习模式

基于 ICT 资源的日语学习还可以和协作学习模式结合起来，构成混合资源协作学习模式。所谓协作是指“为了达成目的，团队成员相互合作”。据伊藤杉江(2009)所说，协作学习中所说的“协作”是全体团队成员为了互相提高，共同合作完成各种各样的工作任务，以自己的成长和伙伴的成长为目标，在与伙伴的相互支援中，增强自我提高的责任感和为伙伴而努力的责任感。所谓协作学习，是指团队之间互相合作，以达成共同目标为特征的学习行为(桑野、佐藤，2007)。

协作学习的特征是互相依存。为了达成目标，重视个人的责任，不仅仅是有领导能力和学习能力的人，谁都能成为领导。另一个特征是可以培养和活用社会技能。池田(2007)指出，教师的作用不仅仅是教导，而且应该让学习者们“能够自主地、创造性地学习”。

近年来，协作的概念在日本的各个领域，作为不可缺少的概念之一被广泛提倡。教育界以协作理念为指导方针，从小学到大学，积极地采用协作学习的学习方法。安永(2005)分析说，协作学习将在全国各地刮起数不清的协同教育之风。以前在日本的有些小学，曾经有过重视学习者之间的交流这样的授课传统。但是，现在的孩子们很少在课堂上主动发言，也不擅长处理人际关系。因此，一方面学生之间很难交流彼此的想法，另一方面，对于老师来说，很好地了解学生也变得不容易了。因此，协作学习成为解决孩子们不善交流这一状况的有效且具体的方法。要想促进社会性的学习活动的展开，有效利用团队协作几乎是必要的条件。

在中国，协作的理念近年来也成为热潮。不仅是学校教育，协作学习还被运用到医学、政治等领域。在传统教育方式下，学习者是从老师那里得到知识。结果，学习者对学习的兴趣逐渐淡薄了。因此，学习动机错误，对学习感到厌倦的情况越来越多。而且，老师和学生的交流也很少，这样不能锻炼学习者的思维和开发其潜在能力。为了改善这一点，需要逐步地接受协作理念，并将其引入授课中。学习者互相补充不足，共同努力完成学习任务。

很多日语教育研究者对此进行了调查。结果表明，在很多高中，协作学习的理念和方法只是停留在呼吁层面，并没有真正用于日语教育。而且，因为课程的课时不够，很多学校过于重视读和写，不重视口语。因为协作学习是实践性强的教育模

式，所以在外语教学上对口语训练能发挥很大的效果。有调查结果显示，85%的学生喜欢协作学习模式，15%的学生喜欢传统的教学模式。而且，进行过协作学习的人，今后想继续采用协作学习的比例占90%。

协作学习有助于学生们积极地交流，共同解决问题，培养集体主义精神。现在，不擅长和他人交流的学生渐渐变多了。协作学习重视积极促进学生之间的交流。在协作学习的环境中，为了达成同样的目标，必须分担角色，互相帮助，分享学习资源和信息，和他人交流。通过这个过程，互相信任，互相理解，建立亲密的关系。协作学习从教师的“教导”变成了学习者的“学习”。传统教育只重视教师的指导，协作学习强调以学生为中心的教育理念，在轻松愉快的氛围中，学生可以自由思考，和老师交流的机会也变多了。因此，本书认为协作学习有助于改善学生之间的友情和老师之间的关系。协作学习能提高学生的会话能力。语言本身就是交流的工具。协作学习的最大特点是交流。学生用日语表达自己的想法，和小组成员一起讨论，最后用日语发表内容。最初引进协作学习，学生或许不能顺利进行，但是随着实施次数的增加，内容比最初丰富了，因此，协作学习对提高日语应用能力起到了很大的作用。

语言学习不是孤立的过程。通过学习，满足交际和个人需求是现代教育的关键，教育可以让学生参加各种合作和交流活动。教育过程应该集中在学习过程中，但不是为了接受教育而进行教育。修刚(2008)指出，掌握不同文化的交流能力是21世纪日语教育的重要目标。协作学习方式比竞争方式和自主方式更能提高学生的交流能力和合作能力。

协作学习的小组成员首先要明确自己的学习任务和目标，成员必须有强烈的责任感。这样学习才能有实际效果。其次，在团队中，所有人有能帮助他人或得到帮助的机会。在课堂上，教师和学生共同分享学习的过程。学生表达自己意见的机会变多了。学习氛围更轻松，自主发挥的空间更广阔，更能提高学生们的日语学习兴趣。最后，能提高问题解决的能力。在实际生活中，很多问题不能用教科书的知识来解决。馆冈洋子(2007)说协作学习是一种通过对话让学习者之间发挥彼此的力量、共同合作学习的学习方法。“通过和朋友一起学习，构筑人与人的社会关系，研究自己的想法，开阔视野，进一步发现自己，是学习的目的。”由此可见，协作学习不仅在学习方面，而且在提高其他能力方面也起到了作用。例如，可以改善人际关系，进而学会团队合作。

随着智能手机的飞跃发展和普及，日语学习者找到了全新的学习模式。那就是利用协作学习和日语ICT资源，访问学习资源，完成学习计划。年轻的日语学习者容易接受多元化的信息，考察日语ICT资源的使用情况，明确协作学习模式下日语ICT资源的影响，能大大提高学习者的学习效果和学习能力。

## 第六节　语料库在语言测试中的应用

近年来，语料库在语言测试领域的应用得到了广泛的认可，其应用前景也备受关注。在此基础上，本节首先从测试开发、自动评分系统的开发、评分量表的编制和考试大纲中词汇的表述四个方面阐述了语料库在语言测试中的应用，然后以中国日语学习者写作能力量表的编制为例，阐述了语料库在写作能力量表构建中的应用，并对语料库在语言测试中的应用前景和局限性进行了展望，指出了语料库研究方法的兴起为提高语言测试的真实性提供了有效途径。

### 一、引言

语料库是指根据一定的语言学原理，采用随机抽样的方法，收集自然连续的语言文本或语篇片段从而构建的具有一定容量的大型电子图书馆。近年来，许多语言学家都在努力探索语料库在语言教学中的应用。语言研究、大纲制定、教材编写、字典编纂、自然语言处理、机器翻译等的实际使用中，都可见语料库在语言测试中有着巨大的潜力。语料库的迅速发展促成了语料库语言学的建立，语料库语言学的出现对语言研究产生了巨大的影响。可以毫不夸张地说，语料库和语料库研究给语言研究和应用带来了革命性的变化。语料库研究方法在语言研究和自然语言处理领域取得了很大的成就，语料库在语言测试中的应用也逐渐丰富。本节基于语料库在语言测试中应用的理论基础，探讨语料库在语言测试中的具体应用。

### 二、语料库在语言测试中的应用

#### 1. 测试开发

在测试开发中，语料库起着重要的作用，尤其是在试题的选择、编写和校对方面。在命题过程中，命题者在搜索试题的真实材料时，可以同时搜索所选材料的来源、体裁、社会语言变体、时间或难度，以便快速标注本族语语料库，将所选材料的细节与本族语语料库进行比较，验证新编制的测试材料的代表性和真实性。在试题的开发和编写中，语料库可以帮助编译人员更快更好地完成更正。

#### 2. 自动评分系统的开发

自动评分系统常用于写作部分。目前自动评分系统的技术可分为文本分类技术、潜在语义分析技术和多级语言特征识别技术，以上技术各有特点和相似之处。同样的一点是，通过对手工评分样本的分析，工作人员可以找出能够再次提供参考的语言特征，如句子结构、文本结构和写作内容，然后对其他作文进行评分。语料库能够在评分员的培训和标准评分过程中长期保持一致的评分标准。

### 3. 评分量表的编制

当使用语言能力来描述语言时，会使用评分量表。语料库可以用来对语言量表进行分类，从低到高依次描述语言能力发展的各个阶段。

在一些主观检查中，如外语口语或写作，评分员将根据评分表对考生的语言行为进行评分。在考生的语言特点中，良好的口语评分量表反映了考生的语言水平，也是提高评分员之间信度的重要保证。语料库在写作评分量表和口语评分量表的编制中都起着至关重要的作用，它可以使评分量表更加真实、客观、可靠、全面。

### 4. 考试大纲中词汇的表述

命题者在编写问题时，可以利用语料库将所学知识与自己的经验相结合，根据实际语言使用中的词汇量，制作客观可靠的词汇表，最大限度地避免考试词汇收集的主观性和随意性。

## 三、语料库在构建中国外语学习者写作能力量表中的应用

写作能力量表的编制主要依据外语能力的总体建设方案。在前期大量写作能力评价的基础上，邀请专家、教师和学生对写作能力进行评判，从而实现写作能力的分级验证，而写作能力是一种生产性的语言能力。学习者写作语料库在大量可保存、可观察的语料方面具有独特的优势。此外。中国学者在语料库中对 lrag 量表进行了比较，我们应充分利用语料库提供的信息，弥补专家和教师在评判过程中可能存在的主观性不强的问题，从而完善量表。

首先，目前我国学者搜集的学习者语料库主要来源于大学阶段的写作文本。低水平和高水平学习者的语料库比较匮乏。因此，建议相关研究者或机构广泛收集这两个群体的写作语料，建立外语中高水平和低水平学习者的写作语料库，以衔接外语学习各个阶段的写作语料库。对于所建立的语料库，研究者可以利用大型考试的写作文本或学生的日常练习对语料库进行补充和完善，使语料库更具代表性。

其次，在对语料库进行补充和完善后，有必要对语料库的分类进行重新审视和修正。

第一种方法是考虑学习者学习目的语的时间和受教育程度进行分类。

第二种方法是教师根据普遍采用的判断学生水平或作文水平的方法，将学生分为不同的水平。

第三种方法是根据学生在标准化考试中的成绩进行评分。

第四种方法是建立语料库与著名语言能力测试的对接，根据量表对语料库进行分类。

由于我国还没有建立起符合中国外语学习者的语言水平量表，因此第四种方法暂时不能采用。在 PrO 写作量表的构建中，前三种方法可以对 PrO-oessofs 语料库进行初步的分类。

再次，在对语料库进行初步的分类后，利用相关的语料库分析工具和先进的手段，对不同层次的文本在词汇、词频、搭配等方面的特点进行分析和比较。对此，我们可以借鉴欧洲理事会 EP 项目的研究成果。

最后，根据从语料库中提取的文本特征进行分析，验证写作的有效性。采用“自上而下”的方法与初步构建的语料库进行对照，在此基础上对量表进行修改和改进，使量表更科学、更细致、更具竞争力。当然，在完成写作能力量表后，也可以用它来充实语料库。

## 四、语料库在语言测试中的应用前景与局限性

### 1. 应用前景与趋势

在今后的语言教学中，语料库的使用将越来越频繁，语料库的使用也将得到提高。在写作中，基于语料库的自动评分可以用来分析语言的表层特征。然而，外语口语自动评分系统还需要进一步的研究和开发，因为它只能找出外语写作和口语能力的典型特征以及不同考生群体的显著特征。利用语料库对考生的写作和口语能力进行研究，可以得到考生的回答策略并有助于研发新题型。同时，在语言变体的研究中，语料库在现代语言测试领域的应用具有广阔的前景。

### 2. 限制

在语言测试研究领域，语料库可以提供很多帮助，但语料库只是一种数据库，不能包含研究者所需要的全部信息。此外，语料库在信息应用上也存在一定的局限性。首先，当语料库不同时，会出现不同的参照点，不同的语料库在设计中使用的参数和目的也不同，因此在使用语料库时，需要考虑语料库中样本的代表性和相关性。其次，语料库提供的证据不具有结论性，如果不使用任何信息对语料库中涉及的信息进行核实和补充，则应使用专业的理论知识来解析语料库数据。在使用语料库进行测试任务时，由于测试类型和其他要求的限制，需要考虑其他因素是否会影响其测试结果。

## 五、结论

语料库语言学日趋成熟，语料库方法也广泛应用于语言研究、语言教学研究、语言测试等领域。目前，语言测试开发人员和研究人员已经将语料库作为测试开发和科学研究的重要工具。使用语料库可以使测试更加真实、准确，评分量表更加客

观、可靠。

然而，语料库是一种创新产品，具有相应的局限性，在使用过程中要进行筛选和完善。我国外语学习者已经建立了一些口语语料库和书面语料库，但很少讨论它们在外语测试中的应用。因此，语言研究者应该认识到语料库在外语测试中的潜力，并积极利用语料库，这有助于提高和完善我国的外语测试水平。

本章综合语言信息化研究的特点和成果，解析了信息技术在语言教学中的应用问题。从基于数据统计分析的日语学习动机研究入手，结合多资源混合协作学习模式的应用，考察了日语学习 APP 等 ICT 资源在日语学习中的效果，并分析了语料库在语言测试中的应用。

# 参考文献

著作类：

北京大学中文系. 现代汉语虚词例释[M]. 北京：商务印书馆，1982.

陈昌来. 现代汉语语义平面问题研究[M]. 上海：学林出版社，2003.

陈一民. 歧义源[M]. 南宁：广西社会科学出版社，2004.

丁声树等. 现代汉语语法讲话[M]. 北京：商务印书馆，1961.

范晓. 三个平面的语法观[M]. 北京：北京语言文化大学出版社，1996.

贾彦德. 汉语语义学[M]. 北京：北京大学出版社，1999.

赫琳. 动词句同义句式研究[M]. 武汉：崇文书局，2004.

胡裕树. 现代汉语(增订本)[M]. 上海：上海教育出版社，1981.

黄柏荣、廖序东. 现代汉语[M]. 北京：高等教育出版社，2002.

李芳杰. 汉语语义结构研究[M]. 武汉，武汉大学出版社，2003.

黎锦熙. 新著国语文法[M]. 北京：商务印书馆，1992.

刘炎. 现代汉语比较范畴的语义认知基础[M]. 上海：学林出版社，2004.

陆俭明. 汉语虚词散论[M]. 北京：北京大学出版社，1985.

陆俭明、沈阳. 汉语和汉语研究十五讲[M]. 北京：北京大学出版社，2003.

陆俭明. 关于语义指向分析//中国语言学论丛(第一辑)[M]. 北京：北京语言文化大学出版社，1997.

吕叔湘. 中国文法要略[M]. 北京：商务印书馆，1944.

吕叔湘. 汉语语法分析问题[M]. 北京：商务印书馆，1979.

吕叔湘主编. 现代汉语八百词[M]. 北京：商务印书馆，1980.

马建忠. 马氏文通[M]. 北京：商务印书馆，1983.

邵敬敏. 汉语语法的立体研究[M]. 北京：商务印书馆，2000.

沈阳、郑定欧主编. 现代汉语配价语法研究[M]. 北京：北京大学出版社，1995.

太田辰夫. 中国语历史文法[M]. 蒋绍愚、徐昌华译，北京：北京大学出版社，1987.

王力．汉语史稿[M]．北京：中华书局，1980.

王力．中国现代语法[M]．北京：商务印书馆，1985.

邢福义．汉语复句研究[M]．北京：商务印书馆，2002.

杨树达．高等国文法[M]．北京：商务印书馆，1984.

志村良治．中国中世语法史研究[M]．江蓝生、白维国译，北京：中华书局，1995.

周法高．中国古代语法·造句编(上)[M]．台北："中央研究院"历史语言研究所，1961.

中国社会科学院语言研究所词典编辑室．现代汉语词典[M]．北京：商务印书馆，1979.

朱德熙．语法讲义[M]．北京：商务印书馆，1982.

朱德熙．语法答问[M]．北京：商务印书馆，1985.

西田能雄.言語学を学ぶ人のために（第15刷）［M］.東京：世界思想社，2003.

森本顺子.話し手の主観を表すための副詞について［M］.東京:くろしお出版，1994.

角田大作.世界の言語と日本語（第6刷）［M］.東京:くろしお出版，1999.

有里子編.コーパスと日本語教育［M］.東京：朝倉書店，2016.

李在鎬、石川慎一郎・砂川有里子.新日本語教育のためのコーパス調査入門［M］.東京：くろしお出版，2018.

皮细庚．新编日语语法教程[M]．上海：上海外语教育出版社，1987.

鈴木孝夫.言葉と文化［M］.東京：岩波书店，1973.

王秀文、孙文．日本文化与跨文化交际[M]．北京：世界知识出版社，2004.

刘颖．计算语言学[M]．北京：清华大学出版社，2014.

袁毓林．基于认知的汉语计算语言学研究[M]．北京：北京大学出版社，2008.

沼田善子.いわゆる日本語助詞の研究［M］.東京:凡人社，1986.

益岡隆志.モダリティの文法［M］.東京：くろしお出版，1991.

庵功雄等.日本語文法ハンドブック［M］.東京：スリーエーネットワーク，2000.

富田隆行.基礎表現50とその教え方［M］.東京：凡人社，1997.

Vendler. Zeno Linguistics in philosophy [M]. Ithaca: Cornell University Press, 1967.

Andrew Radford. Syntax: Aminimalist Iniroduetion [M]. Cambridge: Cambridge University Press, 1997.

Leeeh. Ceoffrey Semanties[M]. London：PenguinBooks，1983.

## 论文类：

常青. 祖堂集副词“也”、“亦”共用现象[J]. 天津师范大学学报，1989(1).
陈小荷. 主观量问题初探——兼谈副词“就”“才”“都”[J]. 世界汉语教学，1994(4).
陈小荷. 跟副词“也”有关的偏误分析[J]. 世界汉语教学，1996(2).
陈子骄. “都”的语义指向[J]. 汉语学习，1996(6).
崔承一. 说说述补(结果) 宾谓语句的语义结构系列[J]. 汉语学习，1991(2).
崔希亮. “在”字结构解析[J]. 世界汉语教学，1996(3).
崔永华. 不带前提句的“也”字句[J]. 中国语文，1997(1).
崔永华. 发掘语言事实的一种思路——以“也”字句调查为例[J]. 世界汉语教学，1997(2).
邓根芹、焦凤秀. 副词“也”的句法、语义、语用分析[J]. 常熟高专学报，2004(5).
丁崇明. 歧义句式“我也V不好”[J]. 云南民族大学学报(哲学社会科学版)，2006(5).
段业辉. 论副词的语义制约[J]. 南京师范大学学报(社会科学版)，1992(2).
范晓、胡裕树. 有关语法研究三个平面的几个问题[J]. 中国语文，1992(4).
郝文华. 强调“异”的“也”字句句式[J]. 现代语文，2007(3).
赫琳. “从小”语义指向的计算机识别[J]. 华中科技大学学报(社会科学版)，2004(4).
古川裕. “跟”字的语义指向及其认知解释[J]. 语言教学与研究，2000(3).
高媛媛. 谈谈“也”与“还” [J]. 语文学刊，2002(2).
呼东东. 浅析语义指向歧义成分[J]. 语文学刊，2006(2).
胡明扬. 语法形式和语法意义[J]. 中国语文，1958(3).
胡裕树. 汉语语法研究的回顾与展望[J]. 复旦学报，1994(5).
金昌吉. 方位词的语法功能及语义分析[J]. 内蒙古民族师范学院学报，1995(3).
雷良启. “分别”的语义指向及相关的歧义问题[J]. 汉语学习，1999(3).
李临定. 带“得”字的补语句[J]. 中国语文，1963(5).
李芳杰、冯雪梅. 语义结构与歧义分解[J]. 武汉大学学报(人文科学版)，2002(6).
李运喜. 范围副词的分类及语义指向[J]. 宁波师院学报，1993(2).
李子云. 状语的语义指向[J]. 安徽教育学院学报，1993(3).

刘宁生. 句首介词结构“在……”的语义指向[J]. 汉语学习，1984(2).
刘耀华. 谈副词“也”与“又”在事理逻辑上的差异[J]. 汉字文化，1998(1).
卢英顺. 语义指向研究漫谈[J]. 世界汉语教学，1995(3).
卢福波. “也”的构句条件及其语用问题[J]. 华东师范大学学报(哲学社会科学版)，1999(4).
陆俭明. 配价语法理论与对外汉语教学[J]. 世界汉语教学，1997(1).
吕叔湘. 单音形容词用法研究[J]. 中国语文，1966(2).
吕叔湘. 疑问·否定·肯定[J]. 中国语文，1985(4).
吕叔湘. 汉语句法的灵活性[J]. 中国语文，1986(1).
马真. 说“也”[J]. 中国语文，1982(4).
马真. 关于“都/全”所总括的对象的位置[J]. 汉语学习，1983(1).
马真、陆俭明. 形容词作结果补语情况考察(一)[J]. 汉语学习，1997(1).
齐沪扬. “N + 在+ 处所+ V”句式语义特征分析[J]. 汉语学习，1994(6).
钱汝敏. 否定载体“不”的语义语法考察[J]. 中国语文，1990(1).
邵敬敏. “比”字句替换规律刍议[J]. 中国语文，1990(6).
邵敬敏. 歧义分化方法探讨[J]. 语言教学与研究，1991(1).
邵敬敏、饶春红. 说“又”——兼论副词研究的方法[J]. 语言教学与研究，1985(2).
森山美纪子. 主谓补语句的语义结构研究[J]. 汉语学习，1999(1).
沈开木. 表示“异中有同”的“也”字独用的探索[J]. 中国语文，1983(1).
沈开木. “不”字的否定范围和否定中心的探索[J]. 中国语文，1984(6).
沈开木. 论“语义指向”[J]. 华南师范大学学报，1996(6).
史锡尧. “不”否定的对象和“不”的位置[J]. 汉语学习，1995(1).
税昌锡. 语义指向结构模式的多维考察[J]. 浙江大学学报(人文社科版)，2004(3).
税昌锡. 语义指向研究的发展历程与研究展望[J]. 语言教学与研究，2004(1).
税昌锡. 语义表达的多维性与语义指向分析[J]. 河南师范大学学报(哲学社会科学版)，2004(1).
万春梅. 语义指向分析与对外汉语教学[J]. 语言教学研究，2007(4).
王红旗. 谓词充当结果补语的语义限制[J]. 汉语学习，1993(4).
王红旗. 论语义指向分析产生的原因[J]. 山东师范大学学报，1997(1).
王宗联. 副词“也”在主谓谓语句中的位置[J]. 四川师范大学学报，2001(4).
汪卫权. 副词“也”的语义指向分析[J]. 池州师专学报，2000(1).
文炼. 论语法学中“形式和意义相结合”的原则[J]. 上海师范学院学报，1960

(2).

文伯伦. 说“也”[J]. 成都大学学报, 1997(2).

萧国政. “句本位”“词组本位”和“小句中枢”[J]. 世界汉语教学, 1995(4).

萧国政. 句子信息结构与汉语语法实体成活[J]. 世界汉语教学, 2001(4).

徐霞. 表“类同叠加”的副词“也”的语义指向考察[J]. 天中学刊, 2003(4).

熊赛男. 论歧义格式“$NP_1$+连+$NP_2$+都/也+VP[J]. 晋中学院学报, 2007(2).

徐思益. 在一定语境中产生的歧义现象[J]. 中国语文, 1985(5).

杨亦鸣. “也”字语义初探[J]. 语文研究, 1988(4).

杨亦鸣. 试论“也”字句的歧义[J]. 中国语文, 2000(2).

姚汉铭、孙红. 助动词语义指向探析[J]. 青海师大学报, 1992(3).

尹世超. 结构关系与语义指向[J]. 语文研究, 1988(4).

喻咏梅. 现代汉语处所状语的语义特征[J]. 东北师范大学学报, 1993(3).

喻咏梅. 论“在+ 处所”的语义功能和语序制约原则[J]. 中国语文, 1999(1).

袁毓林. 论否定的焦点、预设和辖域歧义[J]. 中国语文, 2000(2).

张国宪. 结果补语语义指向分析[J]. 汉语学习, 1988(4).

张国宪. 谓词状语语义指向浅说[J]. 汉语学习, 1991(2).

张国宪. 形容词结果补语的语义指向[J]. 学语文, 1991(6).

张克定. 论提示中心副词“也”[J]. 河南大学学报, 1996(6).

张力军. 论“$NP_1$+ A + VP + $NP_2$”格式中 A 的语义指向[J]. 烟台大学学报, 1990(1).

张世才. 形容词作状语的语义指向与在句中的位置[J]. 喀什师范学院学报, 1999(1).

周刚. 语义指向分析刍议[J]. 语文研究, 1998(3).

朱子良. 补语语义上的多指向[J]. 衡阳师专学报, 1992(3).

张鹏等. 从日语格语法表示生成汉语的难点分析[J]. 计算机应用研究, 2002(12).

戴新宇等. 从汉语格关系表示生成日语[J]. 中文信息处理, 2003(6).

杜伟, 陈群秀. 多策略汉日机器翻译系统中的核心技术研究[J]. 中文信息学报, 2008(5).

高橋いづみ、浅野久子、松尾義博、菊井玄一郎.単語正規化による固有表現の同義性判定 [C] .言語処理学会第 14 回年次大会論文集, 2008.

吴培昊等. 面向短语统计机器翻译的汉日联合分词研究[J]. 计算机工程与应用, 2015, 51(5).

李晓雪. 试论汉日汉字词汇的构词特点——以同义词和类义词为中心[J]. 湖北工业大学学报, 2016, 31(6).

寺村秀夫.「ムードの形式と意味(3)一取立て助詞について一」［J］.『文芸言語研究言語篇』6 筑波大学文芸· 言語学系，1981.

沼田善子，とりたて詞の意味と文法一「モ」「ダケ」「サエ」を例として一［J］.『日本語学』(3—4)：79-89，1984.

沼田善子.『セリフ· マスターシリーズ 5「も」「だけ」「さえ」など—とりたて［J］.東京：くろしお出版，1992.

沼田善子.現代日本語の「も」—とりたて詞とその周辺一［A］.つくば言語文化フォーラム編.『「も」の言語学』［M］.東京：ひつじ書房，1995.

田野村忠温.「「も」の一用法についての覚書一「君もしつこいな」という言い方の位置づけ一」［J］.『日本語学』，1991.

楊凱栄「も」と“也”——数量強調における相異を中心に［A］.生越直樹編，『対照言語学』［M］.東京：東京大学出版社，2002.

中俣尚己.「善人もいれば悪人もいる」のような並列文について一「し」を用いた並列との比較一［J］.『KLS』，2006.

張麟声.仮説検証型双方向習得研究について一日本語の「も」と中国語の「也」を例に一［A］.張麟声編.『中国語話者のための日本語教育研究』［M］.東京：日中言語文化出版社，2011.

楊凱栄.「誤用例にみる日中表現の違い一日中対照研究の現場から一」［J］.『日本語学』.東京：明治書院，2013.

曹大峰.「二言語並列コーパス応用策略研究——中日対訳コーパスの特性、応用経験及び内省」［J］.『中日言語対照研究論叢』，2017.

縫部義憲，狩野不二夫，伊藤克浩.「大学生の日本語学習動機に関する国際調査一ニュージランドの場合」［J］.『日本語教育』，1995(86)：162-172.

受香.「第 2 言語及び外国語としての日本語学習者における動機づけの比較一韓国人日本語学習者を対象として」［J］.『世界の日本語教育』，2003(13)75-92.

王婉莹. 大学非专业学习者日语学习动机类型与动机强度的定量研究[J]. 日语学习与研究，2005(3).

赵竹. 汉语和日语中色彩词的对比分析[J]. 科技视界，2016(19).

张悦. 中日色彩词语语义对比初探——以“黑”、“白”为中心[J]. 现代经济信息，2015(23).

叶龙娣. 汉英日语中颜色词“红”“青(蓝)”“绿”的感情隐喻考察[J]. 淮海工学院学报(人文社会科学版)，2013(14).

任怡昕. 中日色彩词汇及其象征意义的对比研究——以“青”为中心[J]. 北方文学，2016(9).

张悦. 中日色彩词语语义对比初探——以“红”“青”为例[J]. 兰州教育学院学报，2015(12).

林凤英. 汉日颜色词的象征意义与语用意义的异同[J]. 广东外语外贸大学学报，2010(3).

蒋庆荣. 关于日语专业学生日语学习动机的调查分析[J]. 常州工学院学报，2006(6).

杨瑛、魏万德. 二语学习完整动机的调查及其研究[J]. 武汉理工大学学报，2010(1).

李泉. 从分布上看副词的再分类[J]. 语言研究，2002(2).

肖奚强. 范围副词的再分类及其句法语义分析[J]. 安徽师范大学学报，2003(3).

杨荣祥. “范围副词”中的功能差异——兼论副词次类的划分问题[J]. 湖北大学学报，2000(4).

张谊生. 论现代汉语的范围副词[J]. 上海师范大学学报，2001(1).

赵华锋. 称谓习俗文化透视[J]. 贵州教育学院学报，2003(1).

崔继华. 现代社会语言环境中拟亲属称谓的汉日比较研究[J]. 中国海洋大学学报(社会科学版)，2008(6).

刘君、卜朝晖等. 基于语义组合的日语多义动词的机器汉译[J]. 广西师范大学学报，2013(3).

陆俭明. 语言研究的未来[J]. 汉语学报，2021(1).

# 附录　语料库数据[①]

1. 日本語話し言葉コーパス CSJ

キー：「も」

| 前文脈 | キー | 後文脈 | 語彙素読み |
|---|---|---|---|
| AT\|の\|レンジ\|も\|色々\|変え\|まし\|て#え\|加減速\|と\|か\|定常\|それ\|から\|あの\|粗い\|路面\|です\|ね# | も | \|通っ\|たり\|し\|ます#で\|この\|矢印\|の\|ところ\|で\|あの\|発話\|さ\|れ\|た\|と\|いう\|風\|に\|仮定 | モ |
| あのー\|標的\|単語\|の\|親密\|度\|と\|ネーバーフッド\|の\|関係\|と\|いう\|こと\|も\|見\|て\|いき\|たい\|な\|と# | も | \|要する\|に\|標的\|単語\|は\|です\|ね\|この\|よう\|な\|分布\|を\|持っ\|てる\|ん\|です\|が#単語\|と\|し | |
| えー\|この\|壁際\|に\|止まっ\|壁\|に\|止まる\|場合\|に\|比べる\|と\|周波\|数\|は\|そこ\|まで\|高く\|し\|ない# | も | \|戻す\|戻さ\|ない\|と\|いう\|こと\|が\|分かり\|ます#え\|下\|の\|図\|です\|が#これ\|は\|えー\|周波\|すい | |
| 広く\|よく\|知ら\|れ\|てる\|こと\|な\|の\|だろう\|と#だ\|から\|えー\|乙\|は\|私\|即ち\|甲\|です\|が# | も | \|知っ\|て\|いる\|はず\|と\|思っ\|て\|ちゃ\|を\|使っ\|た\|の\|だろう\|と\|こう\|いう\|風\|に\|いー\|考える | モ |
| 分かり\|ます#え\|この\|テスト\|の\|結果\|さえ\|は\|え\|および\|ここ\|で\|は\|扱い\|ませ\|ん\|でし\|た\|が# | も | \|が\|え\|動詞\|句\|全体\|を\|取り立て\|て\|いる\|取り立て\|詞\|の\|スコープ\|に\|含ま\|れ\|ない\|え\|即ち\|動詞 | モ |
| その\|敬語\|形式\|だけ\|じゃ\|ない\|ところ\|で\|つまり\|この\|場合\|は\|後\|で\|んー\|また\|出\|て\|くる\|か# | も | \|あー\|うー\|申し上げよう\|と\|思い\|ます\|が#あのー\|敬語\|の\|形式\|を\|選ぶ\|以前\|に\|質問\|と\|いう\|言語\|行動 | モ |

① 本附录收集了正文所用部分语料，其中，句子内容及句子成分的分割、省略等均保留了语料库原本的标记方式，如“｜”为义素分割标记，“#”为句节分割标记，“+++”表示译文部分缺失，“///”表示内容部分省略，等等。

續表

| 前文脈 | キー | 後文脈 | 語彙素読み |
|---|---|---|---|
| られ\|ます#例えば\|こちら\|採決\|が\|行なわ\|れ\|賛成\|多数\|で\|可決\|さ\|れる\|と\|いう\|文\|です\|けど\|も# | も | \|これ\|が\|ガイド\|ライン\|に\|限っ\|た\|ガイド\|ライン\|関連\|法\|案\|に\|限った\|ニュース\|文\|と\|分かっ\|て | |
| で\|えー\|オークション\|サイト\|で\|あれ\|ば\|財\|の\|え\|情報\|財\|個別\|の\|情報\|に\|つい\|て\|取り扱っ\|てる# | も | \|えー\|し\|財\|の\|個別\|の\|情報\|に\|つい\|こべ\|がい\|財\|の\|個別\|の\|情報\|のみ\|が\|こう\|残る | |
| し\|た\|クラスター\|に\|対し\|て#更に\|関連\|キー\|ワード\|を\|導出\|する\|為\|に\|再び\|ROC\|グラフ\|に\|戻る# | も | \|ないし\|は\|え\|文献\|情報\|を\|が\|ま\|目的\|の\|文献\|情報\|で\|あっ\|た\|場合\|は\|検索\|は\|終了 | |
| 風\|な\|語彙\|に\|いー\|全部\|の\|付属\|語\|を\|おー\|付け\|て\|えー\|いく\|訳\|です\|ね#これ\|です# | も | \|を\|こう\|いう\|風\|に\|こう\|つ\|くっ付ける\|これ\|から\|を\|くっ付ける\|えー\|れ\|付\|付属\|語\|が\|連続\|し | モ |
| 法則\|の\|よう\|に\|し\|て\|ま\|あのー\|例外\|は\|ない\|って\|いう\|風\|に\|まー\|言っ\|てる\|訳\|です# | も | \|もし\|例外\|が\|あれ\|ば\|それ\|は\|何\|か\|理由\|が\|ある\|ん\|だ\|と\|その\|理由\|を\|探さ\|なけれ | |
| 自体\|も\|発見\|さ\|せる\|よう\|な\|もの\|で\|ある\|って\|いう\|こと\|です\|ね#現実\|に\|は\|ない\|か# | も | \|分から\|ない\|けれど\|も#言語\|を\|使う\|こと\|に\|よっ\|て\|ある\|うん\|もの\|が\|見える\|そう\|いう\|風 | モ |
| は\|あま\|あ\|かとよ\|誤っ\|た\|認識\|に\|よる\|経験\|を\|積む\|と#で\|当然\|食\|情報\|とし\|て# | も | \|で\|も\|で\|です\|ね\|低温\|殺菌\|は\|いい\|ん\|だ#いい\|ん\|だ\|と\|言わ\|れ\|て\|い\|ます | モ |
| ね#で\|衣食\|足り\|て\|礼\|節\|は\|知ら\|なく\|て\|みんな\|我がまま\|を\|知る\|よう\|に\|なり\|まし\|て# | も | \|あのー\|元々\|も\|ない\|もの\|を\|持った\|と\|ほ\|で\|持っ\|て\|いる\|もの\|の\|中\|から\|もっと\|いい | |
| 代\|で\|生ん\|で\|帰る\|と\|恐らく\|四十\|代\|を\|越し\|て\|っちゅう\|の\|は\|まない\|に\|ない\|か# | も | \|し\|あら\|ある\|か\|も\|しれ\|ませ\|ん\|けれど\|も#ここ\|は\|もう\|ネグっ\|て\|よかろう\|と#だ\|から\|大体 | モ |
| で\|それ\|を\|ま\|重み付け\|し\|たり\|何\|ら\|か\|の\|かん\|まー\|あの\|非\|線形\|効用\|理論\|です\|と# | も | \|い\|あの\|特殊\|な\|積分\|を\|使っ\|て\|あの\|統合\|し\|たり\|さし\|てる\|ん\|です\|が#ま\|そう\|いう | |

續表

| 前文脈 | キー | 後文脈 | 語彙素読み |
|---|---|---|---|
| えー\|ん\|正しい\|正解\|えー\|ん\|正しい\|え\|パフォーマンス\|の\|時\|に\|は\|普通\|の\|音\|が\|出る\|けど\|も# | も | \|課題\|を\|間違っ\|て\|行なっ\|た\|場合\|に\|は\|ん\|ざあ\|があ\|と\|いう\|大きい\|不快\|な\|音\|が\|出る | |
| を\|見る\|と\|いっ\|た\|よう\|な\|形\|で\|教材\|を\|考える\|と\|いう\|な\|こと\|に\|なり\|ます\|と# | も | \|少なく\|とも\|あの\|価値\|観\|が\|変化\|し\|て\|くる\|と\|いう\|な\|こと\|に\|なろう\|か\|と\|思い\|ます | |
| し\|た\|歴史\|家\|ヴィンチェンツォ\|クオーコ\|に\|ま\|由来\|する\|と\|いう\|風\|に\|言わ\|れ\|て\|い\|ます\|し# | も | \|ごじ\|自分\|自身\|も\|そう\|いう\|風\|に\|言っ\|て\|お\|おり\|ます#彼\|の\|その\|著\|え\|ナポリ\|革命 | |
| けど\|も#残り\|に\|関し\|て\|は\|バック\|オフ\|さ\|れる\|と#で\|まー\|カットオフ\|四\|の\|モデル\|です\|と# | も | \|えー\|四十\|三\|単語\|即ち\|二\|万\|単語\|の\|うち\|の\|殆ど\|一\|万\|九千\|何\|単語\|って\|いう\|の | |
| 二百\|五十\|から\|ん\|二百\|七十\|くらい\|から\|もう\|一\|つ\|えー\|模擬\|講演\|つう\|の\|が\|ござい\|ます\|が# | も | \|これ\|も\|先程\|既に\|おは\|話\|が\|あり\|まし\|た\|よう\|に#これ\|は\|国語\|研究\|所\|の\|スタジオ\|で | |
| み\|ます#ふーん\|うん\|うん\|うん\|うん\|うん\|うん\|ん\|あー\|じゃ\|ちょっと\|お\|話\|聞い\|て\|み\|たい\|か# | も | \|って\|こと\|で\|五\|番\|凄い\|へー\|もう\|××\|さん\|おか\|し\|過ぎ\|もう\|なるほど\|ね#毒蝮\|さん\|なんて\|まだ | モ |
| うん\|うん\|うん\|うん\|あー\|なるほど\|ね#うーん\|うーん\|うーん\|うーん\|うーん\|あー\|うん\|うん\|うーん\|うーん\|うーん\|面白い\|か# | も | \|背景\|が\|うーん\|うーん\|へー\|うーん\|そう\|です\|よ\|ね#エンドレス\|に\|また\|日々\|進化\|し\|ちゃう\|し#みたい\|な | モ |
| ××\|さん\|て\|××\|さん\|が\|キャラクター\|です\|よ\|ね#それ\|う\|商品\|に\|し\|た\|方\|が\|いい\|か# | も | \|××\|人形\|と\|か\|自分\|が\|人形\|に\|なる\|って\|いう\|の\|は\|どう\|です\|か#凄い\|うん\|凄い\|他 | モ |
| そう\|いう\|よう\|な\|その\|段\|の\|数\|と\|か\|が\|その\|葬儀\|あの一\|まさに\|葬儀\|の\|規模\|で\|あり# | も | \|また\|もっと\|直結\|すれ\|ば\|です\|ね\|葬儀\|費用\|と\|結び付い\|て\|いる\|で\|結局\|です\|ね\|その一\|葬儀\|費用 | |

續表

| 前文脈 | キー | 後文脈 | 語彙素読み |
|---|---|---|---|
| 同じ\|もの\|が\|出\|て\|くる\|か#あ\|ちょっと\|おかしい\|じゃ\|ない\|か\|と\|いう\|こと\|は\|考え\|られる\|か# | も | \|あの一\|くん\|とぅ\|これ\|結び付ける\|の\|ちょっと\|他人\|の\|空似\|だ\|と\|いう\|風\|に\|言っ\|て\|も\|いい\|か | モ |
| し\|たら\|十\|パーセント\|しか\|ない\|と\|いう\|ぐらい\|まで\|下落\|し\|まし\|て#要\|は\|その\|購入\|し\|た# | も | \|その一\|借り\|た\|金額\|は\|銀行\|に\|返さ\|なきゃ\|いけ\|ない\|ん\|です\|けど\|も#今度\|その\|購入\|し\|た | |
| が\|あっ\|て\|あの一\|ジュース\|の\|空き缶\|に\|くり抜い\|て\|ん\|抜か\|ない\|の\|か\|な\|あっ\|抜か\|ない\|か# | も | \|こう\|スチール\|缶\|か\|何\|か\|に\|お\|米\|を\|入れる\|ん\|です\|よ#で\|お\|水\|も\|入れ\|て | モ |
| 後\|水中\|眼鏡\|を\|持っ\|て\|素潜り\|を\|する\|と\|それ\|だけ\|で\|一\|つ\|の\|遊び\|に\|なり\|ます# | も | \|ま\|奇麗\|な\|サンゴ\|ん\|と\|か\|ま\|魚\|と\|か\|ま\|たまに\|は\|鮫\|も\|い\|ます\|けど#ま | |
| も\|ある\|し#えー\|火山\|島\|と\|か\|えー\|それ\|から\|逆\|に\|えー\|南洋\|の\|何\|です\|か\|ね# | も | \|果物\|も\|えー\|食い物\|も\|何\|で\|も\|ある\|まー\|楽園\|の\|よう\|な\|無人\|島\|と\|色々\|ある\|ん | |
| 付き\|ます#で\|えー\|よく\|あの\|座右\|の\|銘\|と\|か\|で\|使わ\|れる\|と\|思う\|ん\|です\|けれど\|も# | も | \|心\|と\|技\|って\|いう\|言葉\|が\|あり\|ます#で\|これ\|は\|あの一\|どんな\|に\|ま\|実力\|と\|いう\|その | |
| です\|ね#あ\|そう\|いう\|の\|も\|ちょっと\|気\|を\|付け\|なきゃ\|いけ\|ない\|点\|が\|ある\|ん\|です\|ね# | も | \|着物\|に\|よっ\|て\|な\|ん\|です\|けど#うん#それ\|で\|あの一\|ん\|あたし\|も\|こない\|だ\|ね\|あの\|ちょっと\|ま | |
| たり\|する\|よう\|な\|ところ\|は\|不\|適当\|と\|なり\|ます#また\|飼い主\|の\|生活\|スタイル\|に\|合っ\|てる\|か# | も | \|あ\|条件\|と\|なり\|ます#例えば\|海外\|出張\|が\|多い\|人\|それ\|から\|国内\|出張\|に\|し\|て\|も\|三 | モ |
| に\|おい\|て\|まとめ\|て\|自分\|の\|ビジョン\|作り\|と\|いう\|こと\|を\|い\|い\|やっ\|て\|まいり\|まし\|た# | も | \|勿論\|あの一\|温泉\|で\|ござい\|ます\|から\|あ\|データー\|は\|あ\|少ない\|の\|も\|ござい\|ます#まー\|あの\|新聞\|辺り | |

續表

| 前文脈 | キー | 後文脈 | 語彙素読み |
|---|---|---|---|
| 案\|が\|出\|まして#え\|非常\|に\|これ\|は\|んー\|後\|ど\|んー\|まで\|困っ\|た\|ん\|です\|が# | も | \|一\|つ\|の\|方法\|が\|外側\|の\|皮\|を\|かなり\|剥い\|て\|鉛筆\|の\|よう\|に\|尖らし\|て\|それ\|で | |
| か\|と\|も\|思い\|まし\|た#リリウオカラニ\|と\|いう\|名前\|を\|御\|存じ\|で\|は\|ない\|方\|も\|多い\|か# | も | \|方\|も\|多い\|か\|と\|も\|思い\|ます\|けれど\|も#えー\|彼女\|は\|かの\|有名\|な\|ハワイ\|の\|名曲\|アロハ | モ |
| 何\|でしょう\|か#えー\|ピンク\|レディー\|で\|あり\|えー\|その\|後\|は\|何\|だ\|って\|ちょっと\|度忘れ\|し\|まし\|た# | も | \|申し訳\|ない\|えー\|あのー\|い\|色んな\|あの\|わか\|若い\|子\|達\|が\|喜ん\|で\|いける\|うー\|お\|歌っ\|て\|いける | |
| ん\|人類\|で\|あれ\|ば\|そこ\|に\|漁\|に\|行く\|為\|に\|最初\|銛\|で\|突い\|て\|ましたが# | も | \|銛\|で\|突く\|より\|か\|多少\|沖\|に\|出\|て\|銛\|突い\|た\|方\|が\|魚\|が\|捕れる\|ん\|じゃ | |
| と\|か\|携帯\|電話\|と\|か\|そう\|いう\|もの\|は\|どんどん\|二十\|一\|世紀\|に\|残し\|てっ\|て\|もらい\|たい# | も | \|また\|どんどん\|進ん\|で\|もらい\|たい\|と\|思い\|ます\|が#んー\|できれ\|ば\|あまり\|に\|も\|んー\|合\|合理\|化 | |

キー：「だけ」

| 前文脈 | キー | 後文脈 | 語彙素読み |
|---|---|---|---|
| えー\|前\|の\|もの\|は\|後\|の\|もの\|に\|比べ\|て\|どの\|ぐらい\|いい\|か\|と\|いう\|単に\|いい#悪い# | だけ | \|で\|は\|なく\|て\|えー\|ゼロ\|プラマイ\|一\|プラマイ\|二\|と\|こう\|付ける\|えー\|方法\|シェッフェ\|の\|方法\|と\|申し | ダケ |
| なく\|え\|これ\|まで\|それ\|程\|明示\|的\|な\|形\|で\|特徴\|付け\|が\|なさ\|れ\|て\|こ\|なかっ\|た# | だけ | \|まで\|え\|そして\|いわゆる\|対比\|の\|は\|え\|更に\|も\|と\|さえ\|を\|例\|に\|この\|点\|を\|検証\|し | ダケ |
| と\|考え\|られ\|ます#え\|この\|中\|で\|も\|動詞\|句\|を\|一\|つ\|の\|境界\|と\|し\|ます\|と# | だけ | \|と\|まで\|は\|動詞\|句\|より\|も\|下\|の\|階層\|に\|え\|は\|と\|わえ\|は\|と\|さえ\|も\|は | ダケ |

續表

| 前文脈 | キー | 後文脈 | 語彙素読み |
|---|---|---|---|
| 取り上げ\|た\|論文\|は\|この\|三十\|二\|と\|三十\|四\|の\|論文\|を\|含め\|私\|の\|調査\|いたし\|まし\|た# | だけ | \|で\|も\|プリント\|八\|枚\|目\|から\|九\|枚\|目\|に\|かけ\|て\|片仮名\|の\|ア\|から\|ヒ\|まで\|で | ダケ |
| ゲーム\|も\|子供\|の\|物語\|欲求\|の\|前\|に\|優劣\|も\|格差\|も\|ない\|え\|面白い\|か#面白く\|ない\|か# | だけ | \|で\|ある\|と\|えー\|三\|枚\|目\|の\|三\|行\|目\|辺り\|です\|が#要する\|に\|物語\|を\|読む\|と | ダケ |
| 入ろう\|か\|な#ぐらい\|は\|かん\|だ\|から\|今日\|も\|最初\|どう\|やっ\|て\|導入\|で\|うーん\|しよう\|か\|な# | だけ | \|は\|考え\|て\|うーん\|うーん\|え\|そう\|です\|か#そん\|いえ\|いえ\|いえ\|そんな\|うーん\|うん\|うん\|あー\|もう\|気 | ダケ |
| こと\|で\|は\|あり\|ませ\|ん#えー\|突然\|変異\|って\|の\|は\|なかなか\|起こり\|にくい\|ん\|で\|日常\|現われ\|にくい# | だけ | \|です#その\|なかなか\|出\|て\|こ\|ないもの\|を\|ずっと\|か\|よく\|観察\|し\|て\|み\|ます\|と\|です\|ね | ダケ |
| そう\|いう\|策略\|を\|練っ\|て\|い\|た\|訳\|です\|ね#そして\|その\|強い\|弱い\|と\|か\|あの\|いい#悪い# | だけ | \|で\|は\|なく\|て\|誰\|と\|組ん\|だら\|いい\|か\|と\|いう\|の\|も\|その\|星\|の\|性質\|と\|し | ダケ |
| て\|も\|エアコン\|付けれ\|ば\|いい\|し#大丈夫\|だ\|って\|君\|は\|でき\|ない\|ん\|じゃ\|なく\|て\|分から\|ねえ# | だけ | \|なん\|だ\|から\|ね\|あ\|田舎\|帰れる\|か\|って\|ん\|どこ\|田舎\|あ\|三重\|県\|東名\|左\|ずっと\|走っ | ダケ |
| か\|思う\|か\|も\|しれ\|ない\|と\|いう\|の\|も\|今\|の\|私\|は\|とても\|髪\|が\|短い\|から\|だ# | だけ | \|だけれど\|その\|当時\|は\|腰\|の\|長\|さ\|ぐらい\|まで\|ある\|長い\|髪\|を\|し\|て\|い\|た#それ |  |
| は\|向こう\|で\|言う\|と\|女\|主人\|って\|いう\|の\|ホステス\|と\|か\|って\|ゆ\|呼ぶ\|ん\|です\|けれど\|も# | だけ | \|で\|後\|お\|客\|の\|方\|も\|ロー\|テーブル\|の\|時\|に\|は\|あのー\|日本\|だ\|と\|あの\|ソーサー\|が | ダケ |
| から\|私\|は\|それ\|を\|見\|まし\|て#まあのー\|医者\|と\|いう\|の\|は\|ただ\|単に\|腕\|が\|いい# | だけ | \|で\|は\|ない\|と\|やはり\|あのー\|手術\|を\|受ける\|患者\|さん\|の\|身\|に\|なっ\|て\|まー\|いたわる\|よう\|な | ダケ |
| 取っ\|て\|こい\|と\|いう\|こと\|で\|う\|僕\|は\|この\|経験\|単純\|に\|う\|お\|あのー\|取っ\|て\|こい# | だけ | \|なん\|です\|けど\|も#ただ\|よく\|考える\|と\|これ\|は\|動物\|と\|コミュニケーション\|取っ\|た\|の\|は\|僕\|は | ダケ |

キー：「しか」

| 前文脈 | キー | 後文脈 | 語彙素読み |
|---|---|---|---|
| 御覧｜ください#えーっと｜千｜円｜だけしか｜と｜か｜太郎｜に｜しか｜と｜いう｜形｜で｜は｜言え｜ます｜が# | しか | ｜だけ｜しか｜に｜と｜いう｜形｜で｜は｜使え｜ませ｜ん#つまり｜格｜助詞｜副｜助詞｜に｜対し｜て｜構文 | シカ |
| で｜ある｜と｜考え｜られ｜ます#え｜東国｜に｜おい｜て｜も｜完全｜に｜係｜助詞｜の｜用法｜を｜持つ# | しか | ｜が｜近世｜に｜は｜存在｜し｜て｜いる｜と｜いう｜こと｜は｜えー｜その｜他｜否定｜と｜いう｜意味｜機能 | シカ |
| が｜必ず｜後部｜要素｜に｜なっ｜て｜い｜ます#えー｜つまり｜だけ｜しか｜ぐらい｜しか｜は｜存在｜し｜ます｜が# | しか | ｜だけ｜しか｜ぐらい｜と｜いっ｜た｜形式｜は｜えー｜一｜つ｜も｜存在｜し｜て｜い｜ない｜の｜です#えー | シカ |
| 差｜が｜観念｜用法｜を｜持つ｜こと｜を｜考える｜と｜資料｜に｜よる｜偏り｜と｜も｜考え｜られ｜ます｜が# | しか | ｜と｜さ｜と｜の｜性質｜の｜相違｜も｜考え｜なけれ｜ば｜なら｜ない｜と｜思わ｜れ｜ます#特に｜しか｜は | シカ |
| が#えー｜担当｜者｜関係｜者｜など｜の｜よう｜な｜曖昧｜な｜表現｜で｜十分｜に｜なっ｜て｜い｜ます# | しか | ｜えー｜しかも｜えっとー｜何々｜で｜は｜と｜いう｜形｜で｜情報｜源｜が｜えー｜言及｜さ｜れる｜こと｜も｜あり | |
| の｜概念｜構造｜は｜え｜X｜と｜いう｜一｜項｜これ｜いっ｜これ｜経験｜者｜に｜なる｜ん｜です｜が# | しか | ｜含ま｜れ｜て｜おら｜ず｜この｜構造｜こ｜が｜項｜構造｜へ｜写像｜さ｜れる｜と｜当然｜勿論｜一｜項 | シカ |
| こう｜し｜た｜解釈｜は｜古今｜集｜の｜研究｜分野｜に｜おい｜て｜は｜耳慣れ｜ない#解釈｜で｜あり｜ます# | しか | ｜ぞ｜住む｜の｜しか｜が｜鹿｜の｜意味｜も｜ある｜と｜いう｜こと｜は｜既に｜平安｜時代｜後期｜に｜は | シカ |
| それ｜は｜概ね｜次｜の｜よう｜な｜経路｜を｜辿っ｜て｜生成｜さ｜れ｜た｜もの｜と｜推定｜でき｜ます# | しか | ｜ぞ｜住む｜に｜は｜鹿｜と｜いう｜意味｜も｜ある｜辰巳｜の｜辰｜も｜巳｜も｜動物｜に｜関係｜する | シカ |
| よう｜な｜気｜が｜し｜ます#そんな｜風｜に｜ずっと｜スポーツ｜を｜楽しん｜で｜い｜き｜た｜私｜です｜けれど# | しか | ｜社会｜人｜に｜なり｜結婚｜出産｜育児｜と｜すっかり｜スポーツ｜と｜は｜縁遠く｜なっ｜て｜しまっ｜て｜い｜まし｜た | |

續表

| 前文脈 | キー | 後文脈 | 語彙素読み |
| --- | --- | --- | --- |
| 単位\|の\|平安\|時代\|で\|ある\|と\|か\|そう\|いっ\|た\|壁画\|しか\|残っ\|て\|それ\|も\|一部\|です\|ね# | しか | \|残っ\|て\|ない\|ん\|です\|が#こちら\|は\|えー\|何\|万年\|一\|万\|年\|前\|です#これ\|は\|二\|万 | シカ |
| こう\|檻\|が\|全部\|一\|頭\|ずつ\|違い\|ます\|よ\|ね#で\|あのー\|交尾\|する\|の\|も\|あのー\|短い\|し# | しか | \|回数\|も\|少ない\|し#それ\|と\|あのー\|雄\|と\|雌\|の\|相性\|が\|合わ\|ない\|と\|これ\|が\|成立\|し | |

キー：「ばかり」

| 前文脈 | キー | 後文脈 | 語彙素読み |
| --- | --- | --- | --- |
| アルコール\|入っ\|てる\|の\|は\|嫌\|です\|と\|か\|あるく\|はい\|そう\|いう\|使い\|方\|を\|さ\|れ\|た\|文章\| | ばかり | \|でし\|た\|の\|で\|もう\|完璧\|に\|外さ\|れ\|ちゃっ\|た\|と\|いう\|よう\|な\|結果\|な\|ん\|です\|けれど | バカリ |
| も\|思う\|ん\|です\|けど#どう\|し\|て\|も\|多く\|の\|方\|殆ど\|く\|その\|工学\|の\|畑\|の\|方\| | ばかり | \|だ\|と\|思う\|の\|で\|なかなか\|そう\|いう\|話\|に\|なら\|ない\|ん\|で\|あの\|ちょ\|そう\|いう\|意味\|で | バカリ |
| から\|近畿\|へ\|行く\|と\|すれ\|ば\|瀬戸\|内\|が\|一番\|いい\|コース\|で\|えー\|ま\|都合\|の\|いい\|こと\| | ばかり | \|言う\|ん\|です\|けど\|も\|じっ\|あのー\|あすこ\|を\|航海\|し\|て\|いる\|あの\|専門\|の\|あのー\|ま\|え\|航海 | バカリ |
| いう\|推定\|を\|し\|て\|おる\|と\|おー\|いう\|ふ\|まー\|お\|話\|な\|ん\|です#で\|まー\|んな\|ほら\| | ばかり | \|吹い\|て\|もう\|大丈夫\|か\|い\|な\|と\|おー\|思わ\|れる\|方\|は\|です\|ね\|また\|あのー\|おー\|御\|ゆっくり | バカリ |
| の\|判定\|が\|正しく\|行なわ\|れ\|て\|い\|ます#で\|それ\|に\|対し\|て\|えー\|い\|ゆ\|え\|録音\|し\|た\| | ばかり | \|の\|ユーザー\|音声\|の\|分析\|結果\|が\|こう\|なっ\|た\|と\|し\|ます\|ね\|と\|ここ\|本当\|は\|有声\|な | バカリ |
| と\|いう\|本\|が\|ござい\|ます#これ\|は\|この\|時代\|に\|あの\|全て\|手\|作業\|です\|けど\|も#三十\|時間\| | ばかし | \|の\|音声\|を\|取っ\|て\|書き起こし\|て\|色々\|と\|比較\|し\|あー\|その\|特徴\|を\|記述\|し\|て\|ある\|そう | バカリ |

續表

| 前文脈 | キー | 後文脈 | 語彙素読み |
|---|---|---|---|
| 日\|など\|か\|に\|つい\|て\|は\|えー\|高い\|もの\|二\|日\|三\|日\|と\|いう\|感じ\|で\|高い\|もの\| | ばかり | \|です\|けれど\|も#高い#か\|の\|後ろ\|に\|が\|を\|付加\|する\|と\|いう\|こと\|に\|なり\|ます#で\|それぞれ | バカリ |
| 方法\|と\|いう\|の\|は\|え\|一頃\|食品\|関係\|で\|は\|官能\|評価\|と\|言え\|ば\|もう\|殆ど\|この\|手法\| | ばかり | \|使っ\|て\|い\|た\|ん\|です\|が#御\|多分\|に\|漏れ\|ず\|食品\|で\|も\|多\|変量\|解析\|を\|最近 | バカリ |
| 入れれ\|ば\|こんな\|もん\|だ\|と\|いう\|こと\|が\|あの一\|分かり\|ます#それ\|で\|九十\|八\|年\|の\|ば\|話\| | ばかり | \|し\|て\|て\|九十\|九\|年\|の\|話\|を\|し\|なきゃ\|いけ\|ない\|ん\|です\|けど\|も#んで\|これ\|ら | バカリ |
| 海上\|へ\|浮かみ出\|ん\|は\|危うし\|危うし\|鉄砲\|方\|の\|フグ\|は\|内\|の\|固め\|物見\|の\|格子\|より\|頭\| | ばかり | \|を\|差し出ださ\|せ\|おく\|べし\|と\|えー\|早速\|イワシ\|を\|よみ出し\|申し付か\|るる\|は\|云々\|と\|いう\|えー\|話\|が | バカリ |
| が\|でき\|ます#えー\|数量\|程度\|を\|限定\|する\|もの\|で\|は\|G A\|J\|ワン\|に\|えー\|沼津\|市\|の\| | ばかり | \|の\|用例\|が\|あり\|ます#大石\|上村\|編\|一\|九\|七\|五\|で\|は\|秋田\|県\|笹子\|に\|ひゃ\|ん | バカリ |
| 事柄\|この\|男\|い\|たく\|そぞろぎ\|て\|門\|近き\|廊\|の\|すのこ\|だ\|つ\|もの\|に\|尻\|掛け\|て\|と\| | ばかり | \|月\|を\|見る\|E\|概念\|抽出\|的\|事柄\|参り\|て\|御\|使い\|の\|申す\|より\|も\|今\|少し\|慌ただしげ | バカリ |
| 用法\|の\|例\|を\|見\|て\|み\|ましょう#六十\|三\|ページ\|の\|中頃\|例\|の\|四\|を\|御覧\|ください#かく\| | ばかり | \|恋ひ\|ん\|もの\|そ\|と\|知ら\|ませ\|ば\|その\|夜\|は\|ゆた\|に\|あらまし\|もの\|を\|つまり\|四\|の\|例 | バカリ |
| と\|いう\|指示\|詞\|は\|前出\|の\|名詞\|句\|と\|と\|の\|同一\|指示\|関係\|を\|示す\|機能\|を\|有する\| | ばかり | \|で\|は\|なく\|先行\|する\|お\|膳立て\|表現\|が\|有する\|情報\|を\|継承\|し#えー\|更に\|その\|情報\|を\|後続 | バカリ |
| に\|つい\|て\|文雄\|に\|は\|韻鏡\|指要\|録\|え\|翻切\|伐柯\|篇\|こ\|これ\|は\|は\|ん\|せ\|つ\| | ばっか | \|へん\|とも\|えー\|読み\|ます\|が#ここ\|で\|は\|ほん\|せ\|つ\|ばっか\|へん\|と\|読ん\|で\|おき\|ます\|と | バカリ |

續表

| 前文脈 | キー | 後文脈 | 語彙素読み |
|---|---|---|---|
| こ\|これ\|は\|は\|ん\|せ\|つ\|ばっか\|へん\|とも\|えー\|読み\|ます\|が#ここ\|では\|ほん\|せ\|つ\| | ばっか | \|へん\|と\|読ん\|で\|おき\|ます\|と\|いう\|え\|韻鏡\|や\|韻学\|に\|関する\|著作\|が\|あり\|ます#その\|韻鏡 | バカリ |
| あり\|ます#えー\|これ\|ら\|に\|特別\|の\|言葉\|は\|一\|つ\|も\|あり\|ませ\|ん#まさに\|普通\|の\|言葉\| | ばかり | \|で\|あり\|ます#それ\|が\|あー\|源氏\|物語\|で\|は\|こう\|いう\|意味\|を\|持っ\|て\|い\|た\|と\|いう | バカリ |
| に\|し\|て\|いく\|必要\|を\|おー\|おー\|感じ\|て\|おり\|ます#えー\|比較\|語彙\|研究\|は\|始まっ\|た\|あー\| | ばかり | \|で\|あり\|ます#えー\|今\|その\|目的\|と\|対象\|おー\|の\|お\|選定\|法\|を\|含め\|分析\|の\|方法\|に | バカリ |
| 本\|で\|は\|さり\|ながら\|こなた\|に\|は\|お\|出で\|なさる\|る\|こと\|は\|なり\|ます#まい\|程\|に\|私\| | ばかり | \|参ろう\|と\|申し\|て\|やり\|まし\|た\|と\|いう\|よう\|に\|こなた\|が\|用い\|られ\|て\|い\|ます#延宝\|忠政 | バカリ |
| 対象\|と\|する\|助\|数詞\|に\|は\|隻\|も\|あり\|ます#うー\|正倉\|院\|文書\|の\|用例\|は\|この\|隻\| | ばかり | \|です#天平\|宝字\|五\|年\|以降\|の\|用例\|しか\|あり\|ませ\|ん#四\|番\|目\|の\|例\|が\|その\|うち | バカリ |
| の\|書式\|フォーマット\|が\|示さ\|れ\|て\|おり\|ます\|が#ここ\|で\|は\|もはや\|間\|は\|使わ\|ない\|で\|字\| | ばかり | \|が\|使わ\|れ\|て\|おり\|ます#で\|ところ\|が\|こう\|し\|た\|字\|に\|つき\|まし\|て\|中国\|に\|用例 | バカリ |
| の\|資財\|帳\|に\|見え\|なく\|て\|宝亀\|十\|一\|年\|の\|西\|大寺\|の\|資財\|帳\|では\|これ\| | ばかり | \|使っ\|て\|い\|ます\|の\|で\|前\|前\|は\|あー\|足\|足\|より\|後\|の\|もの\|か\|と\|思っ\|たり | バカリ |
| は\|許容\|さ\|れ\|ます#え\|えー\|実例\|も\|非常\|に\|似\|た\|よう\|な\|例\|が\|あー\|二\|例\| | ばかり | \|見つかっ\|て\|おり\|ます#それ\|に\|対し\|て\|多分\|と\|いう\|の\|は\|あ\|若干\|あ\|悪い\|よう\|です#多分 | バカリ |
| ない\|か\|の\|間\|に\|また\|それ\|を\|繋ぐ\|連続\|的\|に\|え\|両者\|を\|繋ぐ\|形式\|が\|二\|つ\| | ばかり | \|ある\|と\|いう\|そう\|いう\|議論\|で\|あり\|ます#具体\|的\|に\|言い\|ます\|と#おー\|ない\|だろう\|か\|う | バカリ |

續表

| 前文脈 | キー | 後文脈 | 語彙素読み |
|---|---|---|---|
| を\|よく\|心得\|て\|味おう\|べし#さて\|濁る\|と\|言う\|も\|その\|気息\|息\|の\|初め\|を\|鼻\|へ\|漏らす\| | ばかり | \|にて\|えー\|歯\|と\|舌\|あるいは\|まー\|歯\|と\|んー\|舌\|あの\|舌\|と\|言う\|ん\|です\|か#ま\|歯 | バカリ |
| 明確\|に\|表明\|さ\|れ\|て\|い\|ます#え\|即ち\|え\|この\|四\|音\|の\|こと\|倭語\|の\|仮名\|文字\| | ばかり | \|に\|て\|沙汰\|する\|に\|は\|あら\|ず\|漢字\|本より\|格\|別\|なり\|と#え\|更に\|見\|ます\|と#え | バカリ |
| 方\|が\|作っ\|た\|自由\|要約\|と\|比べる\|と\|かなり\|出\|て\|き\|て\|いる\|って\|いう\|こと\|と#それ\| | ばかり | \|で\|は\|なく\|て#えーと\|この\|後半\|段落\|で\|八\|割\|以上\|の\|人\|が\|選ん\|でる\|こう\|だい\|重要 | バカリ |
| 形式\|で\|の\|あのー\|回答\|と\|なっ\|て\|おり\|ます#で\|えー\|例\|です\|が#例えば\|個性\|的\|な\|キャラクター\| | ばかり | \|で\|面白い\|えー\|古畑\|さん\|が\|とても\|好き\|です\|と\|いっ\|た\|よう\|な\|わりと\|短\|め\|の\|文章\|で | バカリ |
| ある\|ん\|で\|は\|ない\|か\|と\|思っ\|て\|ます#ただ\|あのー\|私\|達\|は\|勿論\|あの\|自然\|言語\|処理\| | ばかり | \|基本\|的\|に\|やっ\|て\|た\|訳\|です\|から\|えー\|英語\|教育\|の\|色んな\|部分\|それ\|から\|コーパス\|を\|使っ | バカリ |
| いい\|ん\|もの\|が\|ある\|ん\|じゃ\|ないか#ま\|え\|ただ\|単純\|に\|安い\|と\|か\|えー\|と\|いう\| | ばかり | \|じゃ\|なく\|し\|て\|いい\|ところ\|が\|ある\|ん\|じゃ\|ない\|か\|と\|いう\|ところ\|は\|まー\|見\|て\|いか | バカリ |
| な\|ん\|です\|けど\|も#非常\|に\|理論\|的\|な\|えー\|話\|です#で\|そんな\|都合\|の\|ええ\|こと\|ゆ\| | ばかり | \|言っ\|て\|ほんま\|に\|そう\|なっ\|てる\|ん\|か\|いう\|風\|な\|えー\|批判\|を\|受ける\|ん\|と\|思う\|ん | バカリ |
| 的\|に\|検討\|する\|と\|いう\|こと\|を\|えー\|現在\|予定\|し\|て\|おり\|ます#でえー\|え\|言っ\|て\| | ばかり | \|で\|ちょっと\|怪しい\|な\|と\|思わ\|れる\|と\|まずい\|の\|で\|え\|僕\|が\|考え\|てる\|こと\|が\|まー\|そんな | バカリ |
| 的\|に\|この\|ま\|イクスポレ\|エクスプロイテーション\|利用\|性\|の\|うち\|の\|一\|つ\|に\|なる\|訳\|です#で\|も\|それ\| | ばかり | \|やっ\|てる\|と\|全部\|制約\|は\|満たせ\|ない\|場合\|も\|ある\|訳\|です#それ\|を\|する\|と\|一\|回\|一時 | バカリ |

續表

| 前文脈 | キー | 後文脈 | 語彙素読み |
|---|---|---|---|
| コミッティーI新しいIまI成長IするIシステムIをIまーI作っIてIいかIないIとIいけIないIだろう#でIこうIいうI理屈I | ばっか | I言っIてIてIもIしょうIがIありIませIんIのIでIあのーI画面IをIちょっとI最後IにIいーIおI見せ | バカリ |
| ことIもIできIませIんIし#それIからIえーIそのIえーとI受診I者IのI方IのI不安IはI大きくIなるI | ばかり | Iです#まIところIがI実際IにIはIえーI医師IあるいはIそのI医療IスタッフIのIえI多忙IさIなどIがI原因 | バカリ |
| たI訳IですIもIテレビIもIそれIからIえI学校IもIみんなI周りIはIあのI英語IをI話すI人I達I | ばかり | IだっIたIのIで#んでIそのI両親IてIいうIのIはI私IのI場合IあのーI父IもI母IもIあのー | バカリ |
| 意味IがIないIんIだIとIいうI風IにI言わIれIてIしまいIましIて#えーI益々I謎IがI深まるI | ばかり | IとIいうI感じIでIえーIまIこうIいっIたIものIとIせっかくIそのI発話IとIいうIまーI話し言葉IのI中 | バカリ |
| 年IかIそのI辺りIそのIくらいIあのーI空白IがIあっIたIんIですIが#うーんIそれIもI二十I七I回I | ばかり | IはIあのーI文理科I大学IでI行なわIれIたIと#あIそうIいうIようIなIあIありさまIでしIた#えーっとI今 | バカリ |
| ところIでしIて#本当IにIあのーIつまらIないIことIしかI申し上げIられIませIんIで#あのーIただIおI詫びIするI | ばかり | IでIございIます#ありがとうIございIましIた | バカリ |
| うI研究IもIやっIてIおりIます#でIそうIいうIようIなIあーIおとI音IをI生かすI方IのI研究I | ばかり | IでIはIなくIてI建築IでIはIあのーIうIこれI音IをI殺すI方IのIおI技術IのIおーI研究 | バカリ |
| でIもI三十I分IぐらいI話IがIできるIんIですIけれど#今日IはIやめIときIますIけど#あのI古いI話I | ばかり | I集めIたIのIがIあるIんIですIが#あのーI日光IのI陽明I門IにI向かっIてI左IにIこうIいう | バカリ |
| あのIコンピューターI好きIですIね#実験I室IあんまりI行きIたがんIないIんIですIけど#えーI机IのI上IでI仕事I | ばかり | IしIてるIんIですIがIうI時々IうIもうI学生IのI部屋I行くIとIみんなIこうIやっIてIやっIてる | バカリ |

續表

| 前文脈 | キー | 後文脈 | 語彙素読み |
| --- | --- | --- | --- |
| から\|見る\|と\|コンピューター\|って\|の\|物凄い\|威力\|だ\|な\|と\|痛感\|するん\|です\|が#だ\|けど\|あんまり\|それ\| | ばかり | \|やっ\|てん\|の\|見\|てる\|と\|心配\|に\|なり\|まし\|て#うち\|は\|ゲーム\|センター\|じゃ\|ね\|ない\|ん\|だ | バカリ |
| に\|行っ\|て\|こよう\|と\|思っ\|て\|行っ\|たら\|あ\|ジャニーズ\|と\|か\|ね\|そう\|いう\|ん\|で\|あー\|女の子\| | ばかり | \|い\|て\|何\|か\|おじ\|さん\|が\|凄く\|入り\|づらい\|えんえーう\|まだ\|見\|て\|ない\|ん\|です\|けど\|ね#あすこ | バカリ |
| 受動\|受動\|的\|に\|いー\|取り敢えず\|せん\|やれ\|と\|言わ\|れ\|た\|から\|やっ\|た\|みたい\|な\|そう\|いう\|学生\| | ばかり | \|です#で\|まず\|そう\|いう\|七\|人\|に\|対する\|うー\|採点\|結果\|あー\|発音\|能力\|を\|英語\|教師\|に\|付け | バカリ |
| 的\|な\|もの\|が\|出\|て\|い\|た\|と\|思い\|ます#えーっと\|それ\|で\|あのー\|ま\|歴史\|的\|な\|こと\| | ばかり | \|ちょっと\|申し\|まし\|ます\|けれど\|も#あのー\|ハワイ\|の\|日系\|人\|と\|いう\|こと\|が\|どう\|いう\|意味\|を\|も | バカリ |
| なっ\|た\|ん\|です\|が#更に\|二千\|年\|に\|なり\|ます#二千\|年\|さっ\|今\|あの\|今\|完成\|し\|た\| | ばかり | \|の\|です\|と\|二千\|百\|も\|あの\|サンプル\|が\|あっ\|た\|ん\|です\|が\|その\|中\|で\|四百\|四十\|九 | バカリ |
| 思っ\|た\|と\|いう\|やつ\|を\|切りゃ\|良かっ\|た\|ん\|です#最初\|の\|編集\|の\|時\|に\|それ\|生かし\|た\| | ばかり | \|に\|どう\|も\|思っ\|た#で\|お\|思わ\|れ\|て\|しまい\|まし\|て#それ\|で\|固まっ\|てる\|ところ\|が\|あっ | バカリ |
| さ\|だ\|と\|思っ\|て\|ください#え\|一番\|上\|の\|おー\|図\|は\|あー\|えー\|処理\|能力\|の\|高い\|人\| | ばかり | \|が\|あー\|ひ\|左\|の\|方\|の\|おー\|発生\|し\|た\|業務\|を\|お\|処理\|し\|た\|場合\|えー\|全て | バカリ |
| 何\|か\|和洋\|折衷\|で\|です\|ね\|あの\|しかも\|場所\|は\|です\|ね\|あの\|渋谷\|駅\|の\|あの\|でき\|た\| | ばかり | \|四\|月\|四\|日\|に\|でき\|た\|ばかり\|の\|ところ\|です\|の\|で\|是非\|あの\|七千\|円\|払っ\|て\|いただく | バカリ |
| しかも\|場所\|は\|です\|ね\|あの\|渋谷\|駅\|の\|あの\|でき\|た\|ばかり\|四\|月\|四\|日\|に\|でき\|た\| | ばかり | \|の\|ところ\|です\|の\|で\|是非\|あの\|七千\|円\|払っ\|て\|いただく\|と\|ここ\|に\|赤い\|バッジ\|が\|付く\|と | バカリ |

續表

| 前文脈 | キー | 後文脈 | 語彙素読み |
|---|---|---|---|
| だけ\|を\|注意\|し\|て\|意思\|決定\|を\|行なう\|と\|いう\|こと\|に\|なり\|ます#即ち\|えーと\|結果\|の\|こと\| | ばかり | \|を\|考え\|て\|いる\|と\|確率\|は\|ん\|関係\|なく\|なっ\|て\|くる\|訳\|です\|ね#そう\|いう\|意味\|で | バカリ |
| か\|の\|こと\|が\|分かり\|まし\|た\|が#えー\|むしろ\|私\|自身\|の\|感じ\|で\|は\|謎\|は\|深まっ\|た\| | ばかり | \|えー\|こう\|いう\|風\|に\|えー\|従来\|幾何\|学\|の\|分野\|で\|あっ\|た\|部分\|の\|ま\|こう\|いう\|空間 | バカリ |
| に\|私\|は\|認知\|図学\|と\|いう\|風\|に\|いー\|名付け\|て\|おり\|ます\|が#この\|研究\|は\|始まっ\|た\| | ばかり | \|で\|あ\|ま\|色\|色々\|な\|分野\|の\|方\|に\|教え\|て\|いただき\|ながら\|えー\|今後\|研究\|を\|展開\|し | バカリ |
| けど\|も#えー\|ま\|正答\|率\|って\|いう\|の\|は\|一\|つ\|の\|条件\|だけ\|で\|もう\|ずっと\|正解\|正解\| | ばかり | \|だ\|と\|困り\|ます\|の\|で\|各\|じゅ\|え\|実験\|条件\|で\|せいく\|えー\|正答\|率\|が\|四十\|パーセント\|に | バカリ |
| 易しい\|から\|だ\|と\|思う\|ん\|です\|ね#これ\|慣れる#で\|何\|と\|なく\|あのー\|ベイズ\|って\|面倒\|くさい\|こと\| | ばかり | \|やっ\|て\|て\|って\|いう\|こと\|だ\|と\|思う\|ん\|です\|けど\|も#慣れ\|の\|問題\|あ\|それ\|から\|あー | バカリ |
| の\|発表\|おー\|の\|内容\|な\|ん\|です\|が#えー\|最初\|に\|えー\|動機\|と\|背景\|え\|それ\|から\|少し\| | ばかり | \|い\|主\|成分\|分析\|に\|おけ\|る\|変数\|選択\|の\|えー\|オーバー\|ビュー\|と\|言い\|ます\|か#概要\|を\|お | バカリ |
| いう\|パラメーター\|が\|出\|て\|き\|ます#で\|J\|番\|目\|の\|その\|変数\|の\|ウエート\|を\|一\|から\|少し\| | ばかり | \|こう\|おー\|摂動\|を\|与え\|て\|あげる\|こと\|に\|よっ\|て\|えー\|ウエート\|を\|変え\|て\|あげ\|ます#そう\|する | バカリ |
| あげる\|と\|いう\|こと\|が\|できれ\|ば\|えー\|いい\|で\|あろう\|と\|いう\|考え\|方\|です#で\|えー\|う\|少し\| | ばかり | \|い\|数値\|いー\|い\|ノーテーション\|です\|けど#あー\|全体\|を\|Y\|と\|し\|て\|え\|使う\|方\|が\|Y\|ワン | バカリ |
| こう\|いう\|式\|で\|表現\|さ\|れ\|て\|実際\|に\|は\|えー\|それぞれ\|の\|影響\|関数\|固有\|値\|う\|少し\| | ばかり | \|ややこしく\|なり\|ます\|が#えー\|それ\|から\|先程\|言っ\|た\|P\|と\|RV\|と\|いう\|うー\|う\|う\|最大\|化 | バカリ |

續表

<table>
<tr><th>前文脈</th><th>キー</th><th>後文脈</th><th>語彙素読み</th></tr>
<tr><td>こと|で|あり|ます#で|で|ここ|で|そのー|実際|は|う|冷酷|無比|な|その|げんずつ|現実|主義|者|</td><td>ばかり</td><td>|な|ん|です|けど|も#少し|えー|それ|の|中|に|あーの|バリエーション|を|入れ|ます#えー|例えば|えー|相手</td><td>バカリ</td></tr>
<tr><td>です|ね|あのー|えー|ここ|で|第|六|フェーズ|って|書い|て|あり|ます|けれど|も#リスク|テーキング|な|国家|</td><td>ばかり</td><td>|えー|つまり|えー|相手|の|同盟|が|大きく|なっ|て|も|もう|やる|ん|だ|と|決め|たら|やっ|ちゃう</td><td>バカリ</td></tr>
<tr><td>し|て|ない|の|で|ん|見|にくい|と|思う|ん|です|けれど|も#あのー|リスク|ええ|テーキング|な|国家|</td><td>ばかり</td><td>|えー|えー|ね|の|場合|これ|です|ね#ここ|百|八十|八|回|って|書い|て|ある|ん|です|ね</td><td>バカリ</td></tr>
<tr><td>の|一|つ|です#え|これ|まで|二十|年間|私|は|もう|一|つ|の|方|の|モデル|の|考察|</td><td>ばかり</td><td>|やっ|て|おり|まし|て#え|この|モデル|の|方|は|殆ど|取り上げ|て|き|ませ|ん|でし|た#え</td><td>バカリ</td></tr>
<tr><td>せる|制度|です#て|この|要旨|集|を|提出|し|た|後|で|色々|調べ|まし|たら|無償|の|大学|</td><td>ばかり</td><td>|で|なく|え|時給|七八百|円|の|えー|アルバイト|料|を|支払っ|て|有償|で|チューター|制度|を|やっ|て</td><td>バカリ</td></tr>
<tr><td>いう|学習|も|勿論|一|つ|の|学習|な|ん|です|けれど|も#こう|し|た|学習|を|行なっ|て|</td><td>ばかり</td><td>|い|ます|と#児童|の|中|に|自ら|の|論理|に|気付き|対話|する|機会|は|なかなか|望め|ない|の</td><td>バカリ</td></tr>
<tr><td>けど|も#いたし|ませ|ん|でし|た#あのー|私|も|一|二|三|て|な|形|で|ここ|三十|年|</td><td>ばかり</td><td>|の|研究|を|やっ|て|き|まし|て|て|まー|あの|四|番|目|の|ところ|に|つい|て|は</td><td>バカリ</td></tr>
<tr><td>いう|題|で|幾|つ|文|を|書い|た|か|しれ|ませ|ん|が#いつ|も|泣か|さ|れる|もの|</td><td>ばかり</td><td>|です#いつ|も|お|体|は|亡くなっ|て|も|御|霊|が|お|守り|し|て|いらっしゃる|の|です|よ</td><td>バカリ</td></tr>
<tr><td>の|勧告|等|を|受け|平成|九|年|十|月|に|脳|科学|総合|研究|センター|が|発足|し|た|</td><td>ばかり</td><td>|です#そして|その|中|で|は|五|年|ごと|に|戦略|目標|を|設定|し|推進|され|て|い</td><td>バカリ</td></tr>
</table>

キー：「単に」

| 前文脈 | キー | 後文脈 | 語彙素読み |
|---|---|---|---|
| です\|けれど\|も#えっとー\|お\|絶対\|音感\|保持\|あるいは\|音楽\|経験\|の\|程度\|による\|違い\|と\|いう\|の\|は\| | 単に | \|ラベリング\|や\|記憶\|と\|いっ\|た\|え\|認知\|的\|な\|部分\|に\|のみ\|生じ\|て\|いる\|訳\|で\|は\|なく | タンニ |
| た\|の\|は\|初め\|申し上げ\|まし\|た\|よう\|に#こう\|いう\|コーパス\|ベース\|の\|音声\|合成\|と\|いう\|の\|は\| | 単に | \|コーパス\|を\|使う\|合成\|方法\|で\|はあり\|ませ\|ん\|と\|少なく\|とも\|私\|は\|そう\|思っ\|て\|ます#で | タンニ |
| 紀元\|い\|前\|一\|世紀\|の\|終わり頃\|で\|い\|消え\|ちゃう\|ん\|です#ま\|そう\|いう\|こと\|です\|ね#えー\| | 単に | \|日本\|の\|中\|で\|ん\|ごたごた\|し\|てる\|と\|いう\|だけ\|じゃ\|なく\|て\|やっぱり\|東\|アジア\|あるいは\|あー\|東南 | タンニ |
| 読み取れる\|こと\|は\|えー\|大きく\|分け\|て\|二\|つ\|ある\|と\|えー\|考え\|られ\|ます#で\|一\|つ\|は\|えー\| | 単に | \|他\|の\|帯域\|に\|何\|か\|音\|が\|存在\|する\|と\|か\|えー\|ま\|物理\|的\|な\|変調\|が\|存在 | タンニ |
| え\|比較\|的\|大きな\|ピーク\|が\|得\|られ\|てる\|か\|と\|思い\|ます#えーと\|この\|よう\|な\|結果\|は\|ただ\| | 単に | \|バイノーラル\|信号\|から\|相互\|相関\|を\|計算\|し\|た\|の\|で\|えーと\|ま\|当然\|って\|言え\|ば\|当然\|で\|は | タンニ |
| 登録\|し\|た\|もの\|です#で\|えー\|まず\|この\|なし\|の\|ところ\|で\|見\|ます\|と#え\|間投\|語\|を\| | 単に | \|追加\|する\|こと\|で\|えー\|未知\|語\|率\|は\|二\|パーセント\|減少\|する\|ん\|です\|が#認識\|率\|は\|えー | タンニ |
| それ\|から\|雑音\|を\|加え\|た\|場合\|に\|は\|あのー\|えーと\|成績\|が\|低下\|し\|て\|き\|まし\|て#ただ\| | 単に | \|一様\|に\|あのー\|雑音\|加え\|た\|から\|一様\|に\|低下\|する\|訳\|で\|は\|なく\|て\|単語\|属性\|の\|影響 | タンニ |
| えー\|人\|から\|人\|へ\|情報\|を\|伝える\|為\|の\|手段\|と\|し\|て\|極めて\|重要\|で\|あり\|ます#で\| | 単に | \|情報\|を\|伝える\|と\|いう\|目的\|の\|為\|だけ\|なら\|ば\|えー\|音声\|の\|品質\|は\|ま\|理\|理解\|できる | タンニ |
| ね#どちら\|が\|えー\|前\|の\|もの\|は\|後\|の\|もの\|に\|比べ\|て\|どの\|ぐらい\|いい\|か\|と\|いう\| | 単に | \|いい#悪い#だけ\|で\|は\|なく\|て\|えー\|ゼロ\|プラマイ\|一\|プラマイ\|二\|と\|こう\|付ける\|えー\|方法\|シェッフェ\|の | タンニ |

續表

<table>
<tr><th>前文脈</th><th>キー</th><th>後文脈</th><th>語彙素読み</th></tr>
<tr><td>考え|なかっ|た|ん|です|けど|も#取り敢えず|えっと|よく|意味|を|伝えよう|と|思っ|て|読む|時|と|ただ|</td><td>単に</td><td>|たあっ|と|読ん|で|もらう|時|と|で|何|か|違う|傾向|が|出れ|ば|それ|なり|に|面白い|な</td><td>タンニ</td></tr>
<tr><td>いう|もの|に|こう|いう|ディクテーション|の|技術|って|いう|の|が|あのー|まー|使え|たら|いい|な|と#で|</td><td>単に</td><td>|こう|いう|ソフトウェア|を|持っ|て|き|て|も|あの|多分|なかなか|使えなく|て#で|それ|を|あのー|まー</td><td>タンニ</td></tr>
<tr><td>な|ん|です|が#この|踏み切り|の|音|と|いう|の|は|電車|が|やっ|て|くる|前|に|ただ|</td><td>単に</td><td>|この|線路|を|映し|て|いる|状態|で|左側|の|方|に|視覚|の|外側|に|え|踏み切り|が|きんこん</td><td>タンニ</td></tr>
<tr><td>単|単語|って|言う|か|語|の|方|が|より|特定|性|スペシフィシティー|が|高まる|し#もっと|言う|と|えー|</td><td>単に</td><td>|単語|じゃ|なく|て|複合|語|と|か|です|ね|そう|いっ|た|名詞|句|みたい|な|単位|で|取れ</td><td>タンニ</td></tr>
<tr><td>稼げる|だろう|って|いう|こと|が|想像|でき|ます#で|その|為|に|は|その|ステミング|って|いう|の|は|</td><td>単に</td><td>|その|えー|変化|部分|を|予め|こう|いう|変化|ぶ|変化|の|部分|が|あり|ます|よ|と|いう|の</td><td>タンニ</td></tr>
<tr><td>ます#で|この|よう|な|場合|に|は|まー|所在|を|言っ|てる|こと|は|分かり|ます|の|で|ま|</td><td>単に</td><td>|もう|一|度|言っ|て|ください|と|言う|より|は|ま|所在|は|どこ|ですか|と|言っ|た|方</td><td>タンニ</td></tr>
<tr><td>年|ぐ|を|頃|を|境|に|女性|の|言葉|に|対する|認識|が|変化|し|し|ました#えー|</td><td>単に</td><td>|優美|で|上品|な|言葉|で|ある|だけ|で|なく|正しい|国語|で|ある|標準|語|を|話し|教育|する</td><td>タンニ</td></tr>
<tr><td>制定|の|はっ|動き|と|え|婦人|政策|が|関与|し|て|い|て|えー|近代|の|女性|語|は|</td><td>単に</td><td>|封建|的|な|え|遺制|で|は|なく|再編|さ|れ|た|もの|だ|と|も|言え|言える|と|思い</td><td>タンニ</td></tr>
<tr><td>と|いう|こと|です#また|と|し|て|は|の|前|に|は|判断|主体|が|来る|こと|その|場合|</td><td>単に</td><td>|情景|を|描写|する|文末|で|は|成り立た|ず|述部|に|判断|や|意見|など|を|表わす|語|が|必要</td><td>タンニ</td></tr>
</table>

續表

| 前文脈 | キー | 後文脈 | 語彙素読み |
|---|---|---|---|
| なる\|と\|いう\|こと\|が\|あり\|ます#例えば\|要旨\|集\|に\|は\|挙げ\|て\|い\|ない\|の\|です\|が#えと\| | 単に | \|A\|は\|B\|で\|ある\|と\|いう\|同一\|関係\|を\|表わす\|よう\|な\|例文\|私\|と\|し\|て\|は\|画家 | タンニ |
| ある\|こと\|が\|確かめ\|られ\|ます#この\|その\|他\|否定\|を\|表わす\|複合\|形式\|の\|場合\|意味\|の\|類似\|で\| | 単に | \|重ね\|られ\|て\|いる\|と\|いう\|訳\|で\|は\|なく\|て\|えー\|しか\|が\|必ず\|後部\|要素\|に\|なっ\|て | タンニ |
| し\|ます#この\|よう\|な\|未\|分化\|な\|事柄\|提示\|用法\|が\|会話\|文\|に\|も\|認め\|られる\|こと\|は\| | 単に | \|文体\|の\|部分\|的\|混入\|と\|いっ\|た\|問題\|で\|は\|なく\|中古\|語\|の\|動詞\|基本\|形\|終止\|文 | タンニ |
| て\|い\|ます#内的\|情態\|動詞\|を\|人称\|性\|と\|関連\|さ\|せ\|ながら\|内的\|情態\|動詞\|の\|アスペクト\|が\| | 単に | \|時間\|的\|な\|もの\|だけ\|で\|なく\|アスペクト\|的\|意味\|の\|継続\|性\|を\|持ち\|ながら\|その\|継続\|性\|を | タンニ |
| 五\|の\|よう\|に\|定義\|し\|て\|い\|ます#えー\|ここ\|で\|言う\|えー\|観察\|結果\|の\|報告\|と\|は\| | 単に | \|五感\|を\|に\|よっ\|て\|得\|た\|情報\|を\|述べる\|と\|いう\|だけ\|で\|なく\|観察\|に\|よっ\|て\|得 | タンニ |
| て\|おこう\|と\|思い\|ます#えー\|本来\|こんな\|区別\|を\|おー\|する\|必要\|は\|あー\|ない\|はず\|です\|が#あ\| | 単に | \|語彙\|論\|と\|言い\|ます\|と#ある\|人々\|は\|個々\|の\|げん\|え\|個々\|の\|語\|の\|研究\|を\|思い | タンニ |
| で\|語素\|コード\|と\|名付け\|まし\|た#まー\|この\|名称\|に\|つい\|て\|は\|異論\|が\|あり\|ます\|けれど\|も# | 単に | \|適当\|な\|名称\|を\|思い付き\|ませ\|ん#えー\|そし\|て\|また\|文法\|機能\|語\|まで\|えー\|語彙\|に\|含める\|こと\|に | タンニ |
| うー\|と\|は\|思い\|ませ\|ん#が\|しかし\|常\|に\|えー\|念頭\|に\|置い\|て\|進む\|必要\|が\|あり\|ます# | 単に | \|言語\|内\|の\|事実\|のみ\|に\|かかわっ\|て\|いる\|だけ\|で\|は\|その\|言語\|を\|育み\|その\|言語\|に\|よっ | タンニ |
| 文化\|と\|の\|関係\|に\|つい\|て\|も\|積極\|的\|に\|いー\|えー\|いや\|あー\|ちょっと\|抜かし\|まし\|た#え\| | 単に | \|え\|言語\|内\|の\|おー\|事実\|のみ\|に\|かかわっ\|て\|いる\|わ\|だけ\|で\|は\|なく\|その\|言語\|を\|育み | タンニ |

續表

| 前文脈 | キー | 後文脈 | 語彙素読み |
|---|---|---|---|
| いう\|こと\|が\|ある\|の\|だ\|から\|ルビ\|の\|教育\|的\|な\|機能\|を\|認める\|べき\|で\|ある\|それ\|から\| | 単に | \|よびおし\|読み\|を\|示す\|ルビ\|と\|う一\|修辞\|つ\|性\|の\|強い\|ルビ\|これ\|を\|区別\|し\|て\|論ずる\|必要 | タンニ |
| 用法\|が\|隅々\|まで\|記述\|できる\|ん\|だろう\|と\|いう\|風\|に\|私\|は\|考え\|て\|おり\|ます#です\|から\| | 単に | \|可能\|性\|が\|ある\|こと\|を\|示す\|と\|言っ\|た\|だけ\|で\|は\|終わら\|ない\|だろう\|と\|いう\|こと\|で | タンニ |
| 発音\|し\|分け\|られ\|て\|い\|なかっ\|た\|と\|考え\|られ\|ます#え\|すっく\|今\|見\|た\|唱え\|様\|は\| | 単に | \|話者\|例えば\|謡曲\|に\|携わる\|者\|の\|発音\|意識\|の\|高\|さ\|あるいは\|耳\|の\|良\|さ\|に\|のみ\|その | タンニ |
| 十\|七\|パーセント\|あり\|まし\|た#え\|これ\|は\|あの一\|P\|Q\|R\|S\|って\|書い\|て\|ある\|の\|は\| | 単に | \|あの\|営業\|と\|か\|販売\|と\|か\|こう\|並べ\|て\|書い\|て\|ある\|って\|いう\|意味\|です#それ\|から\|A | タンニ |
| 五十\|三\|番\|これ\|が\|あの\|管理\|的\|職業\|な\|ん\|です\|けれど\|も#これ\|に\|つい\|て\|は\|あの\| | 単に | \|本人\|の\|仕事\|の\|内容\|だけ\|で\|例えば\|何\|と\|か\|の\|管理\|って\|書い\|て\|あっ\|て\|も\|それ | タンニ |
| の\|えーと\|ホーム\|ページ\|と\|か\|メーリング\|リスト\|の\|管理\|を\|さ\|せ\|て\|いただい\|て\|おり\|ます#で\|えーと\| | 単に | \|ホーム\|ページ\|を\|作っ\|たり\|メーリング\|リスト\|の\|リス\|あの\|じ\|あの\|新しい\|会員\|の\|方\|が\|入っ\|て\|その | タンニ |
| 共有\|し\|て\|効率\|良く\|言語\|資源\|を\|作り\|たい\|と\|考え\|て\|い\|ます#え\|その\|為\|に\|は\| | 単に | \|えーと\|言語\|の\|特徴\|と\|いう\|もの\|を\|列挙\|する\|だけ\|で\|は\|なく\|て\|えー\|複数\|の\|状況\|に | タンニ |
| が#えー\|それ\|は\|例えば\|英\|会話\|の\|習得\|に\|は\|一般\|的\|に\|時間\|が\|掛かる\|と\|か\|えー\| | 単に | \|時間\|を\|掛け\|た\|から\|と\|言っ\|て\|習得\|できる\|と\|は\|限ら\|ない\|と\|いっ\|た\|よう\|な\|もの | タンニ |
| 単位\|と\|し\|て\|え\|形態\|素\|かんしす\|解析\|に\|よる\|単語\|を\|使う\|か#あるいは\|英文\|の\|場合\|は\| | 単に | \|スペース\|区切り\|を\|使う#あるいは\|文字\|を\|つ\|単位\|と\|し\|て\|しまう\|等\|ぬ\|等\|の\|選択\|が\|考え | タンニ |

續表

| 前文脈 | キー | 後文脈 | 語彙素読み |
|---|---|---|---|
| 程度\|なら\|自動\|処理\|が\|可能\|で\|えーと\|五\|段階\|評価\|に\|あん\|と\|の\|比較\|により\|あのー\|ただ\| | 単に | \|数値\|で\|評価\|し\|て\|もらう\|の\|で\|は\|なく\|自由\|回答\|文\|を\|あのー\|印象\|の\|違い\|と\|いっ | タンニ |
| こう\|やった\|やり取り\|する\|時\|に\|常\|に\|モダリティー\|が\|関係\|し\|て\|くる\|ん\|です\|けれど\|も#それ\|が\| | 単に | \|普通\|体\|に\|て\|だ\|だ\|と\|か\|あの\|終止\|形\|で\|統一\|し\|て\|しまう\|の\|で\|それ\|が | タンニ |
| に\|係り\|易い\|と\|いう\|性質\|を\|持つ\|係り元\|は\|幾\|つ\|か\|知ら\|れ\|て\|いる\|の\|で\|えー\| | 単に | \|遠い\|と\|いう\|距離\|が\|遠い\|と\|いう\|だけ\|で\|なく\|最後\|で\|ある\|と\|いう\|こと\|を\|明確\|に | タンニ |
| は\|クロス\|ランゲージ\|インフォメーション\|リトリーバル\|と\|呼ば\|れ\|て\|いる\|もの\|の\|日本\|語\|訳\|でし\|て#以下\|で\|は\| | 単に | \|シーエルアイラ\|CLIR\|と\|いう\|風\|に\|呼ぶ\|こと\|に\|し\|ます#で\|検索\|質問\|と\|げん\|ぶんぐしょ\|対象\|と\|なる | タンニ |
| 受け付ける\|って\|いう\|の\|は\|辞書\|えーっと\|変換\|辞書\|です\|ね#えーっと\|えー\|対訳\|辞書\|ま\|これ\|は\|単純\|に\| | 単に | \|え\|英語\|に\|対し\|て\|日本\|語\|は\|何\|か\|って\|いう\|辞書\|です\|けど\|も#それ\|を\|見\|て | タンニ |
| は\|あり\|ます\|が#ま\|えとー\|そう\|いう\|メモリー\|領域\|の\|話\|は\|あまり\|気\|に\|し\|ない\|で\|えと\| | 単に | \|二\|つ\|に\|分かれ\|て\|いっ\|て\|解析\|が\|進ん\|で\|いく\|と\|いう\|風\|に\|今\|考え\|て\|状態 | タンニ |
| に\|なり\|ます\|が#その\|発話\|データー\|を\|コーパス\|化\|し\|て\|いか\|なきゃ\|いけ\|ない\|だろう\|と\|それ\|も\| | 単に | \|ばらばらっ\|と\|コーパス\|化\|する\|ん\|じゃ\|なく\|て\|その\|学習\|者\|の\|レベル\|の\|よう\|な\|もの\|を\|付け | タンニ |
| って\|いう\|もの\|を\|どう\|いう\|風\|に\|付け\|て\|いく\|の\|か\|って\|いう\|の\|は\|難しい\|です#あの\| | 単に | \|言い淀ん\|でる\|ん\|だ\|って\|いう\|情報\|だけ\|付け\|たら\|いい\|の\|か\|って\|いう\|気\|も\|し\|ます\|し | タンニ |
| 化\|の\|意味\|が\|明確\|な\|ん\|です\|が#この\|問題\|点\|と\|し\|まし\|て\|えーっと\|ツリー\|演算\|を\| | 単に | \|連結\|で\|は\|なく\|て\|さまざま\|に\|拡張\|する\|必要\|が\|ある\|したがっ\|て\|構文\|解析\|の\|アルゴリズム\|が\|えーと | タンニ |

續表

| 前文脈 | キー | 後文脈 | 語彙素読み |
|---|---|---|---|
| ま\|この\|状態\|の\|組\|で\|アクティブ\|エッジ\|を\|ラベル\|する\|こと\|ま\|あるいは\|パッキング\|に\|おき\|まして\|は\| | 単に | \|非\|終端\|記号\|の\|位置\|で\|は\|なく\|て\|残っ\|てる\|オートマトン\|の\|部分\|って\|いう\|もの\|も\|含めて | タンニ |
| もらっ\|てる\|ん\|で\|こう\|差\|が\|出\|て\|い\|ます#で\|問題\|点\|指摘\|率\|は\|まー\|これ\|は\| | 単に | \|これ\|を\|割り算\|し\|た\|だけ\|です\|が#えーっと\|間接\|的\|に\|あの\|ある\|一\|か所\|を\|変え\|た\|為 | タンニ |
| え\|絞り込み\|語\|提示\|え\|あ\|そっ\|か\|すい\|ませ\|ん#え\|この\|結果\|より\|絞り込み\|語\|提示\|数\|を\| | 単に | \|増やす\|だけ\|で\|は\|え\|不\|十分\|で\|ある\|こと\|が\|分かり\|まし\|た#え\|これ\|は\|ね\|仮定\|と | タンニ |
| と\|いう\|こと\|も\|やっ\|て\|おり\|ます#で\|その\|時\|の\|リンク\|の\|張り\|方\|は\|あの\|エグザクト\|マッチ\| | 単に | \|固有\|名詞\|の\|エグザクト\|マッチ\|で\|リンク\|を\|張っ\|て\|いる\|だけ\|です#現在\|は\|で\|あのー\|この\|時\|の | タンニ |
| 中\|で\|あの\|単語\|と\|単語\|の\|係り受け\|関係\|と\|か\|そう\|いう\|もの\|一切\|使っ\|て\|おり\|ませ\|ん# | 単に | \|頻度\|解析\|だけ\|を\|使っ\|て\|ん\|まどう\|やっ\|て\|これ\|行なう\|か\|と\|いう\|お\|話\|です#んで | タンニ |
| いう\|その\|そう\|いう\|そう\|いう\|意味\|で\|の\|マシーン\|で\|は\|なく\|て\|その\|理論\|モデル\|と\|し\|て\| | 単に | \|提案\|し\|た\|ん\|です\|けど\|も#えーと\|隠れ\|変数\|H\|と\|いう\|もの\|と\|えーと\|観測\|できる\|X\|と | タンニ |
| えら\|と\|いう\|その\|えら\|を\|持っ\|て\|たら\|必ず\|魚\|だ\|と\|いう\|風\|に\|なっ\|て\|たら\|もう\| | 単に | \|その\|一\|事例\|目\|は\|魚\|だ\|と\|か\|言わ\|ず\|に\|もう\|えら\|を\|持っ\|て\|たら\|魚\|で | タンニ |
| 方法\|も\|考え\|られ\|てる\|ん\|です\|けど\|も#その\|よう\|な\|場合\|です\|と\|主題\|と\|は\|関係\|なく\| | 単に | \|他\|の\|部分\|に\|現われ\|ない\|単語\|が\|取ら\|れ\|て\|しまい\|ます\|ん\|で\|この\|よう\|な\|えー\|主題 | タンニ |
| 検索\|式\|を\|与え\|た\|結果\|が\|この\|よう\|に\|なっ\|て\|い\|ます#で\|えー\|従来\|です\|と#えー\| | 単に | \|えー\|普通\|の\|お\|冒頭\|文\|が\|え\|表示\|さ\|れる\|だけ\|だっ\|た\|ん\|です\|けれど\|も#えー\|文章 | タンニ |

續表

| 前文脈 | キー | 後文脈 | 語彙素読み |
|---|---|---|---|
| 提案\|手法\|です\|が#え\|まず\|提案\|手法\|の\|概要\|として\|えー\|ルール\|抽出\|の\|際\|に\|えー\| | 単に | \|アイテム\|の\|出現\|回数\|を\|カウント\|する\|だけ\|では\|なく\|え\|アイテム\|が\|所属\|する\|え\|属性\|の\|属性 | タンニ |
| と\|いう\|もの\|は\|ま\|実\|時間\|持っ\|てる\|ん\|です\|が#ま\|シナリオ\|と\|いう\|の\|は\|もう\|ただ\| | 単に | \|まー\|ん\|ん\|文字\|が\|並ん\|でる\|だけ\|の\|もの\|で\|ま\|実\|時間\|の\|情報\|は\|全然\|持って | タンニ |
| て\|あり\|後\|は\|ビデオ\|を\|配信\|して\|ビデオ\|配信\|して\|あの\|教\|教室\|の\|内容\|を\|ただ\| | 単に | \|ビデオ\|に\|配信\|する#それ\|だけ\|の\|システム\|が\|結構\|多い\|ん\|ですけど\|も#その\|システム\|で\|ちょっと\|問題 | タンニ |
| の\|レベル\|で\|表わせ\|ない\|ような\|データー\|を\|対象\|に\|し\|たい\|と\|いっ\|た\|場合\|や\|また\|あのー\| | 単に | \|データー\|だけ\|で\|は\|なく\|その\|ま裏\|に\|ある\|よう\|な\|知識\|など\|を\|使い\|たい\|と\|いった | タンニ |
| 成分\|分析\|し\|ます\|と#その\|属性\|って\|いう\|の\|は\|記号\|性\|が\|なくなります#全く\|要する\|に\|えー\| | 単に | \|えー\|主\|成分\|一\|主\|成分\|二\|という\|だけ\|です\|の\|で\|それ\|に\|対して\|シソーラス\|を\|適用 | タンニ |
| も\|また\|日本\|語\|に\|して\|みよう\|と#ま\|そい\|から\|日本\|語\|に\|今度\|は\|直す\|時\|に\| | 単に | \|命題\|を\|あのー\|論理\|命題\|を\|そのまま\|テンプレート\|に\|やり\|ます\|と#まだ\|おかしな\|とこ\|が\|出\|てくる | タンニ |
| と\|言い\|まして\|も\|ま\|前輪\|と\|か\|後輪\|と\|言わ\|れる\|もの\|も\|あり\|ます\|ん\|で\|ただ\| | 単に | \|ま\|車輪\|パート\|オブ\|自転\|車\|じゃなく\|て\|ま\|前輪\|パート\|オブ\|自転\|車\|と\|ま\|書く\|こと\|も | タンニ |
| の\|で\|じす\|実際\|に\|は\|あのー\|探索\|の\|必要\|は\|あり\|ませ\|ん\|の\|で\|ま\|これ\|は\|あの\| | 単に | \|その\|適用\|可能\|性\|を\|見る\|為\|に\|だけ\|に\|調べ\|た\|もの\|です#えーと\|それ\|から\|もう\|一\|つ | タンニ |
| が#えー\|全く\|数学\|的\|あるいは\|ちあの\|情報\|科学\|的\|知識\|を\|用い\|ない\|で\|え\|反復\|深化\|で\| | 単に | \|調べ\|た\|もの\|です#ま\|あのー\|ん\|コイン\|の\|枚数\|が\|三十\|くらい\|に\|なり\|ます\|と#えー\|調べる\|ノード | タンニ |

續表

| 前文脈 | キー | 後文脈 | 語彙素読み |
|---|---|---|---|
| しょ\|食事\|し\|たい\|って\|言う\|と\|そば屋\|か\|カレー\|屋\|か\|と\|いう\|まー\|この\|辺\|は\|あのー\|えー\| | 単に | \|あの\|え\|設定\|の\|問題\|です\|けれども#ま\|そう\|いっ\|た\|こと\|も\|できます#それ\|で\|音声\|認識 | タンニ |
| 手法\|に\|関する\|知識\|と\|いう\|の\|を\|その\|まま\|人間\|の\|設計\|者\|に\|見せ\|て\|やる\|と\|いう\| | 単に | \|見せる\|だけ\|と\|いう\|システム\|です#え\|これ\|は\|えー\|どう\|いう\|意味\|が\|ら\|ある\|か\|って\|言う\|と | タンニ |
| 成績\|を\|付け\|たり\|と\|か\|非常\|に\|その\|知識\|集約\|型\|な\|タスク\|も\|あれ\|ば\|です\|ね\|え\| | 単に | \|レポート\|受け取る\|だけ\|と\|か\|色んな\|その\|ま\|雑多\|な\|こと\|も\|ある\|訳\|です\|ね#で\|それ\|が\|です | タンニ |
| 変\|な\|ん\|だ\|けど\|も#どの\|臓器\|が\|悪い\|から\|おかしい\|の\|か\|それ\|が\|分から\|ない\|と\|ただ\| | 単に | \|変\|だ#これ\|で\|終わり\|じゃ\|駄目\|な\|ん\|です\|ね#どの\|臓器\|が\|悪い\|から\|どの\|臓器\|に\|どう | タンニ |
| つ\|理由\|が\|あっ\|て\|量子\|テレポーテーション\|と\|いう\|の\|は\|その\|初め\|に\|出\|て\|き\|た\|時\|は\| | 単に | \|これ\|一\|つ\|の\|現象\|と\|し\|て\|注目\|さ\|れ\|て\|い\|た\|もの\|な\|ん\|です\|が#最近 | タンニ |
| 的\|な\|と\|か\|あのー\|プラグマティック\|な\|あのー\|えー\|使用\|の\|さ\|れ\|方\|って\|いう\|こと\|で\|えー\|ま\| | 単に | \|その\|方言\|の\|特徴\|と\|か\|そう\|いう\|こと\|で\|は\|なく\|て\|えー\|ある\|い\|何\|か\|う\|あの | タンニ |
| が\|こう\|跳ねる\|よう\|な\|音\|と\|似\|てる\|と\|いう\|こと\|で\|えー\|フライ\|と\|呼ば\|れる\|せせん\|ま\| | 単に | \|フラ\|ま\|ボーカル\|フライ\|と\|いう\|風\|に\|ま\|呼ば\|れ\|て\|おり\|ます#で\|ん\|ま\|日本\|これ\|に | タンニ |
| じゃ\|知覚\|の\|面\|で\|は\|どう\|な\|ん\|だろう\|と\|いう\|こと\|で\|まず\|音声\|一\|は\|です\|ね\| | 単に | \|モーダル\|の\|伝達\|関数\|です\|ね#周波\|数\|伝達\|関数\|の\|中\|に\|音源\|を\|あ\|グロッタル\|フロー\|の\|代わり | タンニ |
| で\|次\|の\|ページ\|に\|移り\|まし\|て#えー\|問題\|は\|です\|ね\|この\|制約\|の\|階層\|構造\|が\|ただ\| | 単に | \|その\|一\|二\|重\|有声\|化\|の\|現象\|だけ\|を\|説明\|できる\|と#んで\|他\|の\|一般\|の\|有声\|化\|に | タンニ |

續表

| 前文脈 | キー | 後文脈 | 語彙素読み |
| --- | --- | --- | --- |
| し\|て\|発話\|し\|た\|場合\|は\|焦点\|と\|なる\|名詞\|句\|のみ\|に\|卓立\|が\|置かれ\|文末\|は\| | 単に | \|下降\|調\|で\|終わる\|ん\|だ\|って\|の\|が\|えー\|自然\|だ\|と\|いう\|風\|に\|あ\|おっしゃっ\|て\|まし | タンニ |
| の\|お\|結語\|に\|なり\|まし\|て#え\|一応\|電気\|を\|付け\|て\|ください#付属\|語\|アクセント\|の\|研究\|は\| | 単に | \|付属\|語\|を\|アクセント\|研究\|の\|主体\|的\|対象\|と\|し\|た\|こと\|で\|は\|あり\|ませ\|ん\|で#本 | タンニ |
| が\|あっ\|て\|それ\|は\|非常\|に\|困難\|を\|期し\|まし\|た\|の\|で\|えー\|もっと\|簡単\|な\|方法\| | 単に | \|前\|から\|ポーズ\|を\|入れ\|て\|切れ\|と\|いう\|指示\|に\|し\|まし\|た#で\|ちなみ\|に\|この\|方法\|も | タンニ |
| この\|図\|を\|どう\|どう\|考え\|て\|みて\|も\|です\|ね\|直接\|あの一\|喉頭\|の\|じ\|う\|が\|ただ\| | 単に | \|う\|あの\|う\|上下\|に\|動い\|て\|えー\|もう\|です\|ね\|あの\|声帯\|おー\|の\|んっんん\|の\|長さ\|の | タンニ |
| て\|ます\|と#こう\|いう\|結果\|に\|なっ\|て\|ござい\|ます#それ\|で\|まー\|これ\|は\|あの一\|音声\|区間\|を\| | 単に | \|切り出す\|と\|いう\|こと\|な\|だけ\|なん\|です\|けど\|も#この\|処理\|を\|つ\|少し\|応用\|し\|ます\|と | タンニ |
| の\|文\|は\|ま\|これ\|自分\|の\|シャツ\|で\|ある\|可能\|性\|も\|ある\|か\|も\|分から\|ない\|けど#ただ\| | 単に | \|シャツ\|を\|洗っ\|た\|って\|言っ\|てる\|訳\|です\|ね#え\|つ\|えー\|中相\|んー\|ミドル\|ボイス\|って\|いう\|もの | タンニ |
| 言い替える\|と\|アナウンス\|を\|聞く\|と\|何\|か\|為\|に\|なる\|と\|か\|得\|を\|する\|と\|か\|また\|は\| | 単に | \|楽しい\|と\|か\|面白い\|と\|か\|聞き手\|自身\|の\|心的\|利益\|に\|繋がる\|ような\|何\|ら\|か\|の\|効果 | タンニ |
| て\|いる\|の\|は\|実\|は\|当たり前\|か\|も\|しれ\|ませ\|ん\|が#え\|音声\|非\|音声\|の\|こと\|を\| | 単に | \|指し\|てる\|だけ\|で\|は\|ない\|か\|と#で\|そんな\|よう\|な\|こと\|を\|考える\|こと\|も\|できる\|な\|と | タンニ |
| て\|いる\|訳\|です#ここ\|で\|注目\|し\|たい\|こと\|は\|司祭\|の\|動き\|また\|教会\|の\|言語\|使用\|が\| | 単に | \|ソルブ\|語\|の\|維持\|と\|いう\|べき\|もの\|で\|は\|なく\|家\|で\|ドイツ\|語\|に\|同化\|いわゆる\|同化\|し | タンニ |

續表

| 前文脈 | キー | 後文脈 | 語彙素読み |
|---|---|---|---|
| の\|内容\|と\|密着\|を\|し\|て\|い\|ます\|の\|で\|病気\|の\|性質\|と\|患者\|の\|せ\|年齢\|は\| | 単に | \|社会\|的\|要因\|と\|し\|て\|考慮\|でき\|ない\|要素\|が\|ある\|と\|思わ\|れ\|つまり\|病気\|の\|内容\|に | タンニ |
| ました#続い\|て\|え\|だんだん\|その\|背\|えー\|背景\|から\|いや\|いや\|スポーツ\|傷害\|発生\|って\|いう\|もの\|は\| | 単に | \|物理\|的\|要因\|や\|えー\|そう\|いった\|あの一\|疲労\|度\|精神\|あー\|疲労\|度\|に\|よる\|もの\|では | タンニ |
| じゃ\|ない\|か\|と\|いった\|観点\|から\|分析\|を\|行ない\|まし\|た#で\|いわゆる\|食\|と\|いう\|の\|は\| | 単に | \|文化\|を\|意味\|する\|以上\|の\|あの一\|食べる\|為\|食べる\|こと\|だけ\|で\|は\|ない#そ\|いも\|それ\|以上\|の | タンニ |

2.現日研・職場談話コーパス

キー：「も」

| 前文脈 | キー | 後文脈 | 語彙素読み |
|---|---|---|---|
| 一\|は\|お\|受け\|し\|ます\|。 #で\|です\|ね\|、\|しめ\|、\|締め切り\|の\|件\|な\|ん\|です\|けれど\| | も | \|、\|これ\|、\|あの\|、\|［名字］\|と\|どう\|ゆう\|よう\|な\|お\|話\|に\|なっ\|て\|ます\|でしょう\|か\|。 | モ |
| ほんと\|に\|、\|こう\|、\|こちら\|の\|じょう\|、\|の\|、\|なん\|か\|勝手\|で\|申し訳\|ない\|ん\|です\|けれど\| | も | \|、\|いま\|の\|ところ\|まだ\|あの\|です\|ね\|一般\|予約\|と\|ゆう\|こと\|で\|電話\|が\|まだ\|はいっ\|て\|ます | モ |
| 一般\|予約\|と\|ゆう\|こと\|で\|電話\|が\|まだ\|はいっ\|て\|ます\|ん\|で\|、\|あの一\|、\|それ\|いかん\|に\| | も | \|よる\|ん\|です\|よ\|。 #あの一\|、\|ほんと\|に\|、\|ぶちあけ\|た\|話\|な\|ん\|です\|けど\|。 #はい\|。 | モ |
| お\|世話\|に\|なり\|まし\|た\|ん\|で\|、\|はい\|。 #えーと\|、\|それ\|じゃあ\|、\|あの\|、\|その\|こと\| | も | \|あの\|いちお\|頭\|に\|入れ\|て\|おき\|ます\|の\|で\|。 #はい\|。 #で\|は\|、\|十\|一\|月\|二 | モ |
| て\|見合わし\|て\|へらへら\|笑っ\|て\|ん\|だ\|もん\|。 #薄ら笑い\|な\|の\|。 #そう\|。 #そう\|。 #記憶\|力\| | も | \|散漫\|だ\|し\|。 #もう\|ね\|、\|脳\|細胞\|どんどん\|死ん\|でる\|。 #加速\|度\|つけ\|て\|。 #髪の毛\|も | モ |

續表

| 前文脈 | キー | 後文脈 | 語彙素読み |
|---|---|---|---|
| も\|散漫\|だ\|し\|。 #もう\|ね\|、\|脳\|細胞\|どんどん\|死ん\|でる\|。 #加速\|度\|つけ\|て\|。 #髪の毛\| | も | \|どんどん\|。 #うっ\|薄く\|なっ\|て\|いく\|。 #や\|だ\|な\|、\|そんな\|の\|。 #これ\|取っ\|た\|、\|あ | モ |
| 話題\|は\|ここ\|の\|場所\|で\|は\|ふさわしく\|ない\|#\|#\|#\|##うーん\|、\|だい\|ミス\|だっ\|た\|か\| | も | \|しれ\|ない\|。 #ハウハウ\|ハウハウ\|。 #わたし\|も\|アデランス\|しよう\|かしら\|。 #うん\|。 #うん\|と\|か\|いっ\|てん\|の | モ |
| ない\|#\|#\|#\|##うーん\|、\|だい\|ミス\|だっ\|た\|か\|も\|しれ\|ない\|。 #ハウハウ\|ハウハウ\|。 #わたし\| | も | \|アデランス\|しよう\|かしら\|。 #うん\|。 #うん\|と\|か\|いっ\|てん\|の\|。#盛り上がっ\|ちゃっ\|た\|よー\|。 #盲人\|用 | モ |
| 取っ\|て\|。 #じゃ\|、\|ここ\|に\|しよう\|か\|な\|。 #まあ\|いい\|や\|、\|ここ\|に\|しよう\|。 #で\| | も | \|、\|あたし\|よく\|分かん\|ない\|けど\|さ\|。 #うん#やっぱり\|さ\|、\|どちら\|か\|って\|ゆう\|と\|さ\|、\|こう | モ |
| た\|とき\|、\|手\|が\|こっち\|に\|ある\|ん\|だ\|もん\|。 #うん\|。 #左利き\|の\|人\|は\|違う\|か\| | も | \|しれ\|ない\|。 #うん\|。 #はい\|、\|一\|件\|落着\|、\|つぎ\|。 #もう\|一\|件\|ある\|#\|#\|# | モ |
| は\|一\|外出\|し\|て\|おり\|まし\|て\|、\|こちら\|の\|方\|に\|戻る\|予定\|は\|ない\|ん\|です\|けれど\| | も | \|。 #はい\|。 #えーと\|です\|ね\|。 #7\|時\|すぎ\|に\|、\|こちら\|の\|ほう\|に\|連絡\|が\|ある\|と | モ |
| 。 #あたりまえ\|じゃん\|。 #あたりまえ\|じゃん\|。 #そー\|かー\|、\|みんな\|うるおい\|の\|ある\|人生\|おくっ\|てん\|じゃん\|。 #で\| | も | \|いい\|ん\|でしょ#満足\|し\|てる\|ん\|でしょ#おれ#うん#好き\|だ\|もん\|ね\|。#やっぱ\|。 #べつ\|に\|、 | モ |
| ん\|だ\|から\|いい\|ん\|だ\|よ\|。 #え#ねえ\|、\|電話\|、\|電話\|し\|て\|やっ\|て\|、\|で\| | も | \|ほんと\|暇\|こい\|てん\|の\|、\|今\|、\|特に\|。 #違う\|、\|おれ\|、\|おれ\|ね\|。 #え#ん#なん | モ |
| 、\|はい\|。 #［名前］\|って\|ゆう\|の#［名前］\|。 #電話\|し\|て\|よ\|。 #電話\|ね\|、\|いま\|チャーンス\|か\| | も | \|しん\|ない\|。 #なぜ\|か\|って\|いう\|と\|、\|今\|なん\|か\|ね\|、\|その\|、\|一緒\|に\|住ん\|でる | モ |

續表

| 前文脈 | キー | 後文脈 | 語彙素読み |
|---|---|---|---|
| 女\|の\|発想\|は\|ね\|。 #おれ\|ね\|、\|おれ\|、\|そう\|いう\|風\|に\|話さ\|れる\|と\|、\|おれ\| | も | \|ね\|、\|#\|#\|#\|#\|#\|#\|#\|##あからさまに\|、\|いっ\|ちゃ\|いけ\|ない\|。 #だろ#うん | モ |
| 分\|ぐらい\|、\|おれ\|、\|ちょっと\|外\|出\|て\|き\|て\|いい\|？ #あっ\|、\|はい\|。 #じゃあ\|、\|もし\| | も | \|あれ\|だっ\|たら\|現地\|で\|。 #7\|時\|に\|。 #ああ\|、\|いや\|いや\|、\|わかり\|まし\|た\|よ\|。 | モ |
| 好き\|な\|ん\|だ\|よ\|、\|やっぱり\|。 #でしょう\|、\|わかっ\|てる\|。 #うん\|。 #それ\|だ\|と\|、\|なんに\| | も | \|さ\|、\|進ま\|ない\|わけ\|じゃん\|#\|#\|#\|。 #うん#え\|、\|いい\|じゃ\|ない\|、\|別\|に\|そんな | モ |
| そんな\|無理やり\|進め\|なくっ\|たってさ\|。 #え\|。 #成す\|が\|まま\|。 #え#おっまえ\|。 #なに\|が#なん\|で\| | も | \|ない\|。 #なに#［名前］\|ちゃん\|、\|いま\|の\|。 #うっ\|へへへ\|。 #おまえ\|、\|絶対\|に\|誤解\|してる\|よ | モ |
| へへへ\|。 #おまえ\|、\|絶対\|に\|誤解\|し\|てる\|よ\|。 #そう#絶対\|に\|。 #や\|、\|いやあ\|、\|で\| | も | \|ね\|、\|で\|も\|、\|違う\|違う\|違う\|、\|だ\|から\|、\|そっち\|、\|そっち\|方向\|の\|矢\|は\|誤解 | モ |
| 絶対\|に\|誤解\|し\|てる\|よ\|。 #そう#絶対\|に\|。 #や\|、\|いやあ\|、\|で\|も\|ね\|、\|で\| | も | \|、\|違う\|違う\|違う\|、\|だ\|から\|、\|そっち\|、\|そっち\|方向\|の\|矢\|は\|誤解\|し\|てる\|か\|も | モ |
| も\|、\|違う\|違う\|違う\|、\|だ\|から\|、\|そっち\|、\|そっち\|方向\|の\|矢\|は\|誤解\|し\|てる\|か\| | も | \|しれ\|ない\|けれど\|、\|［名前］\|ちゃん\|から\|出\|てる\|矢\|は\|ね\|、\|わたし\|は\|絶対\|に\|ね\|、\|間違っ | モ |
| よ\|ね\|。 #だ\|って\|、\|あれ\|だけ\|白タン\|くばっ\|て\|空い\|て\|ん\|だ\|よ\|、\|な\|。 #で\| | も | \|ね\|、\|キエフ\|の\|とき\|、\|キエフ\|。 #キエフ#いや\|、\|キエフ\|の\|場合\|は\|で\|も\|ね\|、\|どう | モ |
| な\|。 #で\|も\|ね\|、\|キエフ\|の\|とき\|、\|キエフ\|。 #キエフ#いや\|、\|キエフ\|の\|場合\|は\|で\| | も | \|ね\|、\|どう\|、\|あのー\|、\|白タン\|配り\|すぎ\|て\|ね\|、\|けっこう\|苦労\|し\|て\|た\|よ\|。 #そう | モ |

續表

| 前文脈 | キー | 後文脈 | 語彙素読み |
|---|---|---|---|
| たしか|。 #おれ|だけ|で|、|こんな|に|配っ|た|もん|。 #そう|です|よ|ね|。 #スペイン|ん|時| | も | |、|ずいぶん|持っ|て|いっ|て|いただき|まし|た|もの|ね|。 #いや|、|スペイン|は|もう|ねえ|、|だめ | モ |
| 行こう|か|な|と|か|って|ゆっ|てー|。 #んー|んー|んー#ふーん|。 #それ|で|なん|か|、|家族| | も | |いい|か|な|、|みたい|に|なっ|ちゃっ|てー|、|そ|し|たら|なん|か|その|人|の|友達|まで | モ |
| な|、|みたい|に|なっ|ちゃっ|てー|、|そ|し|たら|なん|か|その|人|の|友達|まで|、|おれ| | も | |行く|ー|みたい|な|かんじ|で|。 #あー#ふーん|。 #いきなり|9|人|の|大|所帯|に|なっ|ちゃっ|て | モ |
| 。 #9|人|1|台|。 #ん|、|まぁ|子ども|こう|膝|のっけ|ちゃう|から|ね|。 #あー|。 #で| | も | |結局|後半|やっぱ|きつい|からー|、|2|台|借り|、|もう|1|台|借り|た|の|。 #ふーん|。 #うん | モ |
| きつい|からー|、|2|台|借り|、|もう|1|台|借り|た|の|。 #ふーん|。 #うん|。 #それ|で| | も | |やっぱり|ー|、|だめ|だ|ね|、|別|に|は|、|う|、|ね|、|でき|ない|もん|ね|。 | モ |
| 悪い|な|と|か|思っ|て|くれ|てる|と|は|思う|ん|だ|けど|、|子ども|が|どう|し|て| | も | |中心|に|なっ|ちゃう|から|ー|、|それ|どこ|じゃ|ない|じゃ|ない#んー#そー|、|そー#んー|。 #だ | モ |
| だ|から|ぜんぜん|、|もう|。 #あ|、|そう|な|ん|だ|。 #あ|、|じゃ|、|食事|と|か| | も | |ない|し#そうそう|そうそう|。 #もう|、|だ|、|ただ|、|それ|、|だ|から|9|人|だけ|の|ツアー | モ |
| 振り|だっ|た|から|さ|、|けっこう|、|なん|か|、|とまどっ|ちゃっ|た|。 #ふーん|。 #空港|と|か| | も | |。 #なん|か|空港|きれい|に|し|て|た|から|。 #ん#去年|あたし|が|9|月|に|行っ|た | モ |
| て|。 #よろしく|。 #いっ|てらっしゃい|。 #それ|で|なん|か|、|なあに|ショッピング|、|街|、|みたい|な|の| | も | |、|どーん|って|なん|か|6|階|分|ぐらい|の|が|ある|の|か|な#うん#あ|、|ほんとう|。 | モ |

續表

| 前文脈 | キー | 後文脈 | 語彙素読み |
|---|---|---|---|
| ほんとう\|。 #何\|が\|入っ\|てん\|の#ふつ\|、\|普通\|の\|お\|店#なんか\|ー\|、\|あれー\|、\|デパート\|の\| | も | \|入っ\|て\|ん\|です\|よ\|ね\|。 #あー\|。#三越\|と\|か\|、\|そう\|いう\|の\|も\|入っ\|てん\|の | モ |
| 、\|デパート\|の\|も\|入っ\|て\|ん\|です\|よ\|ね\|。 #あー\|。 #三越\|と\|か\|、\|そう\|いう\|の\| | も | \|入っ\|てん\|の\|か\|な#んー#すごい\|、\|ゲーム\|、\|コーナー\|みたい\|の\|も\|ある\|の\|か\|な#ふーん\|。 | モ |
| と\|か\|、\|そう\|いう\|の\|も\|入っ\|てん\|の\|か\|な#んー#すごい\|、\|ゲーム\|、\|コーナー\|みたい\|の\| | も | \|ある\|の\|か\|な#ふーん\|。 #あと\|、\|だ\|から\|ディズニー\|ランド\|の\|あー\|いう\|ディズニー\|の\|売っ\|てる\|お | モ |
| の\|か\|な#ふーん\|。 #あと\|、\|だ\|から\|ディズニー\|ランド\|の\|あー\|いう\|ディズニー\|の\|売っ\|てる\|お\|店\| | も | \|ある\|しー\|、\|食べる\|ところ\|なんか\|ほんと\|いっぱい\|ある\|しー\|。 #うん#んー\|。 ##\|#\|だっ\|たら\|なあ\|。 | モ |
| #\|#\|だっ\|たら\|なあ\|。 #そっ\|か\|。#お\|みやげ\|もー\|、\|だ\|から\|地方\|に\|行か\|なく\|て\| | も | \|、\|地方\|の\|もの\|が\|買え\|ちゃう\|ぐらい\|なー\|。 #うん#あー\|、\|行か\|ない\|で\|買え\|ちゃう\|の\|ね | モ |
| 。 #うん#あー\|、\|行か\|ない\|で\|買え\|ちゃう\|の\|ね\|。 #忘れ\|たら\|、\|買い\|忘れ\|たら\|って\|。 # | も | \|、\|お\|みやげ\|って\|さー\|、\|そう\|なっ\|ちゃう\|と\|よく\|わかん\|ない\|よ\|ね\|。 #あー\|。 #で\|、 | モウ |
| 、\|結局\|さー\|、\|なん\|か\|ハワイ\|なんて\|ー\|、\|なん\|か\|ハワイ\|らしい\|もの\|なんて\|探そう\|と\|思っ\|て\| | も | \|さー\|、\|なかなか\|なく\|て\|さー\|。#んー\|。 #んー\|。 #だ\|から\|、\|ねー\|、\|なん\|か\|、\|ほら | モ |
| ねー\|、\|いい\|けど\|ねー\|。 #あれ\|ば\|ねー\|。 #んー\|。 #ふーん\|。 #ほー\|だ\|よ\|ね\|、\|わたし\| | も | \|ハワイ\|前\|行っ\|た\|時\|に\|友達\|に\|今\|なんか\|ボ\|、\|ボトル\|って\|いう\|かー\|、\|シャンプー\|リンス\|か | モ |
| ね\|、\|スーパー\|と\|か\|で\|なん\|か\|かわいい\|の\|探す\|ぐらい\|しか\|ない\|もん\|ね\|。 #スーパー\|と\|か\| | も | \|行き\|たかっ\|た\|ん\|だ\|よ\|な\|、\|ハワイ\|行っ\|て\|。 #んー\|。 #行き\|たい\|な\|。 #あ\|、 | モ |

續表

| 前文脈 | キー | 後文脈 | 語彙素読み |
| --- | --- | --- | --- |
| ない\|から\|、\|自分\|たち\|で\|見つける\|けどー\|。 #うん\|。 #見つけよう\|と\|思えば\|1\|泊\|、\|4 千\|円\| | も | \|出せ\|ば\|すごい\|#\|#\|#\|。 #で\|えっ\|。 #すっごい\|の\|に\|泊まれる\|ん\|だぁ\|。 #嘘\|みたーい\|。 | モ |
| の\|前\|だっ\|た\|けど\|ね\|。 #ふーん\|。 #うん\|。 #じゃ\|、\|なん\|か\|、\|そとみ\|が\|立派\|で\| | も | \|なん\|か\|中\|入る\|と\|、\|ひと\|つ\|ひと\|つ\|見る\|と\|お\|風呂\|と\|か\|で\|も\|、\|# | モ |
| 立派\|で\|も\|なん\|か\|中\|入る\|と\|、\|ひと\|つ\|ひと\|つ\|見る\|と\|お\|風呂\|と\|か\|で\| | も | \|、\|#\|#\|#\|。 #そう#ボロイ\|ん\|だ\|。 #ぼろい\|ん\|、\|ほら\|、\|ぼろく\|て\|安い\|ん\|なら | モ |
| 、\|その\|コンドミニアム\|と\|か\|より\|高い\|ん\|じゃ\|ない\|か\|なー\|。 #けっこう\|わたし\|が\|、\|み\|、\|いつ\| | も | \|泊まる\|よう\|な\|。 #ふーん\|。 #コンドミニアム\|なんか\|全然\|広い\|し\|さぁ\|。 #だ\|って\|ちゃんと\|ー\|、\|ベッド\|ルーム | モ |
| 広い\|し\|さぁ\|。 #だ\|って\|ちゃんと\|ー\|、\|ベッド\|ルーム\|が\|ふた\|つ\|みっ\|つ\|と\|か\|ある\|の\| | も | \|ある\|でしょ\|。 #そう\|そう\|そう\|。 #絶対\|、\|確実\|に\|ひと\|つ\|は\|ある\|ん\|じゃ\|ない#キッチン\|の | モ |
| の\|、\|の\|が\|あっ\|て\|、\|リビング\|が\|あっ\|て\|ベッド\|ルーム\|みたい\|な\|感じ\|、\|で\|、\|ベランダ\| | も | \|ほら\|必ず\|、\|あの\|、\|座れる\|ように\|なっ\|てん\|じゃん\|、\|机\|と\|か\|置い\|て\|。 #うん#うん | モ |
| うん\|、\|そ\|、\|サウナ\|と\|か\|ねー\|、\|うーん\|。 #なん\|か\|、\|で\|、\|だ\|から\|ハワイ\|に\| | も | \|、\|って\|ん\|で\|見つけ\|て\|た\|時\|に\|ー\|、\|そう\|いう\|、\|あと\|コイン\|ランドリー\|と\|か\|も | モ |
| も\|、\|って\|ん\|で\|見つけ\|て\|た\|時\|に\|ー\|、\|そう\|いう\|、\|あと\|コイン\|ランドリー\|と\|か\| | も | \|あっ\|て\|、\|レンタカー\|も\|つい\|て\|、\|と\|か\|いう\|の\|も\|あっ\|た\|の\|ね\|。 #うん#そう | モ |
| 見つけ\|て\|た\|時\|に\|ー\|、\|そう\|いう\|、\|あと\|コイン\|ランドリー\|と\|か\|も\|あっ\|て\|、\|レンタカー\| | も | \|つい\|て\|、\|と\|か\|いう\|の\|も\|あっ\|た\|の\|ね\|。 #うん#そう\|そう\|そう\|。 #そうそう\|。 | モ |

續表

<table>
<tr><th>前文脈</th><th>キー</th><th>後文脈</th><th>語彙素読み</th></tr>
<tr><td>いう|、|あと|コイン|ランドリー|と|か|も|あっ|て|、|レンタカー|も|つい|て|、|と|か|いう|の|</td><td>も</td><td>|あっ|た|の|ね|。 #うん#そう|そう|そう|。 #そうそう|。 #あのー|、|『|エービー|ロード|』#全然|安い</td><td>モ</td></tr>
<tr><td>そう|そう|そう|。 #そうそう|。 #あのー|、|『|エービー|ロード|』#全然|安い|よ|ね|。 #んー|。 #あたし|</td><td>も</td><td>|いつ|も|それ|で|、|行く|ー|。 #あのー|、|だいたい|つい|て|たり|する|よ|ね|、|レンタカー|2</td><td>モ</td></tr>
<tr><td>。 #違う|、|違う|、|これ|は|もう|払っ|た|やつ|でしょ|。 #うん|、|うん|、|だっ|、|これ|</td><td>も</td><td>|、|払っ|た|やつ|な|ん|だ|けどー|、|これ|、|3|0|万|から|出|てる|やつ|は|これ</td><td>モ</td></tr>
<tr><td>つけ|て|もらえ|ば|いい|。 #はい|。 #じゃあ|、|これ|、|ごめん|なさい|、|もう|、|なん|ヶ月|分|</td><td>も</td><td>|の|清算|な|ん|です|けど|。 #はい|、|わかり|まし|た|。 #すい|ませ|ん|、|あの|、|いつ</td><td>モ</td></tr>
<tr><td>出|た|やつ|。 #うん|うん#うん|うん#こー|ゆう|ふー|に|し|とけ|ば|いい|です#これ|両方|と|</td><td>も</td><td>|そう|な|ん|です|けど|。 #これ|を|、|く|、|ペタン|と|くっつけ|とけ|ば|いい#これ|、|請求</td><td>モ</td></tr>
<tr><td>あれ|あっ|た|じゃん|。 #だ|、|これ|は|ー|。 #材料|費|、|で|ー|、|追加|分|で|</td><td>も</td><td>|なん|で|も|いい|ん|だ|けど|も|、|だれだれ|に|、|いくら|、|だれだれ|に|、|いくら|。 #うん</td><td>モ</td></tr>
<tr><td>じゃん|。 #だ|、|これ|は|ー|。 #材料|費|、|で|ー|、|追加|分|で|も|なん|で|</td><td>も</td><td>|いい|ん|だ|けど|も|、|だれだれ|に|、|いくら|、|だれだれ|に|、|いくら|。 #うん#うん#うん|、</td><td>モ</td></tr>
<tr><td>は|ー|。 #材料|費|、|で|ー|、|追加|分|で|も|なん|で|も|いい|ん|だ|けど|</td><td>も</td><td>|、|だれだれ|に|、|いくら|、|だれだれ|に|、|いくら|。 #うん#うん#うん|、|うん|うん|うん|。 #ドル</td><td>モ</td></tr>
<tr><td>ば|いい|の|。 #うん#ここ|を|ゼロ|に|し|て|。 #うん|、|あ|、|ここ|に|、|で|</td><td>も</td><td>|、|いちお|これ|ー|書い|て|ある|よ|。 #どこ|に|。 #えーと|ね|。 #書い|ちゃ|いけ|ない|ん</td><td>モ</td></tr>
</table>

續表

<table>
<tr><th>前文脈</th><th>キー</th><th>後文脈</th><th>語彙素読み</th></tr>
<tr><td>、|いま|あの|、|定期|的|に|、|3|ヵ月|、|に|1|度|、|え|、|多少|ずれる|こと|</td><td>も</td><td>|ある|ん|です|けれど|も|、|えー|、|定期|的|に|出そう|と|ゆう|ふう|に|、|えー|、|いちおう</td><td>モ</td></tr>
<tr><td>ん|です|ね|。 #はい|。 #それ|で|、|えーと|、|これ|が|一番|遅れる|ん|です|が|、|これ|</td><td>も</td><td>|、|ほとんど|、|えーと|、|フロッピー|で|入れ|ます|。 #それ|で|ー|、|あと|、|ここ|です|ね|、</td><td>モ</td></tr>
<tr><td>ちょっと|、|あの|、|1|日|、|納品|日|が|、|おそらく|ずれる|と|思う|ん|で|、|その|へん|</td><td>も</td><td>|見込ん|で|いただい|て|。 #えっと|、|今|まで|の|ー|スケジュール|、|で|は|、|何|日|。 #え</td><td>モ</td></tr>
<tr><td>です|ね|。 #え|。 #1|ヵ月|半|。 #1|ヵ月|半|。 #で|、|それ|は|あのー|、|こちら|</td><td>も</td><td>|あのー|、|えー|、|入稿|する|、|入稿|する|と|いっ|て|、|なかなか|入稿|し|ない|と|か|ゆう</td><td>モ</td></tr>
<tr><td>入稿|し|ない|と|か|ゆう|ん|で|、|あのー|、|あっち|、|あの|、|印刷|ー|の|ほう|で|</td><td>も</td><td>|、|ダイ|を|とっ|たり|と|か|、|そう|ゆう|、|の|が|あんまり|、|こー|、|定期|刊行|物</td><td>モ</td></tr>
<tr><td>が|あんまり|、|こー|、|定期|刊行|物|の|わり|に|は|システマティック|、|じゃ|なかっ|た|、|って|こと|</td><td>も</td><td>|ある|と|思う|ん|です|ね|。 #ええ|、|ええ#はあ|はあ#それ|と|、|あの|、|まあ|、|ちょっと</td><td>モ</td></tr>
<tr><td>まあ|、|ちょっと|、|えー|、|どちら|か|と|ゆう|と|、|どちら|か|と|ゆう|と|と|ゆう|より|</td><td>も</td><td>|、|非常|に|ビジュアル|を|重視|し|たい|の|で|、|この|へん|が|、|あのー|、|これ|、|ちょっと</td><td>モ</td></tr>
<tr><td>よく|なく|て|です|ね|。 #はい|。 #あのー|、|ものすごく|うまく|いっ|て|ない|号|な|ん|です|けれど|</td><td>も</td><td>|。 #はあ|。 #あのー|、|色|を|、|かなり|きっちり|、|出し|て|いただき|たい|と|ゆう|の|が|あり</td><td>モ</td></tr>
<tr><td>て|いる|連載|関係|の|物|で|あれ|ば|、|これ|なんか|は|初校|時|で|いっしょ|に|、|英語|</td><td>も</td><td>|いっしょ|に|、|あのー|、|足並み|そろえ|て|、|出し|て|、|いただい|て|おり|まし|た|。 #はい|はい</td><td>モ</td></tr>
</table>

續表

<table>
<tr><th>前文脈</th><th>キー</th><th>後文脈</th><th>語彙素読み</th></tr>
<tr><td>表紙|、|関係|と|か|、|は|、|あの|、|問題|が|あれ|ば|2|回|出し|て|いただく|こと|</td><td>も</td><td>|あっ|た|の|で|、|表紙|の|ほう|を|先行|し|て|、|入れ|て|おり|まし|た|。 #はあ</td><td>モ</td></tr>
</table>

キー：「だけ」

<table>
<tr><th>前文脈</th><th>キー</th><th>後文脈</th><th>語彙素読み</th></tr>
<tr><td>、|別|。 #電話|し|て|やっ|て|よ|、|あ|、|なん|か|ね|。 #ゆっ|て|み|た|</td><td>だけ</td><td>|なん|だ|から|いい|ん|だ|よ|。 #え#ねえ|、|電話|、|電話|し|て|やっ|て|、</td><td>ダケ</td></tr>
<tr><td>。 #絶対|違う|。 #そんな|こと|ない|よう|。 #それ|は|、|そう|いう|ふう|に|思おう|と|し|てる|</td><td>だけ</td><td>|の|話|でしょ|。 #ね|、|ファッション|通信|の|ビデオ|が|欲しい|、|わたし|。 #追加|講演|決定|。 #なん</td><td>ダケ</td></tr>
<tr><td>、|キエフ|の|とき|に|、|けっこう|、|空い|て|たん|です|よ|ね|。 #だ|って|、|あれ|</td><td>だけ</td><td>|白タン|くばっ|て|空い|て|ん|だ|よ|、|な|。 #で|も|ね|、|キエフ|の|とき|、|キエフ</td><td>ダケ</td></tr>
<tr><td>そう|です#みんな|来|ちゃっ|たら|どう|しよう|か|と|か|いっ|て|。 #入口|で|、|たしか|。 #おれ|</td><td>だけ</td><td>|で|、|こんな|に|配っ|た|もん|。 #そう|です|よ|ね|。 #スペイン|ん|時|も|、|ずいぶん|持っ</td><td>ダケ</td></tr>
<tr><td>と|か|も|ない|し#そうそう|そうそう|。 #もう|、|だ|、|ただ|、|それ|、|だ|から|9|人|</td><td>だけ</td><td>|の|ツアー|みたく|し|て|もらっ|たみ|、|みたい|な|もん|だ|けどー|。 #はー#はー#そん|で|。</td><td>ダケ</td></tr>
<tr><td>ー|、|じゅー|5|万|か|な|。 #1|5|万|。 #で|、|帰り|の|エアー|あの|、|延ばせる|</td><td>だけ</td><td>|延ばし|て|もらっ|て|。 #んー|。 #ホテル|に|5|泊|し|て|、|帰り|が|ー|、|3|週間</td><td>ダケ</td></tr>
<tr><td>。 #これ|、|とりあえず|、|3|0|万|わたし|が|お|預かり|し|た|分|の|、|あんのー|、|あれ|</td><td>だけ</td><td>|、|清算|し|まし|た|の|で|、|で|、|これ|が|、|そう|です|。 #それ|で|、|えーと</td><td>ダケ</td></tr>
</table>

續表

<table>
<tr><th>前文脈</th><th>キー</th><th>後文脈</th><th>語彙素読み</th></tr>
<tr><td>そう|。 #それ|は|、|む|、|向こう|に|入れ|ちゃおう|よ|。 #とりあえず|、|じ|、|実費|の|精算|</td><td>だけ</td><td>|。 #いい|です#あー|、|と|ゆう|の|は|ねー|、|えーと|、|ここ|に|ほら|、|アドバンス|で|、</td><td>ダケ</td></tr>
<tr><td>、|ある|。 #うん#全額|の#うん|う|、|だ|から|、|その|渡し|て|き|た|分|の|。 #</td><td>だけ</td><td>|だ|よ|ね|。 #うん|。 #だ|けど|、|3|0|万|から|出|てる|やつ|は|、|渡し|て</td><td>ダケ</td></tr>
<tr><td>。 #うん|。 #だ|けど|、|3|0|万|から|出|てる|やつ|は|、|渡し|て|来|た|分|</td><td>だけ</td><td>|だ|から|ー|。 #そ|し|。 #そ|し|たら|、|これ|に|1|枚|つけ|て|もらえ|ば|いい</td><td>ダケ</td></tr>
<tr><td>た|って|こと|でしょ|。 #うーん#うん#あ|、|はー|はー|はー|はー|。 #うん|、|で|、|一|枚|</td><td>だけ</td><td>|つけ|て|もらえ|ば|いい|。 #はい|。 #じゃあ|、|これ|、|ごめん|なさい|、|もう|、|なん|ヶ月|分</td><td>ダケ</td></tr>
<tr><td>けっこう|です|から|。 #はい|。 #それ|パッチン|し|とき|ましょう|か|。 #あ|、|じゃ|、|これ|、|これ|</td><td>だけ</td><td>|。 #あ|、|これ|だけ|ね|。 #うん|。 #はい|。 #じゃ|、|今|、|あと|で|つけ|ます|。</td><td>ダケ</td></tr>
<tr><td>。 #それ|パッチン|し|とき|ましょう|か|。 #あ|、|じゃ|、|これ|、|これ|だけ|。 #あ|、|これ|</td><td>だけ</td><td>|ね|。 #うん|。 #はい|。 #じゃ|、|今|、|あと|で|つけ|ます|。 #はい|。</td><td>ダケ</td></tr>
<tr><td>ね|。 #うん|、|わかっ|てる|、|わかっ|てる|。 #うん|。 #だ|から|ー|、|その|うち|の|これ|</td><td>だけ</td><td>|出|てる|って|わかっ|てる|わけ|でしょ|。 #ふん|、|ふん|。 #だ|から|ー|、|あの|、|さっき|の</td><td>ダケ</td></tr>
<tr><td>で|、|えー|、|遅れ|た|もの|とか|、|ちょっと|こちら|で|入力|でき|、|え|なかっ|た|もの|</td><td>だけ</td><td>|、|手書き|の|原稿|が|いき|ます|が|、|ほとんど|が|、|えー|、|フロッピー|入稿|と|ゆう|ふう|に</td><td>ダケ</td></tr>
<tr><td>で|あれ|ば|、|とりあえず|写真|の|ほう|の|あたり|を|決め|て|いただけれ|ば|、|とりあえず|文字|の|原稿|</td><td>だけ</td><td>|いただい|て|、|文字|を|先|に|進め|てく|って|な|形|を|てまえ|ども|で|は|通常|考え|ます</td><td>ダケ</td></tr>
</table>

續表

| 前文脈 | キー | 後文脈 | 語彙素読み |
|---|---|---|---|
| 状態\|で\|出し\|て\|いただい\|、\|て\|も\|だいじょうぶ\|だ\|と\|思い\|ます\|。 #はい\|。 #英文\|の\|長\|さ\| | だけ | \|が\|ちょっと\|よみとれ\|ない\|と\|ゆう\|こと\|です\|ね\|。 #そう\|です\|、\|ええ\|。 #です\|から\|、\|英文\|だけ | ダケ |
| だけ\|が\|ちょっと\|よみとれ\|ない\|と\|ゆう\|こと\|です\|ね\|。 #そう\|です\|、\|ええ\|。 #です\|から\|、\|英文\| | だけ | \|別\|進行\|で\|。 #はい\|。 #です\|から\|その\|あいだ\|、\|あの\|、\|英文\|進行\|し\|て\|いる\|あいだ\|、 | ダケ |
| 。 #今度\|、\|あの\|、\|はんし\|、\|あの\|ー\|。 #え\|、\|あのー\|、\|英文\|の\|、\|この\|図\|、\| | だけ | \|版下\|で\|、\|納め\|させ\|て\|いただき\|ます\|。 #あ\|、\|そっ\|か\|。 #あ\|、\|そう\|です\|か\|、 | ダケ |
| なー\|。 #なに\|か\|、\|だっ\|た\|と\|思う\|ん\|です\|が\|。 #これ\|、\|ちょっと\|、\|紙\|の\|せい\| | だけ | \|じゃ\|ない\|と\|思う\|ん\|です\|が\|、\|ちょっと\|、\|のり\|が\|よく\|ない\|です\|ねえ\|。 #ええ\|、\|ええ | ダケ |
| か\|。 #えー\|、\|そー\|、\|中\|3\|日\|ぐらい\|です\|ね\|。 #中\|3\|日\|。 #い\|、\|色\| | だけ | \|の\|場合\|です\|ね\|。 #色\|だけ\|の\|場合\|。 #ええ\|。 #そう\|する\|と\|、\|そこ\|で\|ちょっと\|直し | ダケ |
| 3\|日\|ぐらい\|です\|ね\|。 #中\|3\|日\|。 #い\|、\|色\|だけ\|の\|場合\|です\|ね\|。 #色\| | だけ | \|の\|場合\|。 #ええ\|。 #そう\|する\|と\|、\|そこ\|で\|ちょっと\|直し\|が\|入れ\|ば\|、\|また\|かかり\|ます | ダケ |
| ええ\|。 #そう\|する\|と\|、\|そこ\|で\|ちょっと\|直し\|が\|入れ\|ば\|、\|また\|かかり\|ます\|が\|、\|色\| | だけ | \|で\|あれ\|ば\|中\|3\|日\|ぐらい\|。 #それ\|で\|ー\|、\|あのー\|、\|今\|まで\|や\|、\|やら\|れ | ダケ |
| くる\|って\|こと\|だっ\|た\|#\|##ふーん\|。 #単身\|赴任\|だっ\|た\|時\|は\|ど\|、\|土\|・\|日\| | だけ | \|かえっ\|、\|あの\|、\|に\|、\|日本\|に\|いる\|時\|は\|土\|・\|日\|だけ\|帰っ\|て\|くる\|みたい\|な | ダケ |
| ど\|、\|土\|・\|日\|だけ\|かえっ\|、\|あの\|、\|に\|、\|日本\|に\|いる\|時\|は\|土\|・\|日\| | だけ | \|帰っ\|て\|くる\|みたい\|な\|。 #ふーん\|。 #じゃ\|、\|ご\|家族\|の\|ほう\|で\|移動\|し\|たり\|は\|し | ダケ |

續表

| 前文脈 | キー | 後文脈 | 語彙素読み |
|---|---|---|---|
| 事務\|から\|の\|連絡\|は\|以上\|だ\|そう\|で\|。 #ちょと\|休憩\|の\|、\|これ\|は\|。 #はい#あの\|ゲスト\| | だけ | \|です\|か\|、\|控え室\|で\|コーヒー\|紅茶\|。 #いえ\|、\|あのー\|、\|スタッフ\|全員\|と\|、\|ゲスト\|で\|合計\|2 | ダケ |
| くださる\|先生\|方\|が\|、\|そこ\|で\|お\|座り\|に\|なっ\|て\|食べ\|て\|ぼく\|ら\|は\|、\|ちょっと\|コーヒー\| | だけ | \|持っ\|て\|、\|た\|、\|た\|、\|タンミ\|し\|ます\|ん\|で\|、\|ご\|ゆっくり\|お\|願い\|し\|ます\|。 | ダケ |
| ふた\|種類\|あり\|まし\|て\|、\|一\|つ\|、\|あのー\|、\|別\|に\|、\|その\|ー\|、\|演壇\|一\|個\| | だけ | \|置い\|て\|、\|司会\|者\|の\|#\|#\|#\|と\|、\|ゆう\|やり\|方\|と\|ー\|、\|あと\|ー\|、 | ダケ |
| ん\|#\|#\|#\|。 #司会\|が\|5\|分\|、\|あ\|。 #え#あー\|いや\|いや\|いや\|。 #うん\|。 # | だけ | \|どこ\|の\|ー\|［名字］\|先生\|の\|は\|少し\|長い\|の\|か\|と\|思っ\|た\|、\|違う\|ん\|です\|か\|。 | ダケ |
| から\|打ちあわせ\|で\|。 #終わっ\|た\|とこ\|で\|ねえ\|。 #そう\|、\|そう\|です\|ねえ\|。 #一方\|的\|に\|話す\| | だけ | \|じゃ\|なく\|て\|、\|どう\|する\|か\|は\|、\|これ\|から\|やれ\|ば\|、\|と\|ゆう\|こと\|です\|ね\|。 | ダケ |
| で\|、\|やっぱり\|、\|こう\|聞き\|たい\|人\|も\|いる\|でしょう\|から\|。 #そう\|です\|ね\|いちばん\|ー\|。 #ちょっと\| | だけ | \|ね\|。 #ちょっと\|我慢\|ね\|。 #ちょっと\|だけ\|、\|うん\|ー\|。 #ちょっと\|で\|も\|あっ\|た\|ほう\|が\|いい | ダケ |
| も\|いる\|でしょう\|から\|。 #そう\|です\|ね\|いちばん\|ー\|。 #ちょっと\|だけ\|ね\|。 #ちょっと\|我慢\|ね\|。 #ちょっと\| | だけ | \|、\|うん\|ー\|。 #ちょっと\|で\|も\|あっ\|た\|ほう\|が\|いい\|、\|ねえ\|。 #ねえ\|、\|時間\|が\|途中 | ダケ |
| 。 #ちょうど\|二人\|きり\|終わっ\|た\|ところ\|で\|って\|の\|も\|いい\|か\|も\|しれ\|ない\|ね\|、\|お\|一人\| | だけ | \|じゃ\|なく\|て\|ね\|。 #ああ\|。 #はあ\|。 #まあ\|せいぜい\|それ\|も\|しかし\|、\|5\|分\|か\|6\|分 | ダケ |
| 我々\|は\|動き\|ます\|から\|。 #わああー\|。 #はい\|わかり\|まし\|た\|。 #じゃあ\|、\|事務\|的\|な\|こと\| | だけ | \|ね\|。 #ん\|、\|はい\|。 #いや\|いや\|、\|その\|次\|一\|つ\|お\|願い\|が\|あっ\|、\|ある\|わけ | ダケ |

續表

| 前文脈 | キー | 後文脈 | 語彙素読み |
|---|---|---|---|
| たち\|、\|悪い\|よ\|ね\|。 #そう\|です\|ね\|。 #うん\|。 #司会\|者\|と\|、\|その\|とき\|しゃべる\|人\| | だけ | \|一\|上\|に\|のっ\|てれ\|ば\|いい\|ん\|で\|、\|下\|に\|い\|て\|聞い\|て\|いただけ\|ば\|いい\|わけ | ダケ |
| に\|そう\|いう\|とこ\|なかっ\|た\|か\|な\|。 #あ\|、\|こちら\|は\|、\|あのー\|、\|最後\|、\|一\|個\| | だけ | \|あの\|、\|あなた\|が\|し\|て\|いる\|趣味\|活動\|と\|か\|って\|ゆう\|、\|最も\|は\|いい\|ん\|です\|けれ | ダケ |
| てん\|の\|よ\|。 #ふふん\|。 #もう\|、\|パンツ\|見える#見え\|てる\|ね\|。 #こおんな\|、\|いい\|よ\|もう\|ここ\| | だけ | \|だ\|から\|。 #はは\|。 #出る\|とき\|スカート\|はく\|から\|さ\|。 | ダケ |
| 、\|あれ\|に\|さあ\|。 #だ\|って\|デザイナー\|が\|決めん\|の\|よ\|、\|これ\|全部\|。 #だ\|から\|一\|。 # | だけ | \|っ\|デザイナー\|英語\|わかん\|なく\|て\|どう\|すん\|だろう\|なあ\|。 #ふん\|。 #だか\|、\|来れ\|ば\|いい\|と | ダケ |
| 。 #だかっ\|、\|テキスト\|で\|おくりゃ\|そりゃ\|フォーマット\|も\|なに\|も\|ない\|わけ\|でしょ\|。 #ない\|もん\|ね\|。 #字\| | だけ | \|が\|いく\|わけ\|でしょ\|。 #で\|、\|ヴァイナリー\|で\|おくれ\|ない\|の\|。 #ヴァイナリー\|で\|おくる\|、\|おくりゃあ\|いい\|ん | ダケ |
| 違う#うち\|の\|会社\|の\|なか\|で\|も\|#\|#\|#\|#\|#\|#\|。 #いろんな\|。 #うち\|の\|会社\| | だけ | \|で\|も\|。 #はい\|。 #あ\|、\|［名字］\|先生\|が\|、\|あ\|、\|や\|、\|［名字］\|先生\|に\|おんぶ\|に | ダケ |
| 。 #で\|も\|ね\|、\|いる\|こと\|は\|いる\|ん\|です\|よ\|。 #それ\|、\|できる\|か\|でき\|ない\|か\| | だけ | \|で\|も\|、\|ちょっと\|、\|きい\|て\|み\|た\|ほう\|が\|いい\|か\|な\|って\|ゆう\|の\|と\|、\|それ | ダケ |
| いけ\|ない\|事情\|が\|あっ\|て\|、\|［社名］\|の\|できる\|ところ\|は\|、\|あそこ\|一\|、\|はっきり\|いえ\|ば\|あそこ\| | だけ | \|な\|の\|で\|、\|それ\|に\|関し\|て\|は\|［社名］\|の\|ほう\|と\|、\|あのー\|、\|やっ\|て\|いただく\|こと | ダケ |
| まし\|た\|し\|、\|例\|の\|が\|入っ\|て\|た\|ん\|で\|、\|ま\|、\|その\|あたり\|は\|、\|つなぐ\| | だけ | \|は\|、\|つな\|、\|つなごう\|と\|思っ\|て\|ます\|。 #うち\|が\|一\|、\|イニシアチブ\|を\|。 #へん\|に\|頼ら | ダケ |

續表

| 前文脈 | キー | 後文脈 | 語彙素読み |
| --- | --- | --- | --- |
| h e r e l。 #さあ|、|食べ|ましょう|。 #いい|、|食べ|て|食べ|て|。 #ちょっと|、|あたし|、|今|これ| | だけ | |、|あれ|し|ちゃう|。 #いっしょ|に|食べ|ましょう|。 #いただき|ます|。 #どうぞ|。 #へーい|。 #食べ|ましょう|、 | ダケ |
| 。 #うん|。 #ねえ|、|ハイビジョン|って|なに|が|いい|の#きれい|。 #暗く|ない#画面|が|。 #暗く|みえる| | だけ | |です|よ|。 #そう|。 #すごい|、|たて|、|横|は|すごい|長い|やつ|よ|ね|。 #そうそう|。 #はあ | ダケ |
| 、|そう|ゆう|の|が|おもしろい|ん|です|よ|。 #そうそう|そうそう#うん#なるほど|。 #んー|。 #球|行く|とこ| | だけ | |見|て|たって|おもしろく|ない|じゃ|ない|。 #うん|。 #あの|カメラワーク|むずかしい|ね|。 #どう|です|か|、|きしめん | ダケ |
| あれ|だ|よ|あのー|、|なん|か|編集|部|の|ほう|で|さあ|、|あーの|、|女性| | だけ | |で|、|なん|か|やろー|か|って|ゆう|話|に|なっ|て|ん|だ|けど|来る#ま|、|もし|時間 | ダケ |
| もし|か|し|て|時間|が|あっ|たら|で|いい|けど|ね|。 #うん|うん|。 #まあ|ね|、|顔| | だけ | |で|も|見せ|とけ|ば|、|反対|し|て|いる|雰囲気|が|なく|なん|ね|。 #2|倍|ぐらい|さあ | ダケ |
| な|の|で|ー|、|ま|、|いちよ|ー|ほら|、|あのー|、|だいたい|ちゃんと|聞か|ない|で|、|雰囲気| | だけ | |で|歌っ|て|しまう|と|ゆう|、|その|癖|を|直す|ため|に|ー|、|ちゃんと|ー|、|音|を | ダケ |
| キャリアー|と|し|て|の|経験|は|ゼロ|です|から|ー|、|まあ|実質|的|に|は|ほとんど|総務|畑| | だけ | |と|、|ゆう|こと|に|なる|と|思い|まし|て|、|え|、|編集|関係|に|つき|まし|て|は | ダケ |
| いっ|て|き|ます|。 #もう|薬|が|ない|ん|で|。 #あ|、|ほんと|。 #ええ|。 #きょう|薬| | だけ | #いや|、|いちよ|予約|し|まし|た|。 #いちよ|お|話し|し|て#あ|、|そ|、|じゃあ|。 #だ | ダケ |
| の|は|プラス|マイナス|の|差|が|大きい|でしょ|。 #ええ|、|そう|です|。 #それ|を|ストップ|し|た| | だけ | |じゃ|なく|て|、|それ|が|マイナス|の|方|に|動い|た|ん|だ|から|、|がんばっ|た|わ|ねー | ダケ |

續表

| 前文脈 | キー | 後文脈 | 語彙素読み |
| --- | --- | --- | --- |
| よ\|なんて\|こと\|に\|なっ\|て\|。 #うーん\|。 #よかっ\|た\|ねー\|。 #よかっ\|た\|よー\|。 #あと\|、\|これ\| | だけ | \|ずれ\|たら\|もう\|失明\|だ\|から\|。 #やっぱり\|責任\|が\|ある\|もん\|ねー\|。 #深かっ\|たら\|さー\|、\|あのー\|、 | ダケ |
| #\|#\|#\|#\|。 #うーん\|。 #手術\|し\|なきゃ\|なん\|ない\|し\|ね\|。 #うーん\|。 #あのー\|、\|これ\| | だけ | \|で\|すん\|だ\|から\|、\|あの\|、\|薬\|を\|つけ\|て\|、\|化膿\|止め\|を\|し\|たり\|し\|て\|、 | ダケ |
| 。 #うーん#ちょっと\|パターン\|が\|くずれる\|と\|もう\|ね\|、\|だめ\|ん\|なっ\|ちゃう\|の\|ね\|。 #うん# [名字] \|さん\| | だけ | \|わかん\|ない\|の\|、\|うち\|、\|そこ\|が\|。 #あ\|、\|そーう\|。 #うーん\|。 #で\|、\|土曜\|日\|残し | ダケ |
| って\|いっ\|た\|ん\|です\|けど\|も\|、\|月曜\|日\|出さ\|なかっ\|た\|ん\|だ\|けど\|、\|土曜\|日\|あん\| | だけ | \|でき\|てる\|、\|できる\|よう\|に\|なっ\|た\|から\|だいじょうぶ\|だろう\|と\|思っ\|て\|、\|テスト\|やっ\|た\|ん\|です | ダケ |
| テスト\|し\|た\|の\|が\|、\|置い\|て\|ある\|わけ\|、\|それ\|もっ\|て\|き\|なさい\|ったら\|、\| [名字] \|くん\| | だけ | \|もた\|ない\|で\|自分\|の\|席\|に\|帰っ\|ちゃっ\|て\|。 #聞い\|て\|ねえ\|ん\|だ\|、\|あれ\|は\|な | ダケ |
| と\|だし\|ちゃっ\|て\|、\|答え\|が\|あっ\|てん\|の\|よ\|。 #あっ\|てる\|わけ\|。 #だ\|から\|、\|答え\| | だけ | \|、\|ちょっと\|隣\|の\|子\|の\|見\|た\|ん\|じゃ\|ない\|。 #そう\|そう\|そう\|、\|あの\|ー\|。 #いや | ダケ |
| だ\|よ\|ね\|。 #うーん\|。 #でき\|ない\|子\|って\|みんな\|ね\|、\|上\|の\|、\|数\|をたてる\|の\| | だけ | \|は\|でき\|ちゃう\|わけ\|。 #うん\|、\|うん\|、\|うん\|。 #ところ\|が\|、\|順番\|が\|くるう\|わけ\|、\|0 | ダケ |
| あたし\|。 #んー\|、\|へそくり\|。 #へそくり\|。 #いい\|ねーえ\|、\|#\|#\|#\|#\|#\|。 #要する\|に\|だらしない\| | だけ | \|な\|ん\|です\|けど\|。 #もし\|か\|する\|と\|、\|ある\|か\|も\|しれ\|ない\|。 #ある\|って\|ゆう\|か | ダケ |
| 先生\|が\|。 #子供#ううん\|。 #いやー\|、\|おれ\|は\|それ\|は\|作ら\|ない\|よ\|、\|自分\|で\|食べる\|分\| | だけ | \|だ\|よ\|。 #なん\|か\|ある\|もん\|つくる\|だけ\|で\|さー\|。 #で\|も\|すご\|。 #それ\|以外\|は\|つくん | ダケ |

續表

| 前文脈 | キー | 後文脈 | 語彙素読み |
| --- | --- | --- | --- |
| は\|それ\|は\|作ら\|ない\|よ\|、\|自分\|で\|食べる\|分\|だけ\|だ\|よ\|。 #なん\|か\|ある\|もん\|つくる\| | だけ | \|で\|さー\|。 #で\|も\|すご\|。 #それ\|以外\|は\|つくん\|の\|女房\|ね\|、\|子供\|の\|、\|つくる\|から | ダケ |
| 場所\|ない#こないだ\|さー\|、\|ある\|日\|ねー\|、\|あの\|雑草\|の\|中\|に\|さー\|、\|なん\|か\|1\|輪\| | だけ | \|きれー\|な\|ピンク\|の\|花\|が\|咲い\|てる\|から\|さー\|、\|誰\|が\|こんな\|とこ\|に\|花\|捨て\|て\|いっ | ダケ |
| 思っ\|て\|。 #ええ#うん#ええ#捨て\|て\|。 #ねー#雑草\|の\|中\|に\|ピンク\|の\|花\|が\|1\|輪\| | だけ | \|ぽおっ\|と\|さ\|、\|きれー\|な\|の\|咲い\|てる\|から\|さー\|。 #ええ\|。 #それ\|で\|ー\|、\|2、3\|日 | ダケ |
| た\|の\|。 #なんに\|も\|やっ\|て\|なくっ\|て\|、\|ただ\|委員\|会\|は\|ー\|やっ\|た\|。 #委員\|会\| | だけ | \|ね\|。 #うん\|。 #部活\|は\|入っ\|て\|なかっ\|た\|の\|。 #部活\|は\|やっ\|て\|ませ\|ん\|。 #それ | ダケ |
| いや\|、\|あたし\|もー\|、\|あ\|、\|今日\|、\|数学\|科\|は\|椅子\|を\|あげ\|なきゃ\|いけ\|ない\|って\|こと\| | だけ | \|。 #えー#だ\|って\|先生\|。 #あ\|、\|そう\|な\|の#今日\|じゃ\|ない\|、\|あした\|。 #あした\|ね\|。 | ダケ |
| うん\|。 #途中\|で\|こ\|なく\|なっ\|た\|と\|し\|て\|も\|、\|それ\|は\|、\|遅刻\|扱い\|が\|続く\| | だけ | \|だ\|と\|。 #うん#うーん\|。 #そう\|だ\|ね\|、\|やめ\|ちゃう\|ん\|じゃ\|なく\|て\|、\|こ\|なく\|なる | ダケ |
| ます\|。 #そう\|。 #うん\|。 #次\|ー\|。 #どう\|し\|ます#いちお\|、\|多め\|に\|ー\|。 #ちょっと\|概要\| | だけ | \|ー\|、\|どれ\|ぐらい\|かー\|、\|椅子\|の\|数\|も\|ある\|し\|。 #そう\|だ\|ね\|。 #セッティング\|の\|こと | ダケ |
| 数\|だ\|し\|、\|先生\|。 #あ\|、\|そう\|。 #うん\|。 #うん\|、\|だ\|から\|、\|保護\|者\|会\| | だけ | \|。 #どちら\|か\|だけ\|で\|も\|ね\|。 #保護\|者\|会\|だけ\|ね\|。 #2\|組\|。 #2\|組\|、 | ダケ |
| 先生\|。 #あ\|、\|そう\|。 #うん\|。 #うん\|、\|だ\|から\|、\|保護\|者\|会\|だけ\|。 #どちら\|か\| | だけ | \|で\|も\|ね\|。 #保護\|者\|会\|だけ\|ね\|。 #2\|組\|。 #2\|組\|、\|1\|2\|です\|。 | ダケ |

續表

| 前文脈 | キー | 後文脈 | 語彙素読み |
|---|---|---|---|
| うん\|、\|だ\|から\|、\|保護\|者\|会\|だけ\|。 #どちら\|か\|だけ\|で\|も\|ね\|。 #保護\|者\|会\| | だけ | \|ね\|。 #2\|組\|。 #2\|組\|、\|1\|2\|です\|。 #1\|2\|。 #3\|組\|、\|1\|8 | ダケ |
| て\|。 #5\|組\|、\|にじゅうさ\|、\|2\|。 #6\|組\|、\|1\|7\|。 #ん\|、\|保護\|者\|会\| | だけ | #はい\|。 #1\|9\|。 #やっぱ\|、\|2\|0\|ぐらい\|だ\|ねー\|。 #8\|組\|は\|1\|4\|。 #1 | ダケ |
| うん\|。 #で\|も\|、\|だいじょうぶ\|、\|え\|、\|はい\|、\|そう\|です\|。 ##\|#\|#\|#\|##ちょっと\| | だけ | \|顔\|のぞい\|て\|。 #はい\|。 #じゃあ\|。 #テスト\|の\|前\|でしょ\|。 #そう\|な\|ん\|です\|。 #英語\|の | ダケ |
| へま\|やっ\|て\|ん\|です\|よ\|ね\|。 #そう\|な\|ん\|だ\|。 #だ\|から\|、\|見\|て\|、\|これ\| | だけ | \|は\|見\|に\|いこう\|なんて\|いっ\|て\|、\|あのー\|、\|あれ\|し\|てる\|と\|ね\|、\|結局\|、\|で\|、 | ダケ |
| リアクション\|、\|良かっ\|た\|ね\|。 #たった\|、\|2\|両\|しか\|ない\|けど\|さー\|、\|乗ーっ\|たら\|、\|うち\|ら\| | だけ | \|。 #ふーん\|。 #いや\|、\|好き\|な\|とこ\|座っ\|て\|ください\|。 #で\|、\|途中\|の\|駅\|、\|行っ\|て | ダケ |
| 、\|もう\|切符\|も\|とれ\|た\|し\|。 #うん\|、\|とれ\|た\|し\|ね\|。 #あと\|ー\|、\|JT B \|行く\| | だけ | \|、\|て\|ゆう\|かんじ\|ー\|よ\|ね\|。 #そう\|です\|ね\|。 #それ\|、\|交付\|金\|だ\|から\|ー\|、 | ダケ |
| ー\|。 #知っ\|て\|ます#うん\|、\|知っ\|てる\|。 #すい\|ませ\|ん\|。 #じゃ\|、\|いただき\|まーす\|。 #こん\| | だけ | \|じゃ\|悪い\|から\|、\|ちょっと\|シュリンプ\|も\|あげよう\|か\|ー\|個\|。 #あ\|、\|シュリンプ\|あれ\|でしょー\|。 #［名字］\|さん | ダケ |
| これ\|ー\|、\|うん\|。 #あたし\|、\|あげ\|ちゃっ\|た\|から\|、\|わかん\|ない\|。 #で\|も\|、\|1\|個\| | だけ | \|だ\|から\|。 #ちっちゃい\|の\|。 #あっ\|。 #うん\|。 #さむい\|、\|さむい\|って\|ぼやい\|て\|ます\|よー\|。 #ちっちゃく | ダケ |
| もう\|ない\|。 #1\|個\| | だけ | \|だ\|よ\|ねー\|。 #うーん\|。 #味\|が\|他\|に\|つい\|ちゃっ\|て\|。 #えいっ\|て\|食べ\|ちゃえ\|ば\|ね | ダケ |

續表

<table>
<tr><th>前文脈</th><th>キー</th><th>後文脈</th><th>語彙素読み</th></tr>
<tr><td>これ|は|ー|、|足|だ|と|か|なん|と|か|いっ|て|、|5|台|ー|、|5|つ|</td><td>だけ</td><td>|、|足|を|、|梱包|する|と|か|そう|ゆう|かんじ|で|やっ|てる|わけ|です|よ|ね|。 #ふーん</td><td>ダケ</td></tr>
<tr><td>よ|ね|。 #ふーん|。 #で|ー|、|分ける|と|する|と|、|もう|本体|と|足|と|2|つ|</td><td>だけ</td><td>|に|なる|わけ|です|か|。 #はい|。 #はい|。 #はい|。 #はい|。 #はい|。 #そう|です|か|。</td><td>ダケ</td></tr>
<tr><td>まずかっ|た|ため|に|、|まー|、|たとえば|ヒューズ|ー|、|が|とん|だ|と|か|です|ね|、|ヒューズ|</td><td>だけ</td><td>|で|すめ|ば|いい|です|けど|、|まー|、|ＰＬＣ|が|やら|れ|た|と|か|です|ね|、|そう</td><td>ダケ</td></tr>
<tr><td>です|か|。 #それ|は|ー|、|基本|的|に|は|、|#|#|#|も|、|あのー|、|今回|</td><td>だけ</td><td>|じゃ|なく|て|今|まで|も|ずっと|一緒|に|やっ|て|いただい|、|き|まし|た|し|ね|、|これ</td><td>ダケ</td></tr>
<tr><td>に|関し|て|ね|、|ま|、|どう|する|か|って|ゆう|の|は|、|えー|、|その|、|そこ|</td><td>だけ</td><td>|です|ね|、|うち|の|心配|と|し|ま|し|て|は|。 #けっこう|、|お|客|さん|ー|、|しっかり</td><td>ダケ</td></tr>
</table>

3.中日対訳コーパス

キー：「だけ」

| 行番 | あした来る人（原文） | 情系明天(訳文) |
|---|---|---|
| 38 | 彼女に違いなかった。 二つ並んでいる席の通路側の方を取って、同じように身体を背後にもたせて、軽く眼をつむっている。 曽根にはその女性だけが、食後のうたたねの感じには見えず、瞑想しているかのように見えた。 | 无疑是她。她坐在路边椅子上——椅子是两张相对的,微微合着眼睛。曾根隐约觉得,只有这位女士尚未陷入饭后的瞌睡之中,而流露出沉思的神情。 |
| 87 | 気おくれする何ものもありはしない。 蟻のようにしか見えない人間というものが、東京というところでは、少し哀れに思えただけのことである。 | 在东京这等地方,人居然形同蚂蚁。对此他不由生出几分悲哀,仅此而已。 |

續表

| 行番 | あした来る人 (原文) | 情系明天(訳文) |
| --- | --- | --- |
| 115 | 曾根二郎は、この時だけ静かに言った。 | ///曾根的语气这才沉缓起来。 |
| 158 | 「いや、見るだけ見て下さい」 | “不不,看还是请看一下。” |
| 162 | どの写真にも、頭の大きいすこぶる不器量な魚が大写しになっている。 大小、形状の差異はあれ、不器量なことだけは、みんな共通している。 | 相片上的,无一不是大头大脑、笨手笨脚模样的鱼。大小、形状固然有别,但那笨拙样子却并无不同。 |
| 194 | 曾根は、しかし、上京してだれからも相手にされなくても、たいしてへこたれなかった。 出版さがの交渉は一応打ち切って、金を出す人を探そうと思う。 これだけ東京に人がうようよ居るのだから、一人ぐらい、百万円の出版資金を出してくれる奇特な人物がいても不思議はないではないか。 必ず居るに違いない。 それにぶつがるかぶつからないかだけの話である。 | 尽管这次来京屡遭冷薄,但曾根二郎并不曾气馁。他打算先把联系出版的事放一放,而先物色肯出钱的人。东京城如此人如潮涌,其间有一两个肯赞助一百万出版经费的出众人物,又有什么奇怪的呢! 此人定有无疑,问题不过是能否碰上罢了。 |
| 206 | 三村明に好感を感じただけに、曾根はこの時、上京以来初めて、ぎゃふんとした気持になった。 | ///由于对三村明抱有好感,曾根进京以来第一次感到心情舒畅。 |
| 208 | 「もうこれだけ飲ませてもらえば沢山だ」 | “够了够了,喝这么多家!” |
| 269 | それだけ言って頭を下げ、とびらを開けて相手を送り出した。 二人になると、 | ///低头说罢,开门送客。房间只剩下了父女两人。 |
| 282 | 「ちよっと見ただけで判らないが、ヤミ屋かな。 ブローカーかも知れない」 | “一眼看不出来。怕是黑市商人,再不就是掮客。” |
| 309 | 要求しただけはちゃんとよこす。 しかし、要求が多額の時はちょっといやな顔をする。 | 从来是要多少给多少。只是数量多的时候,会略略流露出不悦之色。 |
| 310 | 母は毎月要るだけのものは父から取り上げるから、さして不自由はしない。 父はどのぐらい金を持っているか八千代にはかいくも見当がつかない。 八千代ばかりでなく、世間にも判っていないようだ。 | 母亲每月所需之物,尽可从父亲手里讨取。并无什么限制。八千代根本不晓得父亲有多少钱,社会上恐怕也无人知晓。 |

續表

| 行番 | あした来る人 (原文) | 情系明天(訳文) |
| --- | --- | --- |
| 313 | 見舞品代として別に紙幣一枚を父から受け取ると、+++「自動車呼んでいただけます?」+++抜目なく、八千代は言った。 | 作为买慰问品的钱,她从父亲手里另外接过一张钞票,继而又不失时机地问:+++“给叫辆车好么?” |
| 355 | 「暖かくなったと思うと、あっという間ですよ。 昨夜はふた組、お客さんを九段へ運びました。 この間まではこんなことはなかったんですが、それだけ時代が落着いたんでしょうか」 | “天气暖和嘛。昨天就已把两对客人拉到九段去了,这以前是没有过的。时代真变得这般悠闲了不成?” |
| 458 | 八千代は言った。 言ってから、食事をするのもいいが、ひげとリュックサックだけはどうかしてもらわないと困ると思った。 | ///八千代说道。说完一想,吃饭虽没问题,但那胡子和背囊还是要让他处理一下才行。 |
| 548 | もちろん断るだけの話である。 時間つぶしだが、しかし会うだけは会わねばならない。 午後にも一人面会者がある。 曾根二郎である。 この方は同じ金の話だが、金の出所のあっせんである。 これは八千代からの依頼であるし、自動車でひっかけたという縁故もあるので、何とかしてやらねばならぬ。 | ///当然只能拒绝了事。尽管这种应酬纯属浪费时间,但还是要见一见的。下午也有一位求见者——曾根二郎。此人也是谈钱,但只是求自己从中周旋。这是八千代之托,二来又有被自己车撞过的因缘,要想点办法才是。 |
| 607 | 「呼び出しがあったら、一応出掛けて説明してやって下さい。 いい仕事には金を出そうという意志だけは持っている会社です」 | “要是有人问起的话,得请你来说明一下。有家公司已经表态,愿意为正经研究出钱赞助。” |
| 615 | 「金の口はかけられるだけ、かけておいた方がいいんです」 | (未译) |
| 623 | 「いや、専門の話は、僕など聞いても仕方ありません。とにかく魚の研究でしょう。それだけ聞いておけばー」 | “不必了,专业上的东西,我这老头子听了也莫名其妙。总之是科研对吧?知道这一点足矣……” |

續表

| 行番 | あした来る人 (原文) | 情系明天(訳文) |
|---|---|---|
| 646 | 「度々すまんが、食事はだめになった。三時から五時までさくらだけ見よう。三時に来てくれないか。一三時半の方が安全かな。もう一人残っているが、時間の観念に欠けた男だから」そう、例の、年齢には似つかぬ声量のある低音で言った。 | "再三改时间,对不起。饭吃不成了。三点到五点,只看看樱花吧。三点来好么?——三点半更保险些。还有一人要来,这人缺乏时间观点。" |
| 650 | 梶はその時、洋服のチョッキや上着のポケットを手さぐりして、朝届けてもらった乗車券を探していたが、手だけは相変らず、そこらをはいまわらせながら、 | 此时,梶正在西服马夹和上衣袋里掏来掏去,寻找早上送来的车票。他一边摸索一边象对待老朋友似的。 |
| 670 | 梶は、六十年の処世の知恵で、十分か十五分対座していると、大抵の人間なら、そのいいところも悪いところも判るが、自分の婿である克平だけは、六年もつき合っているが、どうも苦手だった。よく判らない部分が、この顔の整った三十四歳の青年には、どこかにあるようだった。 | 以六十年处世经验,同一般人只消对女婿坐十几分钟便可大致品出对方的好坏。然而唯独对女婿克平,交往六年之久仍无从判断。在这个三十四岁年轻人的端庄的脸上,仿佛有一种高深莫测之处。 |
| 691 | 「まだ判りません。今のところは、まだ夢みたいな話です。頭の中の計画だけで、具体的には全然形をなしていないんです。ですけれど、行きたいですなあ」 | "还不清楚。眼下只是梦一样的设想,不过纸上谈兵,具体还没有眉目。不过,真想去啊!" |
| 723 | 「カラコルム山脈。一ヒマラヤの奥地です。日本人はだれも足を踏み入れていないところです。もっとも一人だけカメラマンがその山のふもとまで行きましたが。その意味では多少の仕事にはなります」 | "喀喇昆仑山脉,喜玛拉雅的腹地。日本还没人踏入一步。当然,有个摄影家到过那座山的脚下。在这个意义上,多少还是值得一去的。" |
| 724 | 克平は言って、その時だけちょっと遠い眼をした。この男に合うようには、八千代をしこまなかったと、梶は、ひそかに心の中で思った。 | ///克平说着,此时——唯有此时现出向往远方的眼神。梶心中暗想,八千代是不适合这个男子的,自己也未曾那样教育过她。 |
| 732 | 「ないものは金だけだというわけだね」 | "就是说,只差钱没定罗?" |

續表

| 行番 | あした来る人 (原文) | 情系明天(訳文) |
| --- | --- | --- |
| 774 | しかし、もちろん梶と杏子は親娘ではない。 なんの血のつながりもない。 だが、梶の杏子に対する気持の流れ方は、何に一番近いかと言えば、やはり父親の娘に対するものと言っていいかも知れない。 ただ違うところは、血の関係がないだけに、世の父親が己が娘に持つ、一生どうしても背負って行かねばならぬ愛情の負担というものはない。 | 然而不用说,梶同杏子并非父女。没有任何血缘关系。但要说梶对杏子的心情最象什么,不妨可以说仍是父亲对待女儿的心情。不同的只在于,其中并不存在世间一般父亲对没有血缘关系的女儿必须一生负责到底的那种感情负荷。 |
| 780 | 「飯を一緒に食べようと思ったがだめだ。結婚式の披露宴に招ばれてしまってね。とにかくさくらだけは見よう」 | “本想一起吃饭,吃不成了。叫我去参加婚宴。只看看樱花吧,这还是要看的。” |
| 804 | 「お店の前を通って、ちょっとだけ見ていただきたいものがあります」 | “路过我那个店时,有件东西想请您过目。” |
| 812 | 「それから銀座で時間があったら、ちょっとだけのぞいていただきたいショーウィンドーがあります」 | “要是再有时间,有个橱窗也想请您看一眼。” |
| 850 | 「気に入るかどうか知らないよ。 香港に行く人に頼んでおいたら、この間持ってきてくれた」梶は若い女が耳たぶにつける小さな物体に、奇異な感じこそ抱け、他になんの関心も持っていない。 ただいつか杏子が翡翠の模造晶をつけていたので、それなら本物をつけさせてやろうと思っただけである。 | ///“不知你满意不。是托去香港的人买的,最近送了过来。”梶只是对年轻女子耳垂上悬挂的这件小东西感到新奇,其他的则概无兴致。说来也很简单:一次他发现杏子戴的是翡翠仿造品,于是想买个真货给她戴上。 |
| 985 | 「おいしいものはたべたい。 お酒は飲みたい。 わたしにはいい着物を着ろ。 —これだけならまだいいけれど—」 | ///“又要吃好,又要酒喝,又要我穿好衣服——光是这些倒也罢了……” |
| 1113 | この時刻の通行人は一先の歩き方を持っていると言ったが、克平だけは例外である。 彼だけは少し他の人たちよりも速い。 足を運ぶ速度が早いのでなく、歩幅が他の人たちより少し広いのである。 それに、克平は歩き出すと、めったに自分のベースも変えなければ、途中で立ち停まることもない。 | 虽然此时的行人都带有一定的特征,唯独克平却是例外。他比别人都走得快。并且一旦启步,便不会改变自己的行速也不会中途驻足。 |

續表

| 行番 | あした来る人 (原文) | 情系明天(訳文) |
|---|---|---|
| 1145 | 「女の人だけですね。 ここへはいるのは」 | “都是妇女吧,进这里的?” |
| 1153 | 克平は、銀座界隈で、たとえ小さくても、これだけの店を持つのは、少しばかりの金でないことを知っていた。 よほど金のある家の娘の道楽仕事とでも見るほかはない。 | 克平知道,在银座一带,即使规模小,但拥有这样一个店也不是轻易可以办到的。看来,开这种店只能说是相当富有之家小姐的一种特殊消遣。 |
| 1179 | 山名杏子は、青山のアパートから銀座の店へ出ると、店の机の上にあった郵便物を持って、自分だけ二階の仕事部屋に上がって行った。 | 山名杏子从住所青山公寓一进银座的西服店,便拿起桌子上的信件,独自登上二楼的工作间。 |
| 1180 | 時計をみると十時だった。 いつもなら二人の若い女がミシンの音をやかましく立てているが、今日は日曜なので休んでいて、仕事部屋は静かだった。 舗道はそろそろ人通りが繁くなって来ている。 日曜は平生より自動車の数が少なく、人の靴音だけが、いやに浮き上がって聞えてくる。 | 一看钟,已经十点。若是往日,两个年轻姑娘早已经踏响嘈杂的缝纫机了。而今天是休息日,工作间里悄无声息。街道上行人渐渐多了起来。汽车的流量星期天也比平日少些,只有走路的皮鞋声听得格外真切。 |
| 1181 | 杏子は窓際に坐ると、五六通の郵便物から二通だけを抜き出した。 他は業界新聞と、洋服生地の広告と、同じ町内の喫茶店の開店通知で、読んでも読まなくてもいいものばかりである。 抜き出した二通のうち、一つは女学校時代の級友である坂上時子からの手紙であった。 級友の一人が近く結婚することと、一人が母親になったことを告げて来てあった。 そして彼女自身も、秋までには身を固めなければならぬということが、それとなくよろこびをかくして認められてあった。 | 杏子倚窗坐定,从五、六封信中只抽出两封。其他都是可看可不看的,不是行业报纸、西服料广告,就是同一条街上的酒巴开业通知。抽出的两封信中,一封是女校时代同学坂上时子写来的。告诉说有个同学最近结婚,还有个同学已经当了母亲,并说她自己也准备在秋天前完婚。字里行间不无欣喜之情。 |
| 1185 | しかし、自分だけは別だ! | 惟独自己不同! |

續表

| 行番 | あした来る人 (原文) | 情系明天(訳文) |
|---|---|---|
| 1190 | 母も、姉も、杏子などの知らないところに女としてのよろこびを持っているかも知れなかったが、しかし杏子は自分だけの生き方をしてみようと思っていた。 杏子は、もう一通の手紙を取り上げた。 大貫克平からのものであった。 柳川商事株式会社と印刷された大型の白い角封に、大貫克平とインキで書かれてあった。 | 或许母亲也好,姐姐也好,都有着杏子所不知晓的作为女人的欢乐,但杏子还是要选择有自己特色的生活方式。+++杏子又拿起一封信来。这是大贯克平来的。印有柳川商事股份有限公司大号的白信封上,用钢笔写着大贯克平。 |
| 1196 | 杏子はこの時の梶大助にひかれた程、他の男性にひかれたことはないように思う。 この六十歳の紳士にくらべると、他の彼女の周囲の男性はどこか物足りなく思われた。 しかし、大貫克平の印象だけが、今朝の杏子には例外だった。 | 杏子似乎觉得男性都未曾象此时的梶大助那样吸引过自己。同这位六十岁老绅士相比,自己周围的所有男性都显得不够份量。然而只有大贯克平给人的印象在今天的杏子眼里是个例外。 |
| 1199 | それだけ認められてあった。 あて名である杏子の名前も書いでなければ、自分自身の名前も書いてなかった。 ただ用件だけを走り書きしたものである。 | 这就是全部内容。既没写收信人杏子的姓名,又没有其本身的落款。只是潦潦草草地就事写事。 |
| 1202 | 黒っぽい色調のビルの一階の一部を占めているせいか、外部から見ると、何となくビアホールらしくない重々しい構えで、本当にビールの好きな連中だけが集まりそうな店だった。 | 或许因为它占据的是颜色发黑的大楼,而且是一楼中的一部分,因此从外表看去总给人一种与啤酒馆不相谐调的压抑感,恐怕只有真正喜欢啤酒的人才会到这里来。 |
| 1208 | 客は一組しか居なかった。 まん中の卓を占領し、三人の男たちが、ビールを飲みながら、何か盛んに声高に話し合っている。 杏子はすぐ克平の姿を見付けた。彼だけが上着を脱いで、ワイシャツの腕をまくり上げている。 | 只有一伙顾客。三个男子围着正中间的桌子,一边喝啤酒,一边高谈阔论。杏子一眼就发现了克平。只有他脱去上衣,袖口挽在臂肘上。 |

キー：「しか」

| 行番 | あした来る人 (原文) | 情系明天(訳文) |
|---|---|---|
| 121 | 「だって、君の言って来た条件ではこんなところしかないよ。 知っている学生がここに居るんだ」 | “照你提的条件,只能找到这样的。我认识的一个学生住在这楼里。” |

續表

| 行番 | あした来る人 (原文) | 情系明天(訳文) |
| --- | --- | --- |
| 310 | 母の滋乃に経済の実権を持たせないでおくところなどは、八千代には父がどうしても吝嗇であるとしか思えないが、といって別段出し惜しみかいするわけでもない。 母は毎月要るだけのものは父から取り上げるから、さして不自由はしない。 父はどのぐらい金を持っているか八千代にはかいくも見当がつかない。 八千代ばかりでなく、世間にも判っていないようだ。 | 父亲不让母亲滋乃掌握经济实权。八千代无论如何都认为这是一种吝啬。但她又没发现父亲惜钱如命的表现。母亲每月所需之物,尽可从父亲手里讨取。并无什么限制。八千代根本不晓得父亲有多少钱,社会上恐怕也无人知晓。 |
| 789 | 「大変、大変、もう一時間とちょっとしかありません」 | "不好不好,只有一小时多一点点了!" |
| 856 | 若い愛人にでも言うようなことを、杏子は言った。 多少くすぐったくはあったが、梶はいまこの世の中で、自分のことを、このような遇し方で、遇してくれるのは、この若い娘しかないだろうと思った。 | 杏子象对年轻情人似地说道。对此,梶虽然或多或少有一点难为情,但在这世上,能够以这种方式对待自己的人恐怕唯有这少女了。他想。 |
| 973 | 「今月なんて七千円しか持って来ないで、それでやって行けると思っているんですから滑稽だわ」 | "这个月只拿回七千元钱,您以为那就可以过下去不成?滑稽!" |
| 1187 | 必ずしも梶大助の言葉に動かされているわけではないが、結婚して家庭というものの中に埋没してしまうより、その前に自分自身の持っているものを思いきって花咲かせてみようと、杏子は思っている。 自分の生涯というものは一つしかないので、その点やり直しはきかない。 やり直しはきかないが、杏子は、自分は自分の道を歩んでみようと思う。 一生独身でいる気持はないが、とにかく、梶大助という庇護者がある以上、急いで結婚する必要はない。 現在の恵まれた立場を生かして、女として少し別な道を歩いてみようと思っているのである。 | 这未必是由于被梶大助说动了心。她本身也不想结婚,不想沉浸在家庭之中,而打算在结婚之前把身上的潜力痛快淋漓地发挥出来。人生只有一次,一去不复返。尽管如此,杏子带是想独辟蹊径。她也无意永远独身,但既然有梶大助这位靠山,便无须急于结婚。她准备利用目前得天独厚的处境,尝试走一段作为女人来说较为独特的道路。 |

續表

| 行番 | あした来る人 (原文) | 情系明天(訳文) |
| --- | --- | --- |
| 1203 | 重いとびらを押すと、薄暗い内部には木造の頑丈な卓が並んでいるが、日曜のせいか·、客は三組ほどしか見えなかった。 みんな黙って、皿の豆をつまんでは、ジョッキを口に運んでいる。 | 推开沉重的门扇,幽暗的室内摆着几张十分结实的木桌。大概因是周日,只有两三个顾客。默默地抓起盘里的豆粒,并不时将带柄的啤酒杯端到嘴边。 |
| 1208 | 客は一組しか居なかった。 まん中の卓を占領し、三人の男たちが、ビールを飲みながら、何か盛んに声高に話し合っている。 杏子はすぐ克平の姿を見付けた。彼だけが上着を脱いで、ワイシャツの腕をまくり上げている。 | 只有一伙顾客。三个男子围着正中间的桌子,一边喝啤酒,一边高谈阔论。杏子一眼就发现了克平。只有他脱去上衣,袖口挽在臂肘上。 |
| 1217 | 「人物の点じゃあなくて、レントゲンぐらいは売って金を作るだけの度胸のある奴があるかないかだ。 しかし、まあ、これも何とかなるだろう」 | “问题不在人品,而在于有没有敢于用X射线赚钱的家伙。不过这个嘛,也是车到山前必有路。” |
| 1226 | 「みなさん、お帰りになってよろしかったんですか」 | “让他们回去,这好么?” |
| 1236 | 山の名を口に出しかけて、杏子は詰った。 | ///说到半截,杏子卡住了。 |
| 1673 | 「主人は朝はそんなものしかいただきませんの、北陸の田舎から送らせるんですが、主人以外はだれも手をつけません」 | “梶大助早上只吃这种东西。都是从北陆乡下送来的。除他以外没一个人伸筷子。” |
| 1743 | 「自分の仕事のことしか考えていませんよ」 | “我可是只想我自己的工作哟!” |
| 1761 | 日曜のビアホールは、この前と同じようにがらんとしていて、三四組の客しか見えなかった。 杏子は入口の部屋をつっ切って、奥の方をのぞいてみたが、その方は椅子と卓が並んでいるだけで、ただの一組の客の姿も見えなかった。 杏子はボーイに克平たちのことをきいてみようかと思ったが、まだ時刻が早いのだろうと思って、そのまま入口の部屋に戻ると、すみの卓についた。 | 周日的啤酒馆,仍象上次一样空荡荡的,只有三、四伙顾客。杏子穿过外间,朝里间觑了一眼,见里面只摆着桌椅,一个客人也没有。+++杏子本想问男侍克平他们来了没有,但一想时间尚早,便折身转回外间,靠一张屋角的桌子坐下。 |

續表

| 行番 | あした来る人 (原文) | 情系明天(訳文) |
| --- | --- | --- |
| 2099 | 「何をって」それから、+++「君には十年しかつき合っていないが、これで山には二十年つき合っているんだからね」 | “什么‘什么’?”继而,“和你不过相伴十载,可和山已经相伴二十年了!” |
| 2116 | 「それごらんなさい。 わたしには何でも判ってしまう。 家のことはほっぽらかしで、山へ+++登ることなんて、あの方たちぐらいしかありません」 | “你瞧你瞧,我什么都知道吧! 抛家舍业地光想什么爬山的,还不是只有他们!” |
| 2138 | ///「そりゃあ考えないだろう。 頂上を征服することしか考えないな。 登山ということがそもそもそういう性質のものなんだ」 | “大概没想吧。想的只是征服顶峰。说起来,登山就是这种性质的东西。” |
| 2559 | お内儀さんは、杏子の都会の服装をじろじろながめながらきいた。 登山者しか行かないところへ、都会の服装ででかけて行く杏子が、内儀さんには不審に思えたらしかった。 | ///老板娘上下打量一番杏子,她那大城市的装束使老板娘很是纳闷:一位满身城里打扮的姑娘,为什么要到只有登山的人才去的地方呢? |
| 2598 | 運転手の言葉で、杏子は、心が急に引きしまるのを感じた。 なるほど、階段状をなしている地盤の上に点々と農家が散在している。 克平が出発して行ったという大根治五郎という人の家は、十二軒しかないという小さい部落のほぼ中央と思われるところにあった。 | 听得司机这话,杏子的心突然绷紧。果然,她看到了在那阶梯形的地面上散在着的点点农舍。+++报道上说的克平动身的那家主人大根治五郎的住户所就位于这仅有十二户人家的村庄的正中部。 |
| 2684 | 「はあ」+++杏子はあわてて、あいまいな返事をした。 ここの主人の何分の一、あるいは何十分の一しか、自分は大貫克平という人物についての知識を持ち合せていないのだ。 そういう思いが、杏子を少し落着かなくさせた。 | “啊。”杏子慌忙敷衍一声。自己对大贯这个人的了解程度还不及这主人的几分之一甚至十分之一。这使得杏子心里有点不安。 |
| 2773 | 「そりゃあそうさ。 生命は一つしかないんだから」 | “那当然,命只有这一条嘛!” |

續表

| 行番 | あした来る人 (原文) | 情系明天(訳文) |
| --- | --- | --- |
| 2921 | 曽根二郎は少し情なそうな顔をして、静かに言った。 普通の人が誇りで目を輝かす時、曽根二郎は彼独特の、むしろ卑下したとしか思われぬ表情をとった。 | ///曾根二郎不无冷漠地平静说道。一般人自豪时往往两眼放光,而曾根二郎此时的神情,毋宁说透出他所特有的谦卑。 |
| 3237 | 「三十分ぐらいしか時間がないよ、それでいいね」 | ///“可只有三十分钟哟,能行吗?” |
| 3816 | 「それしか言えないでしょう」 | “只会这句吧?” |
| 4529 | 突然曽根は言った。 こんな切り出し方しかできなかった。 克平は驚いて顔を上げたが、すぐ平静な表情に戻ると、+++「醜態をお目にかけまして」+++そう言って苦笑した。 | ///曾根突然开口,他只能这样单刀直入。克平惊讶地抬起脸来,但马上恢复平静,苦笑道:+++“在您面前出丑了。” |
| 4793 | 三沢は真顔で、彼としては珍しくそんなことを言った。 顔が赤かった。 山の話をはじめると、どうしてこの男たちは、このように活々した美しい顔をするのだろうと、杏子は思った。 平生律儀で平凡な勤人にしか見えない三沢も、話が遠征のこととなると、急に犯し難いような表情を帯びて来るから不思議である。 彼流に、アルさんや克平の話に軽く合づちを打ったり、うなずいたりしているだけだが、それがいやにどっしりしたものに見える。 | 三泽一本正经。作为他,是很少这样说话的。脸色微微泛红。杏子心想,为什么一谈起山来,这些男子的脸色就如此生气勃勃、光彩照人呢?即使平素循规蹈矩、看上去只是一名平庸职员的三泽,一旦提起远征,也马上现出一种凛然的神情,委实不可思议。虽说他只是对乙醇和克平的话或轻声附和,或点头称是,但仍显得分外老成持重。 |

キー：「ばかり」

| 行番 | あした来る人 (原文) | 情系明天(訳文) |
| --- | --- | --- |
| 1153 | 克平は、銀座界隈で、たとえ小さくても、これだけの店を持つのは、少しばかりの金でないことを知っていた。 よほど金のある家の娘の道楽仕事とでも見るほかはない。 | 克平知道,在银座一带,即使规模小,但拥有这样一个店也不是轻易可以办到的。看来,开这种店只能说是相当富有之家小姐的一种特殊消遣。 |

續表

| 行番 | あした来る人 (原文) | 情系明天(訳文) |
| --- | --- | --- |
| 1181 | 杏子は窓際に坐ると、五六通の郵便物から二通だけを抜き出した。 他は業界新聞と、洋服生地の広告と、同じ町内の喫茶店の開店通知で、読んでも読まなくてもいいものばかりである。 | 杏子倚窗坐定,从五、六封信中只抽出两封。其他都是可看可不看的,不是行业报纸、西服料广告,就是同一条街上的酒巴开业通知。 |
| 1311 | 「これから当分、毎週日曜の夕方に、僕たちはここに集まりますよ。 よかったらいらっしゃい。 と言って、別に面白い話は出ませんよ。 登山の準備の話ばかりです」 | “往后一段时间里,每个周日晚上我们都在这儿聚会。方便的话,随便来好了。不过也没多大意思,全是登山计划的话。” |
| 1672 | 「珍しいものばかりありますな」 | “净稀罕物啊!” |
| 1691 | 藤川は、曾根の出版の内容などには全然触れずに、八千代にばかり、子供でも相手にしているような声をかけていた。 八千代は口数少なく、笑顔で、藤川に対していたが、 | 藤川只字不提曾根所要出版的书的内容,只顾象逗小孩似地对八千代说个不停。八千代则面带笑容地应付着他。 |
| 1742 | 「それ、本当です。 他人の気持ばかり考えていらっしゃるんですもの」 | “真的,你总是替别人着想。” |
| 2007 | せっかちな梶らしかった。 彼はいま降りたばかりなのに、もう自動車の方へ戻ろうとした。 杏子はそうした梶をさえぎるように、自動車のドアの前へ立つと、 | 梶真是个忙人。刚刚下车,马上又要钻回。杏子象要挡住梶似地站在车门前: |
| 2085 | 山に登るために生れて来たみたいに、山のことばかりに夢中になられるのは、もちろん八千代にしてみたら愉快であろうはずはなかったが、克平の出方次第でそれもあきらめてやってもいいと思っている。 | 当然,丈夫俨然为山而生存于世般地一味迷恋登山,作为八千代不可能心里高兴。不过她也开明,心想只要克平态度好些,自己未偿不可放弃反对意见。 |
| 2657 | 杏子には、そんな大貫のやっていることは詳しくは理解できなかった。 登山家というものは、大方そんなことばかりやっている人種なのであろう。 そうとでも思うよりほか仕方がなかった。 | 杏子无法全部理解克平做的这种事。登山家们大概全是这样干的——她只能这样认为。 |

續表

| 行番 | あした来る人（原文） | 情系明天(訳文) |
|---|---|---|
| 2933 | 「同じリェックも、主人のは食べ物ばかりですわ」 | “同样是背囊，可我家这位装的全是吃喝。” |
| 2943 | 「変な名ばかりですな」 | “名字全都这么怪啊！” |
| 3022 | 「いいや、彼はどこの席へ行ってもひがまんよ。仕事がいま日の出の勢だ。その替り、テーブルスピーチを二枚ばかり上に上げよう」 | “不，不，他去哪里都不会介意的。眼下事业上正春风得意。不过，致词顺序给他提前两位好了。” |
| 3111 | 「そうです。孵化した直後から成魚になるまでの生活の歴史です。もちろん外部形態ばかりでなく、内部形態に及びますが」 | “是的。就是从孵化后到变为成鱼的成长史。当然，不仅限于外部形态，还涉及其内部结构……” |
| 3137 | 「有名な人ばかりですか」 | “名流荟萃吧？” |
| 3610 | ただ、花火が揚がるたびに、そのどよめきが、むしろひそやかに、どこからともなく聞えて来るばかりである。 | 只是每当烟花拔地而起时，听得不知从哪里传来毋宁说是屏息敛气般的惊叹声。 |
| 3611 | 「いよいよラストコースだな。あとはいっきに押し切るばかりだ。山へ登るより、日本を出るまでの方がよほど大変だな」 | “眼看就到最后冲刺阶段，往下一鼓作气就行了。较之登山本身，恐怕如何离开日本更成问题。” |
| 4045 | 八千代は何段構えかに、酒井信輔という人物のばく然とした形をとらえたが、現在でも、はっきりとは彼がいかなる人物か知らない。経済学者でもあり、財界人でもあり、政治家でもあるようだが、むしろ幅の広い文化人といった方が一番通りそうである。八千代がそう思うばかりでなく、新聞などに出る彼の肩書も区々である。 | 八千代通过几个阶段才朦胧看出酒井信辅其人的大致轮廓，不过即使到现在她也未确切弄清酒井究竟为何许人。不妨可以说，他既是经济学专家、财阀，又是政治家。或许更是一位有着广泛影响的文化人。不仅八千代这样认为，报纸上他的头衔也不一而足。 |
| 4194 | ///自分ばかりではない。細看は細君であきらめているようである。彼女の場合も、あきらめたのは、あるいは自分同様結婚式の翌日からであるかも知れない。夫婦というものへの期待が、克平にしろ、八千代にしろ、どうも大きすぎるようである。 | ///不仅自己一方，妻子也好象听天由命了。说不定，如今这种听天由命的态度也同样是从婚后第二天就已开始的。对夫妇这种东西抱有的期待，无论克平还是八千代，都好象有些过分。 |

續表

| 行番 | あした来る人 (原文) | 情系明天(訳文) |
| --- | --- | --- |
| 4264 | そう言って、自分だけ降りて行った。 どこへ行ったのか、五分程して戻って来ると、ひどく恐縮して、+++「ここから戸田行きの汽船が出ているとばかり思っていましたが、現在は出ていないそうです」+++と言った。 | ///说着,独自下车。五分钟后他不知从哪里折了回来,十分狼狈地说,"我原以为这里有轮船开往户田,不料现在没有了。" |
| 4282 | 頼りない話であった。 なるほど開通したばかりの石のごろごろした道であった。自動車はがたぴし揺れながら雑木で覆われた山へとはいって行った。 風が急に冷たくなって来た。 | ///司机也不敢担保。+++果然是条新路,路面满是石子。汽车一边连续摇晃着,一边往杂木覆盖的山里开去。冷风嗖嗖地从窗口吹了进来。 |
| 4441 | と言った。彼は食事の間、そのことばかりを考えていたのかも知れなかった。 | 未译 |
| 4527 | 曾根は、しかし、感心ばかりはしていられなかった。 わざわざ戸田から訪ねて来た重大な用件を持っていたからである。どこから切り出そうか、曾根は迷っていた。 器用に言うことはできないにしても、何とかうまく自分が自分一存で買って出た使者の役割を果したいものだと思った。 | 然而不能只对这个惊叹不已,曾根这次特意从户田赶来,是带着一件重大事情的。但他不知道从哪里开口。他想,即使不能说得十分圆满,也总得设法使自己这个使者——自行决定的角色——不虚此行才是。 |
| 4785 | 「ヒマラヤへ行った連中は、タマリスクを見ると、みんな例外なしに感動するよ。ヒマラヤに来たという感じがするからね。 ヘディンばかりじゃあないんだ。 みんな詩人になっちまう」そう学生たちに言ってから、+++「これから行くと遊牧民が冬営につきかかっているな」+++と、アルさんと三沢の方に言った。 | "去喜马拉雅的人看见红柳,没有一个不顿生感慨,感到自己确实是来到了喜马拉雅。何止胡德,任何人都会变成诗人。"对学生们说罢,克平转向乙醇和三泽:"这次到那里,牧民们恐怕刚开始准备过冬。" |
| 4794 | アルさんの方は盛んに飲み、盛んにしゃべっている。 彼はまた彼流に屈託のないことばかり話しているが、時々、「あれ、入れたかな」などと、送り出した荷物に関する小さなことを思い出して口走っている。 | 乙醇则开怀畅饮,开怀畅谈。尽管他一如往日地一味谈笑风声,但也还是不时想起有关已经运走的货物的一些小事,提醒说"那个装进去么?" |

續表

| 行番 | あした来る人 (原文) | 情系明天(訳文) |
| --- | --- | --- |
| 4929 | 曾根は船着場の突堤に立って、雨がやんだばかりの湿っぽい風に吹かれていた。荷物は旅行カバン一個とカジカがぎっしり詰っている石油罐二個である。 | 曾根站在突向海水的码头上,任凭大雨过后的湿润海风吹拂着自己。行李只有一个旅行包和两个满满装着杜父鱼的铁筒。 |

キー：「ただ」

| 行番 | あした来る人 (原文) | 情系明天(訳文) |
| --- | --- | --- |
| 17 | そして空いて三つの席の中で、若い婦人客の前の席を選択した。 窓際の二人むき合って腰かける席である。 ただで美人の顔をながめられることに曾根二郎は満足だった。 | 从三个空席当中,选中一位年轻女乘客对面的位置。那是靠窗口的对座席位。他很满意;可以免费欣赏美人的娇容。 |
| 117 | 曾根と山田とは高等学校時代、寮で一緒だった仲である。 曾根は大学は農学部の水産科へ行き、山田は医学部に進んだので、それ以来親しいつきあいはなく、お互いにどんな生活をしているか知らない。 ただ、たまたまこの友の住所を知ったので、曾根はこんどの上京に当って、東京滞在中の宿の世話を頼んだのである。 | 高中时代,曾根和山田住在同一宿舍。后来曾根进了农学院学水产专业,山田考取了医学院。从那以后便中断了亲密的交往,各自的生活情形几乎互不了解。只因偶然得知这位朋友的住址,这次赴京前曾根才托其为自己在东京逗留期间找个落脚之处的。 |
| 710 | 「大丈夫です。 ただ、一筆名刺に書いていただきたいんです」 | “不要紧。只是想请您在名片上写句话介绍一下。” |
| 774 | しかし、もちろん梶と杏子は親娘ではない。 なんの血のつながりもない。 だが、梶の杏子に対する気持の流れ方は、何に一番近いかと言えば、やはり父親の娘に対するものと言っていいかも知れない。 ただ違うところは、血の関係がないだけに、世の父親が己が娘に持つ、一生どうしても背負って行かねばならぬ愛情の負担というものはない。 | 然而不用说,梶同杏子并非父女。没有任何血缘关系。但要说梶对杏子的心情最象什么,不妨可以说仍是父亲对待女儿的心情。不同的只在于,其中并不存在世间一般父亲对没有血缘关系的女儿必须一生负责到底的那种感情负荷。 |

續表

| 行番 | あした来る人 (原文) | 情系明天(訳文) |
| --- | --- | --- |
| 804 | 「お店の前を通って、ちょっとだけ見ていただきたいものがあります」 | “路过我那个店时,有件东西想请您过目。” |
| 812 | 「それから銀座で時間があったら、ちょっとだけのぞいていただきたいショーウィンドーがあります」 | “要是再有时间,有个橱窗也想请您看一眼。” |
| 840 | 「去年の秋にいただいたのが、そのままになっています。 お店も大体とんとんに行っています」 | “去年秋天您给的,还一点没动。缝纫店也基本上一帆风顺。” |
| 850 | 「気に入るかどうか知らないよ。 香港に行く人に頼んでおいたら、この間持ってきてくれた」梶は若い女が耳たぶにつける小さな物体に、奇異な感じこそ抱け、他になんの関心も持っていない。 ただいつか杏子が翡翠の模造晶をつけていたので、それなら本物をつけさせてやろうと思っただけである。 | ///“不知你满意不。是托去香港的人买的,最近送了过来。”梶只是对年轻女子耳垂上悬挂的这件小东西感到新奇,其他的则概无兴致。说来也很简单:一次他发现杏子戴的是翡翠仿造品,于是想买个真货给她戴上。 |
| 958 | 克平を揺り起してやろうと思って、畳の上へ一歩踏み出した時足の裏が冷やりと冷たかった。 その感触はどうもただではない。 | 她想把克平推醒,不料脚刚往床垫上一落,便觉得脚心冰凉,而且凉得非同一般。 |
| 1004 | 「いただいて来たところへ返していただけませんか」 | “把它带回原来要的地方好么?” |
| 1046 | 「あそこの奥さんに道で会いましたの。その時犬のことを話しましたら、ぜひいただきたいというんです。 御夫婦そろって犬が好きです。 あの犬にしても、結局あそこへもらわれた方が幸せですわ」 | “那太太是我在街上遇见的。我一提狗,她说非常想要,夫妇俩都喜欢狗。对狗来说,也还是去那里享福。” |
| 1189 | 絵の天才だといわれて、一生絵を描くと言っていたが、嫁いでからは、ただの一度も絵筆を持ったことはない。 | 据说她有绘画天赋,其本人也声称要画一辈子画。然而自出嫁以后,却一次都没有拿起过画笔。 |

續表

| 行番 | あした来る人 (原文) | 情系明天(訳文) |
| --- | --- | --- |
| 1199 | それだけ認められてあった。 あて名である杏子の名前も書いでなければ、自分自身の名前も書いてなかった。 ただ用件だけを走り書きしたものである。 | 这就是全部内容。既没写收信人杏子的姓名,又没有其本身的落款。只是潦潦草草地就事写事。 |
| 1462 | 「はあ。 ただ今お風呂をたいていらっしゃいます」 | “啊,正在烧洗澡水。” |
| 1576 | 「その新聞もそう書いてあるんです。 でも、家では大笑いなんです。 本人はただ薪を投げ込むのが好きで、それをやるんですから、それでしごく結構なんですが」 | “报纸倒是表扬来着,可家里人都笑破肚皮。他烧水,不过是因为喜欢往里扔柴禾。那样好倒是很好……” |
| 1761 | 日曜のビアホールは、この前と同じようにがらんとしていて、三四組の客しか見えなかった。 杏子は入口の部屋をつっ切って、奥の方をのぞいてみたが、その方は椅子と卓が並んでいるだけで、ただの一組の客の姿も見えなかった。 杏子はボーイに克平たちのことをきいてみようかと思ったが、まだ時刻が早いのだろうと思って、そのまま入口の部屋に戻ると、すみの卓についた。 | 周日的啤酒馆,仍象上次一样空荡荡的,只有三、四伙顾客。杏子穿过外间,朝里间觑了一眼,见里面只摆着桌椅,一个客人也没有。+++杏子本想问男侍克平他们来了没有,但一想时间尚早,便折身转回外间,靠一张屋角的桌子坐下。 |
| 1790 | もともとタクシーに乗り込む時から、克平をカガヨシに訪ねて行く気持は少しも持っていなかった。 ただどこへも行き場のない気持だったので、タクシーをここまで走らせてみたまでのことである。 | 从上车时开始,她就根本没有去烤鸡店寻找克平的念头。所以乘车到此,不过是因为一时觉得无处可去而已。 |
| 2085 | 八千代は、夫がどうしても山に登りたいのなら、必ずしもそれに反対する気持はなかった。 ただ、それを匿されていることがいやだった。 | 其实,如果丈夫横竖要去登山,八千代也不至于非反对不可。只是她不喜欢丈夫瞒着自己。 |

續表

| 行番 | あした来る人 (原文) | 情系明天(訳文) |
| --- | --- | --- |
| 2127 | 「わたしは一歩一歩高いところから低いところへ降りることも考えていただきたいです。 +++人間が悲しんだり苦しんだりしているところへ早く降りて行きたい。 一そんな気持も持っていただきたいんです。 両方を持っているのが本当の登山家だと思うわ」 | “也要请你考虑一下从高处一步步下到低下才行,考虑一下早些下到世人苦命挣扎的地方才行——我希望能有这种心情。只有同时有这种心情,才是真正的登山家。” |
| 2147 | 「わたし、登山のそこがいや! エゴイスチックなところがいや! 女というものは、夫が何をしてもいいんです。 ただ、それに協力して、いつでも夫と一緒にいたいんです。 愛情というものはそういうものよ。 女には自分の生活なんてないんです。 | “我就讨厌登山的这一点! 讨厌这种自私自利的地方! 生为女人,丈夫做什么都可以。只是想同丈夫同必协力,永远同丈夫在一起。这也就是所谓爱情。女人没有自己的生活。 |
| 2452 | 「ないに決っていますよ。 あいつ大よろこびですよ。 ただ三沢の心配していることは一 | “当然不知道。知道了那家伙肯定高兴得要死。只是三泽有点顾虑……” |
| 2460 | 「それなら、御心配いりません。 わたしは青山のアパートへ帰るんです。 何時まで居ていただいても結構です。 却って一」 | “这您不必顾虑。我回青山公寓去。你们在这里呆到什么时候都可以。反倒……” |
| 2463 | 「いいえ、住み込みの娘がおりますから、留守番はおさせしません。 でも居ていただいたら、強いということになります」 | “不,不,有女店员住在这里,不用你们打更。不过要是肯住下来的话,毕竟让人心里踏实些。” |
| 2472 | 「三沢のとこへ電話してみましょう。 あいつ、ねちねちしたやつだから、いつも一番遅くまで会社に居るんです。 まだ居ると思います。 居たら、こっちへ回ってもらって、二人で二階をみせていただきましょう」 | ///“我给三泽打个电话。那家伙做事磨磨蹭蹭,总是在公司呆到很晚,现在我想还在。要是还在,让他拐到这里来,好俩人一起上二楼看看。” |

續表

| 行番 | あした来る人 (原文) | 情系明天(訳文) |
| --- | --- | --- |
| 2539 | 山名杏子は長いこと空間の一点を凝視していた。 が、急に思い立つと、受話器を取って梶大助に電話をかけた。 何のために梶に電話をかけるか判らなかった。 ただ、彼の声を聞いたら、いまの自分がどうしていいか判りそうな気がした。 この世で梶大助だけが、現在の彼女に一つの指針を与えてくれる唯一の人物のようであった。 | 山名杏子久久地凝视着空间中的一点。突然,她灵机一动,拿起听筒给梶大助打电话。她不明白为什么给梶大助打电话,只是觉得要是能听到梶的声音,或许便可领悟自己该怎么办。在这个世界上,唯有梶大助才是能为自己指引方向的人物。 |
| 2588 | 「ただ知っている人です」 | “只是个熟人。” |
| 2589 | 杏子は言った。 嘘が言えなかった。 そう言ってから、杏子は、確かに自分は、いま”ただ知っている人”の安否を気遣って、鹿島槍のふもとの小さい部落へと急ぎつつあると思った。 | 杏子没有说谎。她觉得自己的确是因为担心那个“只是个熟人”的人的安危而急不可耐地赶往鹿岛枪山麓的小村落的。 |
| 2687 | 帽子はまちまちだった。 ハンチングもあれば、チロルハットもあった。 一人は無帽で、ただ手拭で無造作にはち巻をしていた。 セエターだけが、紺のそろいの、胸に大学のマークをつけたものだった。 | 学生们的帽子五花八门。既有鸭舌帽;又有蒂罗尔帽,还有人没有帽子,只用毛巾在头顶一缠。身上的毛衣却一律是藏青色的,胸前别着大学校徽。 |
| 2704 | 「それ、それ。 それがそうだ。 お嬢さん、それは大貫さんの書いたものですよ」+++治五郎氏は顎で、内儀さんの手にしている帳面の方をさし示した。 杏子がのぞくと、そこには、+++「昭和十三年六月十五日、克平」とサインして、その隣りに一行の文句が書きつけられてある。「二日間北壁に挑む。 風強し」ただそれだけだった。 | “对对,是它!小姐,这就是大贯君写的。”治五郎朝老太婆手中的笔记本努努下颏。杏子看去,上面写道“一九三八年六月十五日　克平”,旁边只一行字:+++“两日间向北壁挑战。风猛。” |
| 2792 | 「見せていただきました」 | “看了。” |

續表

| 行番 | あした来る人 (原文) | 情系明天(訳文) |
|---|---|---|
| 2824 | 「一回行っただけなので、向うは僕を覚えていませんよ」 | “只去过一次,店里人是不记得我的。” |
| 2975 | 「どういう意味もない。 ただちょいときいてみる気になったまでさ」 | “没什么意思,不过想随便问问而已。” |
| 3069 | 「曾根さんをお招びになるなら、わたしだって招んでいただきたいわ。 お父さまの御挨拶、もう随分長く聞いたことありませんもの」 | “既然请曾根君,也该算我一份才是啊。好久没听到您致词了。” |
| 3085 | 「お父さまの会社にお祝いの宴会があるので、それに出ていただけないでしようかって。 一わたしもお供します」+++と言った。 | “爸爸的公司有个庆祝宴会,说要请您出席。——我也奉陪。” |
| 3089 | 「じゃあ、出させていただきましょう」 | “那么,我就不客气了。” |
| 3291 | 「判りません。 相手の人の気持は一。 でも、そんなことはどうでもいいんです。ただ自分が苦しいので、自分がどうしたらいいか、それを教えていただきたいんです」 | “不知道。那个人的心思……不过,他怎么想都无所谓。只是我自己很痛苦,所以才请您指点的。” |
| 3387 | ある! と思う。 自分だけが克平を愛していることだ。 八千代の手許から克平を奪おうというのではない。 彼女の夫の愛情を要求しようというのではない。 ただ自分は彼を愛しているだけなのだ。 一度心の中に飛び込んで来てしまった以上、その彼への愛情を、いまはもう消すことはできないではないか! | 有! 她想。自己只是单方面爱恋克平,并非要将克平从八千代手中夺走,并不要求八千代丈夫的爱情。只是自己一厢情愿。既然对方闯入自己的心房,那么便再也无法抹杀对他的爱——难道不是么? |
| 3610 | ここからでは川の両岸を埋めている群衆は見えない。 ただ、花火が揚がるたびに、そのどよめきが、むしろひそやかに、どこからともなく聞えて来るばかりである。 | ///从这里看不见挤满河两岸的人群,只是每当烟花拔地而起时,听得不知从哪里传来毋宁说是屏息敛气般的惊叹声。 |

續表

| 行番 | あした来る人 (原文) | 情系明天(訳文) |
| --- | --- | --- |
| 3834 | 「わたし、貴方と山名さんというデザイナアと、ただではないと思いますわ。 別にこれといって,根拠はありませんの。 でも、どうしてもそういう気がするんです。 先刻、自動車から降りて来たあのひとの顔、変でしたわ。 普通ではあんな表情できません」 | “我认为,你和西服店那位山名小姐不是一般关系。我并没掌握一定的证据,但无论如何都这样觉得。刚才她从车上下来时的脸色,实在不同寻常,一般是不至于有那种表情的。” |

キー：「単に」

| 行番 | あした来る人 (原文) | 情系明天(訳文) |
| --- | --- | --- |
| 4145 | 八千代はすぐ二階の父の書斎へはいって行った。 机の上に郵便物が二つのかごにはいって置かれてある。 一つのかごには、「要返事」と書かれた紙がはられてある。 この方には梶が返事を出す意志のあるものが入れられてあり、他のがこの中のものは返事の要らぬ分である。 しかし、忙しい梶のことだから、「要返事」の郵便物も、よほどのものでない限り、結局は単にそのかごの中へ入れられるだけの運命を持つようである。 | 八千代马上走进二楼父亲的书房。桌上放有两个信函篓。一个贴着纸条,上面写着“待复信”,其中装的都是梶准备复的信;另一个则是不需要答复的。然而,梶是忙人,只要内容不是相当重要,纵使需要答复的信件也只能在“待复信”篓里永远待下去。 |
| 4179 | 「別れる！? ふむ。 一何十回別れるか知らんが、その度におつき合いするのはごめんだ。 それに大体、別れるというような言葉は、余りそう簡単に口にすべきではない。 言ってしまって、取り返しのつかなくなることだってある。 父さんにはいいが、克平君には間違っても言うべきではない」 | “分手? 唔。几十回说要分手,而每次都言归于好——这种伎俩我可不欣赏。再说,分手这种话是不该轻易出口的。一旦出口,可能会招致无可挽回的后果。跟父亲说说倒没什么,跟克平可万万说不得。” |

續表

| 行番 | 坊ちゃん（原文） | 哥儿（1）（訳文） | 哥儿（2）（訳文） | 哥儿（3）（訳文） |
|---|---|---|---|---|
| 22 | ///単にこればかりではない。贔負目は恐ろしいものだ。清はおれを以て将来立身出世して立派なものになると思い込んでいた。 | ///不单这些，偏心是可怕的。阿清一味认定我将来会成为了不起的大人物。 | ///还不只是这样，所谓用偏心眼看人，那可是不得了的。清婆早就认定俺将来一定会大富大贵，成为一个大人物。 | ///你拿她有什么办法呢！问题不仅如此，偏见实在可怕。阿清婆一心认定我将来会飞黄腾达，成为一个了不起的人物。 |
| 232 | ///教育の精神は単に学問を授けるばかりではない、高尚な、正直な、武士的な元気を鼓吹すると同時に、野卑な、軽躁な、暴慢な悪風を掃蕩するにあると思います。 | ///教育的精神不仅在于传授学问，同时还要鼓吹高尚、正直的武士般的精神，扫荡粗野、轻浮、狂躁的恶劣风习。 | ///教育的目的，并不只是授予学问，而是在于：一方面要鼓励高尚的、正直的、武士式的情操；同时还要清除下流的、浮躁的、粗野的恶劣风气。 | ///我认为教育的精神不仅只是传授学问，而是在宣扬高尚、正直、勇敢精神的同时，还要扫除那种卑贱、轻浮、粗暴的恶习。 |
| 238 | ///すると赤シャツが又口を出した。「元来中学の教師なぞは社会の上流に位するものだからして、単に物質的の快楽ばかり求める可きものでない。」 | 接着，红衬衫开口了：“中学教师属于上流社会，不可单纯追求物质上的享受。” | ///这时，“红衬衫”又开口了：“本来，中学的教师，是列身于上流社会的，故此，不应只追求物质上的享受。” | ///接着，红衬衫又发言了：“说起来，中学教师要属社会的上流人物，因此，不应该只是追求物质上的享受。” |